KAELBLE Lastkraftwagen und Zugmaschinen

Verlag Podszun-Motorbücher
Elisabethstraße 23-25, D 59929 Brilon
Herstellung: Druckhaus Cramer, Greven
ISBN 3-86133-207-8

Joachim Wahl & Alexander Luig

KAELBLE

Lastkraftwagen und Zugmaschinen

PODSZUN

Inhalt

Vorwort

Kaelble hat in den letzten hundert Jahren Backnang, sein Umland und die Menschen sehr stark geprägt. Schon mein Vater hat eine Laufbahn als Maschinenschlosser bei Kaelble einem „ruhigen Leben als kleiner Beamter" vorgezogen. Ich wuchs sozusagen mit Hydrauliköl auf. Die Krönung einer Woche mit Lastwagen und Baggern im Sandkasten war am Samstag, nach den Einkäufen in Backnang, die Vorbeifahrt „beim Kaelble". Ein Schlüsselerlebnis war dabei im Sommer 1984 der Anblick der stärksten, bei Kaelble hergestellten, Zugmaschine. Plötzlich war ein Berufswunsch da: „Solche Maschinen will ich auch einmal bauen." Schon lange zuvor hatten zu Hause ausgiebige „Eignungstests" mit „Fischertechnik"-Modellen stattgefunden.

Während meines Maschinenbau-Studiums hat sich dann das Hobby vom Modellbau immer mehr zur Vorbilddokumentation verlagert. Inhalt des Ganzen: natürlich Kaelble-Produkte. Nachdem ich zwischenzeitlich meinen Berufswunsch bei einem Hersteller von Kehrmaschinen (ohne Hydraulik kann ich nicht sein) realisiert habe, liegt nun der vorläufige Höhepunkt meiner Hobbyaktivitäten vor Ihnen.

Ohne zwei gute Freunde wäre jedoch dieses Buch sicherlich nicht zustande gekommen: Kurt Häfner hat mich durch jahrelanges Zureden endlich dazu gebracht, dieses Buch zu schreiben und Alexander Luig ist der „Sherlock Holmes" aller Kaelble-Fans. Seinem Spürsinn und unzähligen Freizeitstunden in den Kellerräumen bei Kaelble ist es zu verdanken, daß viele, als nicht auffindbar eingeschätzte Dokumente und Bilder doch noch aufgetaucht sind. Vielen Dank dafür! Und nun viel Spaß beim Lesen wünscht Ihnen

Ihr Joachim Wahl

Schon in jungen Jahren waren für meine Kaelble-Begeisterung folgende Ursachen ausschlaggebend: Meine Großeltern betrieben ein Fuhrgeschäft in Plauen (Vogtland), und somit waren bei jeder Familienfeier die guten alten Fernfahrerzeiten bevorzugtes Thema. Meine Mutter war bei Kaelble in der Werbeabteilung tätig, mein Onkel nahm mich mit seinem MAN-Hauber in jeden Schulferien auf die „Kiesstrecke" mit, und täglich bekam ich Kaelble-Fahrzeuge zu Gesicht. Kurzum, es entwickelte sich daraus eine Vorliebe für Lastwagen die später, bedingt durch die Nähe zu Kaelble, immer intensiver wurde. Auch die Begeisterung anderer, die vom Kaelble-Virus befallen sind, schürte mein Interesse.

Ein abschließender Dank gilt Joachim Wahl, ohne dessen unermüdliche Nachtschichten das Buch zum Bildband geworden wäre. Mit der Hoffnung, ein interessantes Werk geschaffen zu haben, wünsche ich Ihnen, liebe Leserin, lieber Leser, vergnügliche Stunden.

Ihr Alexander Luig

Dank

Im Alleingang ist ein solches Projekt selbstverständlich nicht zu schaffen, man ist auf die Mithilfe vieler Menschen und Institutionen angewiesen.

Das größte Lob muß Herrn Werner Zick, dem Geschäftsführer von Kaelble, für seine uneingeschränkte Unterstützung ausgesprochen werden. Es ist keine Selbstverständlichkeit, daß ein Unternehmen sein vollständiges Archiv ohne Einschränkungen zur Verfügung stellt. Durch die Mithilfe von Herrn Zick ist es zudem gelungen, verschlossene Tore anderer Archive zu öffnen.

Besondere Erwähnung verdienen auch Herr Volker Schaal und seine Kaelble-Oldtimer-Freunde. Ihrem Engagement ist es zu verdanken, daß in Backnang immer mehr restaurierte Kaelble-Fahrzeuge zu bewundern sind. Zudem ist ihr Wissen eine wahre Fundgrube für Technik und Anekdoten.

Zahlreiche weitere Unternehmen und Privatpersonen haben uns durch die Öffnung ihrer Archive geholfen. Stellvertretend sind nachfolgend einige aufgeführt: Landesmuseum für Technik und Arbeit, Mannheim; EvoBus GmbH, vormals Kässbohrer, Ulm (Herr Gansloser); Haller Fahrzeugbau, Stuttgart (Herr Heilborn); Ingenieurbüro Gehringer & Luithardt, Backnang; Günther Krämer, Backnang-Stiftsgrundhof; Leonhard Fuchs, St. Johann; Erich Horvay, Büttelborn; Hans Vollmer, Ofterdingen; Fotolabor Manhart, Korb. Herzlichen Dank!

KAELBLE
TENTEN
BAUSTOFFE
BONN

Kaelble – von der mechanischen Werkstatt zum Industriebetrieb

Gründerjahre

Kaelble – dieser Name steht ähnlich wie die Namen Daimler und Benz für Pionierarbeit im Motoren- und Maschinenbau aus Baden und Württemberg. Daimler und Benz haben den Aufstieg zum weltweit aktiven Großserienhersteller geschafft. Kaelble war zwar seit jeher für seine solide schwäbische Handwerksarbeit bekannt, ist aber nie über eine Kleinserienfertigung hinausgekommen.

Der Leitspruch des Unternehmens war lange Zeit: „Wir haben nicht den Ehrgeiz, die Billigsten zu sein, aber die Besten wollen wir sein." Ein Umstand, der in Zeiten zunehmender Rationalisierung Kaelble in größte wirtschaftliche Probleme gebracht hat.

Eine kleine Reparaturwerkstatt war die Keimzelle für ein Unternehmen, das durch seine Entwicklungen jahrzehntelang die Nutz- und Baufahrzeugindustrie in Deutschland geprägt hat. Nach dem Zweiten Weltkrieg hat Kaelble der Baufahrzeugindustrie europaweit maßgebende Impulse gegeben.

Im Jahre 1884 gründet Gottfried Kälble zusammen mit seiner Frau Caroline in Stuttgart-Bad Cannstatt eine kleine Reparaturwerkstätte. Er repariert und wartet vor allem Gerbereimaschinen, aber auch Dampfmaschinen und andere Geräte werden von ihm betreut.

Der 1848 in Kirchheim/Neckar geborene Bahnwärterssohn Gottfried Kälble heiratete 1873 in Backnang die ein Jahr ältere Landwirtstochter Caroline Rau.

Gottfried Kälble sollte ursprünglich das Wagnerhandwerk erlernen. Der Umgang mit dem Werkstoff Holz gefiel ihm jedoch nicht, so daß er kurzerhand eine neue Lehre bei seinem Bruder in einer mechanischen Werkstatt in Kirchheim begann. Nach einigen Jahren der Wanderschaft und seiner Militärzeit, er war Teilnehmer des Krieges gegen Frankreich 1870/71, war er bis zu seiner Selbständigkeit bei der Firma Gebr. Decker in Bad Cannstatt als Meister tätig.

Gottfried und Caroline Kälble haben eine kinderreiche Ehe. Zwischen 1873 und 1888 bekommen die beiden elf Kinder. Wie in der damaligen Zeit leider üblich, sterben zwei gleich nach der Geburt, weitere drei in jungen Jahren.

Es ist ihnen lediglich vergönnt, drei Mädchen und drei Jungen großzuziehen. Die älteste, im Jahre

Caroline und Gottfried Kälble, die Gründer des Unternehmens

1873 geborene Tochter Bertha, heiratet 1896 den Spielwarenfabrikanten Friedrich Hartmann. Emilie Kälble, geboren 1876, verheiratet sich 1895 mit dem Goldarbeiter Karl Baumann aus Stuttgart. Am 6. April 1877 wird Carl Kälble geboren. Er wird in späteren Jahren die Geschicke des Familienbetriebes maßgeblich beeinflussen. Der 1879 geborene Friedrich Kälble wird Konditor und arbeitet in Stuttgart, wo er 1904 heiratet. Frida Kälble, 1881 geboren, heiratet 1902 den Möbelfabrikanten Wilhelm Seyffer. Am 15. August 1883 erblickt Hermann, der jüngste Sohn von Gottfried und Caroline Kälble das Licht der Welt. Er eifert seinem ältesten Bruder nach und tritt ebenfalls in den elterlichen Betrieb ein.

Im Jahre 1895 bestimmen drei Veränderungen nachhaltig die Geschicke des jungen Unternehmens: Die wichtigste Entscheidung des Jahres kommt von Carl Kälble. Er beginnt sein Maschinenbaustudium an der Technischen Hochschule in Stuttgart Der jüngste Sohn Hermann tritt einige Jahre später in die Fußstapfen seines großen Bruders, auch er studiert Maschinenbau.

Im selben Jahr ändert man bei Kälble die Schreibweise des Familiennamens in Kaelble ab. Der Name des aufstrebenden Unternehmens soll dadurch internationalen Standards angepaßt werden.

Um näher bei den potentiellen Kunden zu sein, verlagert Gottfried Kaelble den Betrieb in die Wilhelmstraße der alten Gerberstadt Backnang, der Geburtsstadt seiner Frau. Anfang April erscheinen im „Murrthal Boten", der heutigen Backnanger Kreiszeitung, mehrere Anzeigen, die die Backnanger Kundschaft über die neue Kaelble Maschinenwerkstätte informieren sollen. Gottfried Kaelble bietet seiner Kundschaft ein komplettes Angebot zur Planung, Lieferung, Montage und Reparatur von Werkstatteinrichtungen an. Dazu gehören Dampfkessel, Dampfmaschinen, Transmissionen, Gerbereimaschinen und unterschiedlichste Motoren. Um die Jahrhundertwende kommt die Gerberei-Industrie in eine Krise. In Backnang müssen mehrere Betriebe schließen. Gottfried Kaelble ist gezwungen, sich ein weiteres Standbein zu suchen. In der eigenen Herstellung von Maschinen sieht er deshalb seine Chance, von der Konjunktur der Gerbereien unabhängiger zu werden. Der Eintrag im Backnanger Handelsregister vom 28. April 1898 dokumentiert dies eindrucksvoll. Die Maschinenfabrik C. Kaelble, Inhaber Caroline Kaelble, Prokurist Gottfried Kaelble, wird dort zum ersten Mal amtlich erwähnt.

Die Belegschaft der Kaelble Maschinenwerkstätte im Jahr 1903 mit dem ersten eigenen Gasmotor, rechts Gottfried und Carl Kälble

Im Jahre 1900, Carl Kaelble hat gerade sein Studium erfolgreich abgeschlossen, wird die erste selbstfahrende Bandsäge aus Backnang vorgestellt. Es handelt sich hierbei um eine der ersten Konstruktionen von Carl Kaelble. In den folgenden Jahren macht Carl Kaelble immer wieder mit bahnbrechenden Entwicklungen von sich reden. Das aufstrebende Unternehmen hat mittlerweile 14 Mitarbeiter.

Der junge Carl ist begeistert von den neuartigen Verbrennungsmotoren. Kennengelernt hat er die neue Antriebsquelle bei Reparaturarbeiten an den Gerbereimaschinen. Der Verbrennungsmotor hat sich zu einer ernsten Alternative der größeren, arbeitsintensiveren Dampfmaschinen entwickelt. Er kann auch in kleineren Betrieben als wirtschaftliche Energiequelle eingesetzt werden.

Im Jahre 1903 hat Carl Kaelble seinen ersten selbst konstruierten schnellaufenden Ottomotor fertiggestellt. Endlich ist man in der Lage, die Kaelble-Maschinen mit eigenen Antriebsquellen auszustatten. Kaelbles erster Serienmotor erhält die Typenbezeichnung A. Ihr

Das selbstfahrende Lokomobil mit dem Dieselmotor AD 23 treibt einen Tierzugsteinbrecher an

folgt eine zweistellige Zahl, die den Bohrungsdurchmesser in cm angibt. Die Einzylindermotoren sind in Motorstärken von 4 PS (A 13) bis 20 PS (A 23) erhältlich. Um größere Leistungen im Stationär- wie auch im Bootsmotorenbereich abdecken zu können, werden die gleichen Motoren in Zweizylinderausführung von 12 bis 40 PS angeboten. Die Motoren A 14 z bis A 23 z sind ebenfalls, wie die Einzylindermotoren, wahlweise mit Durchfluß-, Zirkulations- oder Verdampfungskühlung lieferbar. Bei Kaelble will man damit den verschiedensten Einsatzbedingungen gerecht werden. Für den Einsatz auf mobilen Anlagen findet entweder die Zirkulations- oder Verdampferkühlung, im Stationärbetrieb die aus der Wasserleitung gespeiste Durchflußkühlung, Verwendung. Üblicherweise handelt es sich bei den Motoren um solche mit stehenden Zylindern. Für Anwendungen, die eine niedrige Bauhöhe der Antriebsquelle erfordern, sind die Motoren jedoch auch als Typ AL mit liegendem Zylinder lieferbar. Die mit Bosch-Magnetzündungen ausgestatteten Motoren laufen mit höchstens 440 (A 13) bis 340 (A 20) Umdrehungen pro Minute. Die Motoren sind richtige Allesverwerter. Als Treibstoff eignen sich Benzin, Petroleum sowie andere flüssige Brennstoffe. Es besteht aber auch die Möglichkeit, die Motoren mit Gas zu betreiben.

Bei Kaelble wird für die Motoren ein zugkräftiger Markenname gesucht. Carl Kaelble hat die Idee, sie als „Suevia"-Motoren zu vertreiben. Er will in Anlehnung an den altertümlichen, ostgermanischen Volksstamm der Sueven die Dauerbetriebsamkeit der Kaelble-Produkte dokumentieren.

Am 24. Juni 1904 übertragen Gottfried und Caroline Kaelble die Geschäftsleitung an ihren Sohn Carl. Im gleichen Jahr beginnen die Versuche, einen Vorkammer-Dieselmotor nach den Patenten von Friedrich-August Haselwander herzustellen. 1905 entdeckt Carl Kaelble die Baubranche als neuen Kundenkreis. Es werden die ersten selbstfahrenden Steinbrecher hergestellt. Wie bei Kaelble üblich, entstehen alle Baugruppen, so auch der Brecher, in den eigenen Werkstätten. 1906 wird die erste Kaelble-Zugmaschine gebaut, ein Fahrgestell eines Steinbrechers. Bereits 1907 sieht man auf den Straßen Backnangs den ersten Kaelble-Lastwagen.

Die Carl Kaelble oHG

1908 ist wieder ein Jahr mit wegweisenden Veränderungen in der noch jungen Unternehmensgeschichte. Am 1. Juli 1908 wird der Betrieb mit inzwischen 28 Mitarbeitern in eine offene Handelsgesellschaft umgewandelt. Gleichzeitig tritt Hermann Kaelble in das Unternehmen ein. Am 4. Juli gibt der amtliche Teil des „Murrthal Boten" die Veränderung bekannt. Der Betrieb heißt nun Carl Kaelble oHG. Inhaber sind die Maschinenfabrikanten Carl und Hermann Kaelble. Gleichzeitig zieht sich Gottfried Kaelble in den Ruhestand zurück. Er kann diesen jedoch nur kurz genießen. Er stirbt bereits 1911 mit 63 Jahren an einem Herzschlag. 1908 entsteht die erste Motorstraßenwalze. Die Straßenwalze sollte bis in die achtziger Jahre ein entscheidendes Standbein des Unternehmens sein. Carl und Hermann Kaelble leiten einen Umbruch im Straßenbau ein. Bisher beherrschten Dampfwalzen die Baustellen. Um die konservativen Bauunternehmer nicht zu verprellen, wurden die Motorstraßenwalzen optisch an die Dampfwalzen angepaßt und sogar mit Dampfdomattrappen ausgestattet. Die großzügig dimensionierte Schornsteinattrappe dient gleichzeitig als Auspuffendrohr.

Die Motorstraßenwalze hatte im Vergleich zu den Dampfwalzen unübersehbare Vorteile. Sie war sofort startbereit, es mußten keine Kohlen oder Wasser beschafft werden, aber auch Funken- und Rauchbildung gehörten der Vergangenheit an. Die Straßenwalzen aus Backnang machten durch aufsehenerregende Exporte den Namen Kaelble weltweit bekannt. Hierbei halfen auch publikumswirksame Bauvorhaben, wie der Wiederaufbau des vom Erdbeben erschütterten Messinas, oder der Abbruch des Stuttgarter Hoftheaters, wo Steinbrecher und Straßenwalzen aus Backnang Verwendung fanden.

Im selben Jahr haben Carl und Hermann Kaelble den ersten kompressorlosen Dieselmotor in Würt-

Vorführung einer Kaelble-Straßenwalze beim Marbacher Schillermuseum. Zweiter von rechts: Hermann Kaelble

Ausgelegt für große Mengen Brennholz – gleich zwei Kreissägen treibt diese Zugmaschine Z 1 durch die auf den Schwungscheiben aufgelegten Bandriemen an

temberg fertiggestellt. Endlich sind die Versuche, einen Vorkammermotor nach den Patenten von Friedrich-August Haselwander zu bauen, von Erfolg gekrönt. Dabei werden die entscheidenden Baugruppen wie Einspritzpumpen und Düsen selbst hergestellt. Die Palette von Benzin-, Petroleum- und Glühkopfmotoren ist um eine weitere Bauart bereichert worden.

Der Erste Weltkrieg bringt die Weiterentwicklung der Dieselmotortechnik jedoch ins Stocken. Kaelble hatte in den Kriegsjahren die Aufgabe, die bekannten Baumaschinen wie Steinbrecher und Straßenwalzen zu liefern. Gleichzeitig begann man mit dem Bau von Zugmaschinen für die Heeresverwaltung. Zwischen 1916 und 1918 läßt die Heeresverwaltung bei Kaelble Flugmotoren instandsetzen. Neben der Produktion des bisherigen Lieferprogramms werden bei Kaelble für Munitionsfabriken größere Mengen von Granatenhülsen gedreht.

Erst 1920 starten erneut die Versuche mit dem Dieselmotor. Im Jahre 1921 erteilt das Patentamt Kaelble ein Patent über kompressorlose Dieselmotoren. Da bei Benz in Mannheim in dieser Zeit ebenfalls erfolgreich am kompressorlosen Dieselmotor gearbeitet wurde, entstand ein komplizierter, mehrjähriger Patentstreit zwischen beiden Firmen. Die ersten Dieselmotoren von Kaelble erhalten die Typenbezeichnung AD. Sie stellen unter anderem die Basis für die ersten ernstzunehmenden Zugmaschinen aus Backnang dar.

Carl und Hermann Kaelble verstehen sich in erster Linie als Motorenhersteller. Sie wollen Ihre Erzeugnisse in möglichst vielen Maschinen eingebaut sehen. Sie suchen deshalb ständig nach neuen Absatzmärkten. Im eigenen Produktionsprogramm finden sich bereits Lokomobile, Steinbrecher, Bandsägen, und Straßenwalzen.

1921 wird der erste Bootsdieselmotor hergestellt. 1924 folgt die weltweit erste Straßenwalze mit Dieselmotor und im Jahr 1925 beginnt mit der Z1 die ruhmreiche Ära der Kaelble-Dieselzugmaschinen.

Ebenfalls 1921 wird bei der Lokomotivfabrik Anton Gmeinder im badischen Mosbach die weltweit erste Diesellokomotive auf den Markt gebracht.

Die Lokomotivfabrik Gmeinder

Die Anton Gmeinder & Co. wird im Jahr 1913 gegründet. Seit 1919 befaßt man sich dort mit dem Bau von Lokomotiven mit Verbrennungsmotoren. 1922 entwickelt Anton Gmeinder ein hydraulisches Getriebe, das den sinnvollen Einsatz des Dieselmotors als Antrieb für Lokomotiven erst möglich macht. Kaelble-Motoren waren bei Gmeinder eine gern gesehene Antriebsquelle.

1925 treten Carl und Hermann Kaelble als Teilhaber in die Gmeinder & Co. GmbH ein. Mit dem Einstieg bei Gmeinder kann Kaelble einen kontinuierlichen Absatz von Dieselmotoren sicherstellen. Die finanzielle Unterstützung durch Kaelble versetzt wiederum Gmeinder in die Lage, sein Fertigungsprogramm von Feldbahn-, Normalspur- und Grubenlokomotiven auszubauen. 1927 wird bei Gmeinder ein neues, patentiertes Lamellen-Kupplungsgetriebe entwickelt. Durch seinen Erfolg entschied die Deutsche Reichsbahn 1931, Diesellokomotiven von Gmeinder als Standard-Rangierlokomotiven einzuführen. In den Jahren bis zum zweiten Weltkrieg steigert Gmeinder durch die Weiterentwicklung der Hydraulik die wirtschaftlich einzusetzende Motorleistung in Lokomotiven von 125 PS auf ca. 350 PS. In der gleichen Zeit begann man mit der Fertigung von Zahnrädern und Zahnradgetrieben. Diese werden auch an andere Hersteller verkauft. Zahnräder und Getriebe bleiben bis zum Zusammenbruch der Kaelble-Gruppe im Jahr 1995 ein besonderes Markenzeichen des Unternehmens.

1942, nach dem Tod von Anton Gmeinder, übernimmt die Carl Kaelble GmbH den Betrieb zu 100 Prozent.

Diese Gmeinder Kleinlokomotive versieht ihren Dienst auf dem Gelände der Schorndorfer Ziegelei Gross

Eine luftbereifte Zugmaschine vom Typ Z 3 S mit Frontscheibe und Stoffverdeck bei letzten Tests vor der Auslieferung

Zwischen den Kriegen und das „Dritte Reich"

Nach Erscheinen der Zugmaschine Z1 forciert Kaelble die Entwicklung von Straßenfahrzeugen. Auf dem gleichen Konstruktionsprinzip entstehen größere Zugmaschinen mit Motoren bis zu vier Zylindern. Diese Zugmaschinen können bereits mit geschlossenen Fahrerkabinen ausgestattet werden.

Im Jahr 1929 ernennt die Technische Hochschule Stuttgart Carl Kaelble in Anerkennung um seine Verdienste zum Ehrensenator.

Am 1. Januar 1931 wird die Carl Kaelble oHG in die Carl Kaelble GmbH umgewandelt. Bei der Deutschen Reichsbahn startet unter der Leitung von Johann Culemeyer die Entwicklung des Straßenrollers. Die Reichsbahn sucht, wie schon viele andere Bahngesellschaften vor ihr, eine wirtschaftlich sinnvolle Möglichkeit, Güter ohne aufwendige Umladeaktivitäten am Bahnhof direkt vom Erzeuger zum Verbraucher zu bringen. Es fehlt also ein Weg, ans Schienennetz gebundene Güterwagen zu Kunden ohne Gleisanschluß zu befördern. 1933 wird mit dem Culemeyer-Roller von der Reichsbahn der „Haus zu Haus Verkehr" gestartet. Bei dem neuartigen Vierachs-Schwerlastanhänger handelt es sich um eine fortschrittliche, besonders flach bauende Konstruktion mit straßenschonendem Achslastausgleich und Allradlenkung.

Die Straßenroller sind zweigeteilt. Der Abstand der beiden Einheiten kann dem jeweiligen Radstand des zu befördernden Güterwagens angepaßt werden. Von Anfang an waren Kaelble-Zugmaschinen bei dieser Entwicklung dabei. Erste Fahrversuche wurden mit der seriennahen Z4 Express durchgeführt. Culemeyer wollte aber speziell auf seine Roller angepaßte Zugfahrzeuge. Nach den Vorgaben der Reichsbahn entstanden in Backnang neuartige Baumuster, die den bisher am Markt angebotenen Zugmaschinen überlegen wa-

Die Deutsche Reichsbahn will 1936 in Berlin bei der „Deutschlandausstellung" eine Lokomotive der Baureihe 03 präsentieren. Die schwerste Aufgabe auf dem Weg zum Messegelände hat dabei diese Kaelble Z 6 R/2 übernommen

ren. Dies war der Auftakt zu einer langjährigen, engen Zusammenarbeit zwischen der Reichsbahn und Kaelble. Im Laufe der Kooperation hat sich sowohl die Fahrgeschwindigkeit als auch das Gewicht der zu transportierenden Last ständig gesteigert. Da sich das Culemeyer-System jedem bisher angebotenen Straßentransport-System überlegen zeigte, wurde es zunehmend für Schwertransporte abseits des Schienensystems eingesetzt. Für Kaelble ist dies der Ansporn für eine stetige Leistungssteigerung seiner Zugmaschinen. Diese Entwicklung gipfelt 1937 in einem wahren Weltrekord: Bei Kaelble entsteht die erste Dieselzugmaschine mit einer Motorleistung von 180 PS. Nach einem Umbau 1940 entwickelt der Kaelble-Dieselmotor sogar 200 PS. Diese „Jumbo" genannte Maschine wurde selbst in amerikanischen Fachblättern als „biggest tractor of the world" ausführlich beschrieben.

Mit den für die Reichsbahn entwickelten Zugmaschinen stellt Kaelble seiner, dem Traktor ähnelnden, Express-Baureihe einen harten Wettbewerber zur Seite. Damit die Privatkunden ebenfalls von den Vorzügen der neuen Baureihe profitieren können, entsteht eine ganze Familie von sogenannten Schnellzugmaschinen. Im Vergleich mit den Fahrzeugen für die Reichsbahn sind diese Maschinen für größere Transportgeschwindigkeiten ausgelegt. Sie eignen sich daher nur bedingt für den Schwertransport, glänzen aber mit hoher Transportleistung im normalen Anhängerbetrieb einer Spedition. Auf Basis der Schnellzugmaschinen werden auch Sattelschlepperfahrgestelle mit einem verlängerten Radstand angeboten. Sie sind der erste Schritt zum Kaelble-Fernverkehrslastwagen 6,5 L von 1936.

Die Gleichschaltung in Deutschland macht auch vor den Kaelble-Werkstoren nicht halt. So gehören ab 1933 morgendliche Betriebsappelle, Betriebssportgruppen und Live-Übertragungen von Hitlerreden zum normalen Tagesablauf. Im Rahmen des Todt-Planes wird unter deutschen Maschinenbauern ein Betrieb gesucht, der in kürzester Zeit eine schwere Planierraupe entwickeln kann. Das mitten in den Kriegsvorbereitungen steckende Deutschland will unabhängig werden von in diesem Segment tonangebenden amerikanischen Herstellern. Obwohl der Raupenbau für Carl Kaelble Neuland war, hat er angeboten, in zwei Jahren eine Neuentwicklung, oder aber in nur einem Jahr eine, an ein vorhandenes Gerät angelehnte Konstruktion, abgeschlossen zu haben.

So ist es nicht verwunderlich, daß am 9. Februar 1939 ein Caterpillar Raupenschlepper vom Typ D 8 am Backnanger Bahnhof ankommt. Das Fahrzeug wird genauestens untersucht und dient wenig später umlackiert und mit Kaelble-Schriftzügen versehen als Zugfahrzeug für Versuche mit dem selbst entwickelten Schürfkübel.

Verglichen mit den am Markt etablierten Schürfkübeln, ist das Exemplar von Kaelble besonders komfortabel ausgestattet. Anstelle des Antriebes über Seilwinden der Planierraupe, verwendet Kaelble eine eigenständige Hydraulik mit einem 30 PS Zweizylinder-Dieselmotor GN 100 z.

Im April 1940 startet dann die Erprobung des Kaelble-Raupenschleppers R 125. Der R 125, mit Planierschild PR 125, ist mit einem Gewicht von 18,5 t und einer Motorleistung von 130 PS die stärkste in Europa gefertigte Planierraupe. Zusammen mit dem Schürfkübel bildet die PR 125 das Rückrad im Bau von Behelfsflugplätzen der Deutschen Luftwaffe. Auch die für die Reichsbahn entwickelten Zugmaschinen sind für die Militärs von Interesse. Das Heer und die Luftwaffe beziehen bis zum Kriegsende immer größere Stückzahlen.

Carl Kaelble hatte immer wieder Differenzen mit einigen nationalsozialistischen Entscheidungsträgern. Es war deshalb für den Betrieb sehr schwer, am überproportionalen Wachstum, das andere Industriebetriebe durch die Hochrüstung verzeichneten, teilzunehmen. Carl Kaelble wurde fast ausschließlich mit dem Bau von den Geräten betraut, bei denen er bereits zu Friedenszeiten absoluter Spezialist war. Es handelte sich genau genommen um zivile Spezialfahrzeuge, die in untergeordneter Funktion auch eine militärische Verwendung finden können. Als kriegswichtige Waren wurden lediglich Rohrleitungen für den U-Boot-Bau bei Kaelble gefertigt. Aufgrund dieser relativ unwichtigen Rolle in der deutschen Rüstungsindustrie stellte Kaelble und somit auch Backnang glücklicherweise kein lohnendes Ziel für die alliierten Luftangriffe dar. Die einzigen nennenswerten Kriegsschäden hat das deutsche Militär selbst verursacht: Das Murrtal wird in der Nähe des Kaelble-Werksgeländes vom Murrtalviadukt überspannt. Es führt die heutige Bundesstraße 14 an Backnang vorbei. Die Brücke, erst 1938 gebaut, wurde 1945 von deutschen Truppen gesprengt, die sich vor der aus Heilbronn herannahenden amerikanischen Armee zurückzogen. Infolge der Druckwelle ging bei Kaelble eine nicht unerhebliche Menge Fensterglas zu Bruch.

Die Planierraupe PR 125 und ein Schürfkübelanhänger bilden den Kaelble-„Schürfkübelzug"

Der Allgaier Schlepper

Elsbeth Kaelble, eine Tochter von Carl Kaelble, heiratet im Jahre 1939 den Unternehmer Erwin Allgaier. Dieser ist, zusammen mit seinem Bruder, Eigentümer der Allgaier-Werke in Uhingen. Allgaier ist ein bekannter Automobilzulieferer mit einem guten Ruf als Hersteller von Presswerkzeugen.

Auf der Suche nach neuen Betätigungsfeldern kommt Erwin Allgaier gleich nach dem Ende des Zweiten Weltkrieges mit der Idee zu seinem Schwiegervater, Ackerschlepper zu bauen. Dieser verspricht bereitwillig, Unterstützung zu geben. Daraufhin beauftragt Carl Kaelble im Sommer 1945 Paul Strohhäcker, seinen Chefkonstrukteur für den Motorenbau, einen Schleppermotor zu entwickeln. Dieser Einzylindermotor mit Verdampferkühlung vom Typ R 18 bildet die Basis für den sehr erfolgreichen gleichlautenden Allgaier-Schlepper.

Unter der Leitung von Paul Strohhäcker entsteht bis zum Sommer 1946 ein leichter, einfach aufgebauter Schlepper, der mit seinen 18 PS ausreichend motorisiert ist, um speziell kleinen und mittleren bäuerlichen Betrieben die Arbeit zu erleichtern. Vom R 18 und seinen Nachfolgern, es gab Varianten mit Zweizylindermotor bis 40 PS Motorleistung, wurden bis 1954 ca. 20.000 Exemplare gebaut.

Nachdem die Ehe zwischen Elsbeth und Erwin Allgaier gescheitert war, hat sich Kaelble aus dem Allgaier-Schlepperbau wieder zurückgezogen. Allgaier hat in der Folgezeit mit Porsche Verbindung aufgenommen. Die Kaelble-Konstruktionen verschwanden langsam aus dem Allgaier Lieferprogramm. Es begann die erfolgreiche Zeit der Allgaier-Porsche Schlepper.

Für den Backnanger Holzsägebetrieb Stäudle wurde von Kaelble 1949 dieser Allgaier R 18 mit einer Bandsäge ausgestattet. 1950 folgte ein weiterer Schlepper, dessen Sägetisch jedoch am Fahrzeugheck angebracht war

Neubeginn bei Kaelble

In Backnang beginnt nach dem US-Einmarsch relativ schnell wieder der normale Arbeitsalltag. Schon vier Wochen nach Kriegsende beginnen die noch anwesenden Mitarbeiter mit Aufräumungsarbeiten. Einige Maschinen, hauptsächlich Zahnradfräsmaschinen, sind im Rahmen von Reparationsforderungen von der US-Armee requiriert und abtransportiert worden. Ein Teil der Fertigungsstätten ist beschlagnahmt. Es werden dort bis April 1950 Militärfahrzeuge, vor allem Pioniergeräte und Motoren gewartet. Mit jedem aus der Kriegsgefangenschaft heimkehrenden Kaelble-Mitarbeiter beginnt das Werk wieder besser zu funktionieren. Und dies ist besonders wichtig. In Deutschland fehlt es vor allem an Transportfahrzeugen. Bei Kaelble ist man in der glücklichen Lage, unbeschädigt eine nicht unerhebliche Menge an Bauteilen für Zugmaschinen über das Kriegsende gerettet zu haben. Die ursprünglich für die Wehrmacht bestimmten Zugmaschinen dienen nun als Starthilfe für die Backnanger Region. Schon im August 1945 können sich die ersten Transportunternehmer und Sägewerksbetreiber, treue Kunden aus der Vorkriegszeit, über neue, teilweise zum Lastwagen umgebaute Zugmaschinen freuen.

Auch die Bauindustrie braucht dringend Fahrzeuge. Die Produktion beginnt mit der Planierraupe PR 125 und den seit Jahrzehnten bekannten Steinbrechern.

Der gute Ruf der Kaelble-Zugmaschinen, begründet durch die Zusammenarbeit mit der Reichsbahn, ist auch den Besatzungsmächten nicht unbekannt geblieben. So hat beispielsweise die französische Armee im Rahmen von Reparationszahlungen 211 Frontlenker-Sattelzugmaschinen für den Panzertransport erhalten.

Zahlreiche Fahrzeuge aus allen Produktbereichen fanden als Wiedergutmachung ihren Weg in den Nahen Osten. Sie halfen beim Aufbau des jungen Staates Israel.

Die Besatzungsmächte haben anfänglich der deutschen Industrie auferlegt, keine Neukonstruktionen auf den Markt zu bringen. Es konnten also nur Maschinen aus der Vorkriegszeit gefertigt werden. Hiermit hatte Kaelble ein Problem. Der einzige vor dem Krieg gebaute Lastwagentyp, der 6,5 L, fiel der Typisierungswut der Nationalsozialisten zum Opfer. Bei Kaelble war somit bei Kriegsende kein Lastwagen verfügbar. Um das Verbot der Neukonstruktion umgehen zu können, hat man sich deshalb auf das Sattelschlepper-Fahrgestell S 6 GN 125, einer verlängerten Variante der Zugmaschine Z 6 GN 125, besonnen. Mit nochmals verlängertem Radstand und einer Pritsche wurde so ein Lastwagen „gezaubert".

Zugmaschinen sollen idealerweise sehr schwer und stabil aufgebaut sein. Es liegt also auf der Hand, daß die zum Lastwagen abgewandelte Kaelble-Zugmaschine kein Leichtgewicht ist. Dies ist jedoch in der frühen Nachkriegszeit kein Nachteil. Der Markt verlangt stabile Fahrzeuge mit großen Überladekapazitäten.

Da die Fertigungskapazitäten ehedem nicht für die in größeren Stückzahlen zu verkaufenden Fahrzeuge in der 3-t-Klasse ausreichend waren, hat sich Kaelble deshalb auch nach dem Ende der Entwicklungsbeschränkungen mit Fahrzeugen der 5 und 8 t Nutzlast-Klasse begnügt.

Zwanzig Sattelzugmaschinen KDV 631 SF warten im Backnanger Bahnhof auf die Abfahrt nach Frankreich

Von der Straße auf die Baustelle

1952 werden bei Kaelble wieder einmal Meilensteine des Fahrzeugbaus gesetzt. Mit dem 200 PS starken Motor des Lastkraftwagens K 832 L, einem der stärksten im jungen Nachkriegsdeutschland, wird der Muldenkipper KDV 832 E, das größte Erdtransportgerät in Europa, vorgestellt. Der 18 t transportierende Hinterkipper ist der Beginn einer neuen Produktpalette. Sie gipfelt im Jahre 1980 mit dem 50 t fassenden KK 50. Dieser ist am Markt der größte knickgelenkte Zweiachsmuldenkipper mit einer Motorleistung von 530 PS.

Dieser Muldenkipper KDV 832 E hilft mit beim Bau der Riveris-Talsperre bei Trier

Als ob es bei Kaelble keinen Gabelstapler gäbe – mit Hilfe des am Radlader SL 600 angebauten Kranarms belädt man hier den bereitstehenden LKW K 650 LF mit einem neuen Dieselmotor GO 130 a

Mit dem Fahrgestell des KDV 832 E konnte Kaelble aber auch noch andere Märkte erschließen. Ausgestattet mit einer schweren Anhängekupplung und einer Ballastpritsche, wurde das Kipperfahrgestell auch als geländetaugliche Schwerlastzugmaschine KDV 832 Z verkauft. Man war somit in der Lage, das Programm der zweiachsigen Straßenzugmaschinen nach oben abzurunden.

Diese Zugmaschinen bestanden hauptsächlich aus Typen, die an die Deutsche Reichsbahn, seit 1949 Deutsche Bundesbahn, geliefert wurden. Bereits 1948 erhielt die Reichsbahn wieder neue Zugmaschinen für den Straßenrollerbetrieb. Bis 1973 wurden in manchen Jahren bis zu 30 Zugmaschinen aus Backnang an die Bundesbahn geliefert. Dabei unterlagen die Geräte einer regelmäßigen Modellpflege, wobei in erster Linie eine Leistungssteigerung der Motoren vorgenommen wurde. Stilistisch hatten die Zugmaschinen sicherlich zu Beginn der 60er Jahre ihre Hochzeit, als die Kabine und die Motorhaube, dem Geschmack der Zeit entsprechend, mit sanften Rundungen ausgestattet waren.

Ein weiterer Meilenstein der Firmengeschichte stellt der erste Kaelble-„Schaufellader" dar. Der SL 600 war 1956 der größte europäische Radlader. Das Fahrzeug, einem amerikanischen Vorbild nachempfunden, ist der Grundstein für eine erfolgreiche, bis heute bestehende Familie eigenständiger Radladertypen. Radlader werden noch heute hauptsächlich für den schnellen Umschlag von Schüttgütern sowohl in der Baustoff- als auch in der Gewinnungsindustrie eingesetzt.

Die Verkehrspolitik behindert den Fahrzeugbau

Kaelble ist Mitte der 50er Jahre ein ständig wachsender Betrieb. Man hatte sich einen sehr guten Namen durch die Produktion von schweren Lastkraftwagen und Zugmaschinen geschaffen. Die Fahrzeuge galten als robust und mit großzügigen Überladereserven versehen.

Mit dem Bestreben, den Güterverkehr der Bundesbahn vor der wachsenden Konkurrenz des LKW zu schützen, hat der damalige Verkehrsminister Seebohm ab 1953 den Einsatz eines zweiten Anhängers verboten. 1956 wurde der Absatz schwerer Fahrzeuge, der Domäne von Kaelble, in Deutschland nahezu unmöglich. Der Gesetzgeber begrenzte das zulässige Gesamtgewicht eines Lastzuges auf 24 t, die Gesamtlänge eines Lastzuges mit Anhänger auf 13 m, die eines Sattelzuges auf 12 m. Die bisherigen Spitzenmodelle von Kaelble, die Haubenlastwagen K 631 L und K 832 L waren mit ihren bisher zulässigen 16 t Gesamtgewicht zu schwer, um in Deutschland noch gewinnbringend eingesetzt zu werden. Man konnte sie lediglich als Sonderfahrgestelle verwenden. Es waren Fahrzeuge mit möglichst geringem Eigengewicht in besonders kurzer Bauweise gefragt. Hersteller, mit leichteren Baureihen im Programm, hatten hier Vorteile. Sie konnten schneller den neuen Vorschriften entsprechende Fahrzeuge anbieten, beziehungsweise die Verluste durch den Wegfall der schweren Baureihen leichter verkraften. Obwohl Kaelble in den neuen Gewichtsgrenzen bereits Fahrzeugtypen im Programm hatte, erwies es sich nun als Fehler, daß diese lediglich Abwandlungen der relativ schwer gebauten Zugmaschinen waren. 1960, nach der Lockerung der Zulassungsbestimmungen, hatte man bei Kaelble nicht sofort ein den neuen Vorschriften entsprechendes Fahrzeug anzubieten. Erst Ende 1962 konnte der erste K 652 LF, ein Frontlenkerfahrgestell mit 16 t Gesamtgewicht, ausgeliefert werden. Zu spät für Kaelble. Selbst alte Stammkunden hatten sich zwischenzeitlich mit Produkten anderer Hersteller ausgestattet. So kam, was kommen mußte. Im Jahre 1964 verschwanden Lastwagen für immer aus dem Lieferprogramm von Kaelble.

Die neuen Produktgruppen im Baumaschinensektor erlaubten es jedoch, die Absatzprobleme bei den Straßenfahrzeugen zu kompensieren. Zusammen mit dem weiterhin recht erfolgreichen Zugmaschinenprogramm war trotzdem Wachstum bei Kaelble möglich.

Im Juni 1961, bei seinem ersten Fototermin im Stuttgarter Hafen, fehlen dem Prototypen des K 652 LF noch zahlreiche optische Verfeinerungen am Fahrerhaus

Eine erfolgreiche Generation tritt ab

Carl und Hermann Kaelble durften die Veränderungen im Betrieb nicht mehr erleben. Carl Kaelble starb am 22. November 1957 im 81. Lebensjahr. Sein jüngerer Bruder Hermann, der die Betriebsleitung innehatte und den Verkauf leitete, starb bereits am 10. Dezember 1953 im Alter von 70 Jahren.

Die Unternehmensleitung ging damit endgültig in die dritte Generation über. Die Vertriebs- wie auch die Betriebsleitung wurden von Hermann Kaelble jun. übernommen. Die technische Leitung oblag Dipl. Ing. Hermann Eckert, einem Schwiegersohn Hermann Kaelbles.

Ebenfalls Geschäftsführer des Unternehmens war seit 1955 Erich Schad, ein Schwiegersohn von Carl Kaelble.

Senator Carl Kaelble – 1937 im Werkzeugbau seines Unternehmens

Unter der neuen Führung entwickelt sich das Unternehmen stetig weiter. Im Jahr 1956 übernimmt Kaelble die Mehrheit der Karlsruher Feuerlöschgerätefabrik Metz. Die Beschäftigungszahlen der Kaelble-Gruppe, bestehend aus der Carl Kaelble GmbH in Backnang, der Gmeinder & Co. GmbH in Mosbach, sowie der Carl Metz GmbH in Karlsruhe, haben nun mit ca. 2500 Mitarbeitern einen absoluten Höchststand erreicht. Allein im Stammwerk Backnang arbeiten fast 1200 Mitarbeiter.

Alle drei Betriebe werden als eigenständige Unternehmen geführt. Man glaubt bei Kaelble, durch die unterschiedlichen Produkte der einzelnen Betriebe auch für schwierigere wirtschaftliche Zeiten vorgesorgt zu haben.

In Backnang entstanden neben den Motoren, die auch in Gmeinder-Produkten Verwendung fanden, Lastkraftwagen, Zugmaschinen, Muldenkipper, Straßenwalzen, und Radlader. Bei Gmeinder in Mosbach wurden Lokomotiven und Getriebe hergestellt. Seit Anfang der fünfziger Jahre sind große Teile der Planierraupenproduktion nach Mosbach verlagert. Die Verlagerung sollte die in Backnang entstandenen Platzprobleme lindern. Die im Innenstadtbereich liegenden Fertigungsstätten waren den steigenden Produktionszahlen einfach nicht mehr gewachsen.

Die Carl Metz GmbH

Das seit 1956 dritte Unternehmen der Kaelble-Gruppe gilt als Pionier der Brandschutztechnik. Gegründet wurde der Betrieb im Jahre 1842 in Heidelberg von dem Mechanikus Carl Metz (1818–1877). Metz erkannte die bis dahin unzureichende Brandschutzausrüstung der Städte und Gemeinden. Bereits 1846 beginnt er mit der Serienfertigung von handbetätigten Wasserspritzen. Schon 1872 liefert er seine tausendste „Löschmaschine" aus. Carl Metz widmet sich jedoch neben der Ausrüstung auch der Organisation der Feuerwehren. Mittlere und kleinere Kommunen können sich keine hauptamtliche Feuerwehr leisten. Carl Metz zieht mit seiner Idee, das Löschwesen auf freiwilliger Basis zu organisieren, über Land. Er gilt heute als „Vater" der Freiwilligen Feuerwehren.

Im Jahre 1905 wird das Unternehmen nach Karlsruhe verlegt. Bei Metz erkannte man recht schnell den Nutzen des Kraftfahrzeuges für das Löschwesen. Bereits 1908 wurde das erste Tanklöschfahrzeug der Welt auf einem benzingetriebenen Fahrgestell der Öffentlichkeit präsentiert. Im Jahre 1912 entstand bei Metz die erste Motordrehleiter.

Bei der Übernahme durch Kaelble gehörte Metz, neben Magirus, zu den bekanntesten deutschen Herstellern von Löschfahrzeugen.

Kaelble-Produkte sind in der Angebotspalette bei Metz kaum zu finden. Lediglich 1957 und 1968 verwendet man in Karlsruhe Kaelble-Fahrgestelle.

Bei Metz kann man sich zurecht als Pionier der Drehleiterentwicklung bezeichnen. Mit einer Steighöhe von 60 Metern wird 1957 die größte Drehleiter der Welt, die DL 60+2, in die VR China geliefert. Für den Antrieb sorgt ein 180 PS-starkes, dreiachsiges Kaelble-Frontlenker-Fahrgestell vom Typ KD 680 LF.

Aufgebaut auf dem 425 PS-starken Zugmaschinenfahrgestell KDV 400 Z wird 1968 eine zweite, baugleiche Drehleiter nach Moskau geliefert.

Die Nachfrage nach solch gigantischen Leitern ist gering. In Großstädten können sie nur bedingt eingesetzt werden. Die Fahrzeuge sind nicht wendig genug. Der Raumbedarf durch die Abstützung der Leiter ist enorm. Im Rettungskorb finden nur zwei Personen Platz. Es kann daher immer nur eine Person aus großer Höhe gerettet werden.

1957 baut Metz in Karlsruhe mit dieser DL 60+2 die größte Drehleiter der Welt. Das Fahrgestell steuert Kaelble mit seinem Dreiachser KD 680 LF bei Foto: Metz Werksbild

Schwierige Zeiten

Mit dem Ende der Serienproduktion von Lastwagen beginnt bei Kaelble eine schmerzliche Zeit. Das breitgefächerte Angebot, bisher auch in Krisenzeiten ein Garant für kontinuierliche Auftragsbestände, erfordert immer höhere Entwicklungskosten, um mit den kürzer werdenden Modellwechselintervallen am Markt mithalten zu können.

Kaelble unterhält ein umfangreiches Programm an Dieselmotoren. Sowohl in luftgekühlter als auch in wassergekühlter Ausführung sind Ein- bis Achtzylindermotoren lieferbar. Die Palette der Varianten ist nahezu unüberschaubar. Spezielle Versionen für den Einsatz im Notstromaggregat, im Schiff, in der Lokomotive, in der Straßenwalze oder in der Planierraupe sind neben den Fahrzeugmotoren erhältlich.

Die allgemein hohen Entwicklungskosten im Motorenbau verbunden mit den relativ geringen Stückzahlen bei Kaelble lassen das Motorenprogramm zunehmend veraltern. Schon Ende der fünfziger Jahre halten im Bereich der kleineren Straßenwalzen Motoren von Ilo, Deutz und Güldner Einzug ins Kaelble-Programm.

Mit den neuen M-Motoren versucht Kaelble in den späten fünfziger Jahren noch einmal, einen modernen, wassergekühlten Dieselmotor auf den Markt zu bringen.

Diese neue Baureihe zeigt sich bei ihrem Markteintritt jedoch wenig ausgereift. Für den Einsatz als Fahrzeugmotor wurde versucht, das Gewicht im Vergleich zu seinen Vorgängern deutlich zu reduzieren. Die Folge war ein schnellaufender Motor mit einem wenig schwingungsstabilen Motorblock. Die Motoren waren mit den damals als modern geltenden Mehrfachzylinderköpfen ausgestattet.

So war auch im LKW K 652 LF der 192 PS-starke Sechszylinder M 130 s eingebaut.

Im rauhen Arbeitseinsatz waren gerissene Zylinderköpfe keine Seltenheit. Kaelble hat zwar auf diese Probleme schnellstmöglich reagiert, den Ruf seiner langsamlaufenden Vorgänger, ihnen wurde eine Unverwüstlichkeit verbunden mit enormen Drehmomentreserven nachgesagt, konnte die M-Baureihe leider nicht mehr erlangen.

Zunehmend finden fremde Motoren Einzug bei Kaelble. Die Radlader werden mehr und mehr mit Motoren von Mercedes-Benz ausgestattet. Am längsten verbleiben Kaelble-Motoren in den schweren Muldenkipper-Baureihen im Programm.

Im Jahre 1975 folgt dann, was seit langem abzusehen war, der Motorenbau bei Kaelble wird endgültig eingestellt.

Ein weiteres klassisches Kaelble-Produkt, die Straßenwalze, macht ebenfalls grundlegende Veränderungen durch. Das seit Jahrzehnten fast unverändert gebaute Dreiradprinzip wird von immer beliebter werdenden Tandemwalzen abgelöst. Es sind zwar schon seit 1950 Tandemwalzen im Programm, aber erst die Vorstellung neuer, modernerer Typen ermöglicht Kaelble ab 1958, in dieses Marktsegment stärker einzusteigen. Für die Tandemwalzen wird auch ein Vibrationssystem angeboten. In der Vorderwalze eingebaute, von einem Hydraulikmotor angetriebene Unwuchtscheiben erhöhen die auf die Fahrbahn einwirkenden Kräfte. Eine 3 t Vibrationswalze kann so die Verdichterleistung einer 7 t schweren, herkömmlichen Straßenwalze erreichen. Seit 1961 wird das Programm der Tandemwalzen stark forciert, die klassische Dreiradwalze bleibt aber weiterhin im Sortiment. Eine bahnbrechende Neuerung führt Kaelble 1965 mit der

Eine Dreiradwalze 8 W, die neue Gummiradwalze 20 WP und eine Tandemwalze 3 WT beim Schwarzdeckeneinbau mitten in Backnang

Das Kaelble-Fahrgestell KV 250 S mit der aufgebauten Schmidt-Schneefräse für den Flughafen in Oslo bei einer Versuchsfahrt

Gummiradwalze ein. Anstelle der Stahlräder finden profillose Luftreifen Verwendung. Diese Walzen sind im Straßenbau besonders für die Endbefestigung von Asphalt geeignet. Eine äußerst erfolgreiche Type ist die aus der Gummiradwalze und der Tandemwalze abgeleitete Kombiwalze. Hier wird das hintere Walzenrad durch Luftreifen ersetzt.

Obwohl Kaelble lange Jahre Marktführer bei Straßenwalzen war, und speziell die Straßenwalzen den geringsten Entwicklungsaufwand der angebotenen Produkte benötigt hätte, wurde vom Management gerade dieser Produktionszweig sträflich vernachlässigt. Der Markt ordert immer weniger Straßenwalzen mit Schaltgetriebe. Trotzdem wird bei Kaelble lange Zeit die Zukunft der stufenlos regelbaren hydraulischen Antriebe verkannt. Auch neue Konzepte, wie die Einführung der Knicklenkung, im Radladerprogramm längst Standard, sucht man im Angebot vergeblich. Stetig sinkende Absatzzahlen hatten so im Jahre 1983 mit der Auslieferung der letzten Straßenwalze einen weiteren traditionellen Fertigungszweig bei Kaelble sterben lassen.

Um den Rückgang der Produktion der einzelnen Produktbereiche auffangen zu können, besinnt man sich einer alten Tradition.

Schon immer hat ein Kunde bei Kaelble genau das bekommen, was er benötigt hat. Selbst bei den Serienprodukten wurden auf einzelnen Kundenwunsch regelmäßig tiefgreifende konstruktive Änderungen vorgenommen. Seit 1965 baut und konstruiert man in Backnang verstärkt Spezialfahrzeuge. Diese, auf die speziellen Bedürfnisse der Kunden zugeschnittenen Produkte, blieben größtenteils Einzelstücke.

In den folgenden Jahren erweckt Kaelble immer wieder mit imposanten Fahrzeugen das Erstaunen der Fachwelt.

Seit 1957 werden Schlackentransporter für die Stahlindustrie gebaut. 1975 wird mit einer Nutzlast von 120 t der bis dahin größte Schlackentransporter der Welt ausgeliefert.

Allradgetriebene und allradgelenkte Schneefräsenfahrgestelle

Der Coiltransporter KV 45 C hilft, den innerbetrieblichen Transport von Stahlblechrollen in einem Walzwerk der Fa. Glöckner zu beschleunigen

sorgen seit den frühen siebziger Jahren auf den Flughäfen in Stuttgart und Oslo für schneefreie Start- und Landebahnen. Den Schneefräsenaufbau liefert hierzu die in Deutschland auf dem Gebiet der Winterdienstfahrzeuge führende Fa. Schmidt aus St. Blasien.

Für die Stuttgarter Flughafenfeuerwehr entwickelt man zusammen mit dem Löschfahrzeughersteller Kronenburg zwei Generationen von Flugfeldlöschfahrzeugen.

Für den innerbetrieblichen Transport in einem Stahlwerk entstehen 1981 fünf schwere Coiltransporter. Es handelt sich hierbei um riesige, 45 t hebende Gabelstapler, die zu Rollen aufgewickelte Bleche auf dem Betriebsgelände zu transportieren hatten.

Selbst Amphibienfahrzeuge, für die Be- und Entladung von Containerschiffen in Gebieten ohne Hafeneinrichtungen, werden in Backnang hergestellt.

Gleichzeitig versucht Kaelble, das angestammte Bauprogramm für neue Kundenkreise interessant zu machen. In den siebziger Jahren baut man deshalb eine ganze Reihe von Untertageradladern und -muldenkippern. Sie kommen sowohl in der Bergwerksindustrie, wie auch im Tunnelbau zum Einsatz.

Eine für Kaelble unerfreuliche, da kostspielige Entwicklung, machen ab Mitte der sechziger Jahre Zugmaschinen und Muldenkipper durch.

Bisher basierten sowohl die schweren Zugmaschinen, als auch die Muldenkipper auf gemeinsamen Fahrgestellen. Der Trend zu immer größeren Kippern hat jedoch diese beiden Produktgruppen zunehmend entzweit. Selbst die in mittelgroßen Steinbrüchen eingesetzten Kipper sollen eine Nutzlast von 30–40 t aufweisen. Dies jedoch möglichst auf zweiachsigen Fahrgestellen. Es entsteht bei Kaelble zwischen 1964 und 1966 eine ganze Reihe neuer Muldenkipper mit 17 bis 40 t Nutzlast.

Zwei Muldenkipper, KV 38 (vorne) und KV 40, in einem Steinbruch der Heidelberger Zement AG

Den Marktbedürfnissen entsprechend werden Kaelble-Zugmaschinen zwar immer stärker, sie lassen sich aber zunehmend schlechter verkaufen.

Der Trend zu größeren und stärkeren Lastkraftwagen erlaubt es immer mehr Transportunternehmen, auch mittelschwere Transporte mit Fahrzeugen der Großserienhersteller abzuwickeln. In den siebziger Jahren bleibt deshalb für Kaelble, aber auch für den bisher schärfsten Konkurrenten Faun aus Nürnberg, nur noch ein sehr kleiner Nischenmarkt mit besonders schweren Fahrzeugen.

Gerade in diesen Markt drängt seit 1977 ein neuer Hersteller mit einem neuen Konzept.

Bei Titan im badischen Appenweier entstehen auf Basis von Serienteilen von Baustellen-Lkw schwere Zugmaschinen. Dieses Konzept setzt sich sehr schnell durch, sind doch die Unterschiede zum Standard-Lkw sehr gering. Die Wartung kann jetzt flächendekkend in jeder normalen Nutzfahrzeugwerkstatt vorgenommen werden. Dabei sind notwendige Ersatzteile aus dem Fundus der Großserienhersteller kurzfristig zu bekommen.

Im Jahre 1984 werden die letzten acht Straßenzugmaschinen aus Backnanger Produktion ausgeliefert. Diese vierachsigen Frontlenker sind mit einer Motorleistung von 615 PS die stärksten je bei Kaelble gebauten Zugmaschinen. Sie werden zusammen mit schweren Scheuerle-Tiefladern in der Türkei zum Transport von Transformatoren eingesetzt. Im Verbund von vier Zugmaschinen kann ein Gesamtzuggewicht von 900 t bewegt werden.

Ein neuer Produktionszweig entsteht im Jahr 1972 mit der Deponietechnik. Auf Mülldeponien werden Maschinen benötigt, mit denen der von den Sammelfahrzeugen angelieferte Müll verteilt und verdichtet wird. Der Müllverdichter VG 18 basiert auf dem Radplaniergerät RP 18, einer Variante des Radladers SL 18. Ausgestattet mit einem großen Planierschild und einer vollständigen Kapselung des Antriebsstranges, überfährt er mehrfach den angelieferten Müll, verteilt und zerkleinert ihn. Für diese Arbeit sind die normalen Luftreifen durch Stahlräder ersetzt, auf deren Umfang aufgeschweißte Noppen oder Schneiden für die Müllzerkleinerung sorgen.

1978 verwirklicht der Landkreis Ludwigsburg ein neues Deponie-Konzept. Das Herzstück bildet ein Großraum-Muldenkipper mit knapp 100 m^3 Fassungsvermögen. Die Mulde des riesigen Dreiachsers läßt sich vom Fahrgestell trennen. Sie wird an einer zentralen Sammelstelle mit dem Abfall der ankommenden Müllfahrzeuge beladen. Anschließend fährt der Muldenkipper den Müll auf die Deponie, wo er von Müllverdichtern eingebaut wird. Durch dieses Konzept wird der Fahrzeugverkehr auf der Deponiefläche deutlich eingeschränkt, das Unfallrisiko sinkt. Gleichzeitig ist bei den Sammelfahrzeugen eine Verunreinigung der Reifen durch das Befahren der Deponie ausgeschlossen. Leider konnte sich dieses Konzept nicht durchsetzen. Außer Ludwigsburg hat nur noch Mailand und München Versuche mit diesem Transportsystem durchgeführt. Zwischen 1977 und 1990 werden lediglich acht dieser Kipper gebaut.

Der erste Großraum-Muldenkipper KDV 25 KL am Umschlagplatz der Mülldeponie Ludwigsburg

Vom Familienbesitz zu arabischen Mehrheitseignern

Mit Hermann Kaelble jr. stirbt 1971 der letzte aus der Gründerfamilie hervorgegangene Geschäftsführer. Trotzdem bleibt das Unternehmen in Familienbesitz.
1976 werden tiefgreifende Veränderungen in der Kaelble-Gruppe vorgenommen. Nach Unstimmigkeiten unter den Teilhabern übernimmt die Gesellschaftergruppe um die Familie Schad im Tausch mit ihren Anteilen an Kaelble und Gmeinder 100 % der Anteile von Metz in Karlsruhe. Die Kaelble-Gruppe besteht nunmehr nur noch aus Kaelble in Backnang und Gmeinder in Mosbach.

Nach dem Tod von Artur Weinmann-Kaelble im Jahre 1978 übertragen die Gesellschafter die Geschäftsführung des ins Schlingern geratenen Unternehmens erstmals in fremde Hände. Das Unternehmen wird nun von angestellten Geschäftsführern ohne eigene Gesellschaftsanteile geführt.

Auf der Suche nach neuen Absatzmärkten bearbeitet man ab 1974 verstärkt der nahen und mittleren Osten. Besonders erfolgreich gestaltet sich dabei der Verkauf von Radladern und Muldenkippern in den Iran und den Irak. Die Aktivitäten in der arabischen Welt werden 1977 durch einen Großauftrag aus Libyen belohnt. Die dortige Regierung bestellt 250 schwere Sattelzugmaschinen für den Panzertransport. Zwischen 1977 und 1979 wird nun fast die gesamte Fertigungskapazität in Backnang zum Bau dieser 400 und 525 PS-starken Boliden eingesetzt. Sowohl bei Kaelble, als auch bei Scheuerle, wo die passenden Sattelauflieger gebaut werden, bricht ein unerwarteter aber kurzer Wohlstand aus.

Nach dem Auslaufen des Großauftrages mußte man bei Kaelble mit Schrecken feststellen, daß die anderen Produktionszweige vernachlässigt wurden. Den ursprünglichen Plan, das bisherige Baumaschinenprogramm über die Dauer des Großauftrages in Mosbach weiterzufertigen, hat man schon sehr früh verworfen. In Mosbach war zwar der Platz vorhanden, es fehlte hier aber an Facharbeitern. Gleichzeitig hat der Großauftrag, während seinem Ablauf mußte täglich eine Zugmaschine fertiggestellt werden, neben der eigenen Komponentenfertigung auch einige Lieferanten, wie den Backnanger Karrosseriebetrieb Knapp, der die Fahrerhäuser herstellte, an die absolute Leistungsgrenze gebracht. Die Materialbereitstellung für eine Fertigung in Mosbach erschien unmöglich.

Viele Kunden gaben sich mit den entstandenen Lieferengpässen nicht zufrieden. Sie haben Produkte von anderen Anbietern eingekauft. In Backnang fehlten 1979 deshalb plötzlich den Fertigungskapazitäten entsprechende Aufträge.

In dieser schwierigen Situation hat sich der libysche Großabnehmer als finanzkräftiger Partner angeboten. Mit Lafico, einer libyschen Gesellschaft, mehrheitlich in Staatsbesitz, gehen erstmals Kaelble-Anteile an ausländische Teilhaber über. Da die entstandenen Verluste von den Erben der Gründerfamilie nicht aufgebracht werden konnten, und der arabische Teilhaber regelmäßig Geld zuschießen mußte, stieg der Geschäftsanteil der Lafico stetig an. Seit 1983 ist Lafico Mehrheitsgesellschafter bei Kaelble.

Zwei Vorserien-Sattelzugmaschinen KDVW 400 S mit Scheuerle Tiefladern für die libysche Armee

Ein Radlader SL 20 B beim Beladen des Muldenkippers KK 50

Die Kaelble-Gmeinder GmbH

Seit Mitte der achtziger Jahre werden bei Kaelble fast ausschließlich Radlader und Muldenkipper gefertigt. Dadurch wurde der Betrieb besonders abhängig von der Baukonjunktur. Gleichzeitig verstärkte sich der Konkurrenzkampf unter den Anbietern in Deutschland durch das zunehmende Engagement ausländischer Konzerne. Kaelble hat in seinem Bauprogramm nur Fahrzeuge in mittleren Leistungsklassen anzubieten. Der kleinste Radlader hat ein Gewicht von 14 t. Damit ist er bereits zu groß, um im einzig wachsenden Markt der Kleinradlader als Universalgerät auch auf kleinen Baustellen mithalten zu können. Für Kaelble bleibt daher lediglich der relativ kleine Markt des Baustoffumschlags.

Auch bei den Steinbruchbetrieben gestaltet sich der Absatz zunehmend schwieriger. Die Kunden verlangen immer größere Muldenkipper. Mit 50 t Nutzlast ist Kaelbles größter Kipper vielen Unternehmen zu klein geworden. Realistisch eingeschätzte Verkaufszahlen erlauben jedoch nicht die Entwicklung größerer Fahrzeuge.

Mit den steigenden Absatzproblemen wurden immer größere technologische Defizite sowohl an den Produktionsmethoden, als auch bei den hergestellten Produkten sichtbar.

Im Jahr 1986 mußten deshalb drastische Maßnahmen zur Gesundung des Unternehmens ergriffen werden. Die Eigenproduktion von Schaufeln, Achsen und Hydraulikzylindern wurde eingestellt, das Fertigungsgelände in der Stadtmitte verkauft. Die Produktion wurde mit einer von 700 auf 350 Personen halbierten Belegschaft im ehemaligen Reparatur- und Ersatzteilwerk weitergeführt.

Gleichzeitig hat der neue Mehrheitsgesellschafter die bisher eigenständigen Werke in Backnang und Mosbach zur Kaelble-Gmeinder GmbH verschmolzen. Auf den Lokomotiven von Gmeinder, wie auch auf den Baumaschinen von Kaelble prangt nun das neue „CKG" Kaelble-Gmeinder-Logo.

1987 beginnt ein umfassendes Produkterneuerungsprogramm. Es entsteht eine neue moderne Radladerfamilie. Sie reicht vom SL 14 bis zum SL 26. Moderne starke und sparsame Motoren, bessere Zugänglichkeit für Wartungsarbeiten, leisere Arbeitsplätze und nicht zuletzt eine leistungsfähige Hydraulik sollen helfen, verlorene Marktanteile zurückzuerobern.

Im Strudel der Weltpolitik

Trotz der steigenden Inlandsnachfrage exportiert Kaelble ca. 60 % seiner Produkte nach Libyen. Für große staatliche Bauvorhaben und Bewässerungsprojekte werden regelmäßig Radlader und Muldenkipper bei Kaelble geordert.

Hervorgerufen durch die Kontroverse zwischen den USA und Libyen gestaltet sich der Handel mit dem arabischen Staat immer schwieriger.

Am 21.12.1988 verüben Terroristen einen Bombenanschlag auf einen Jumbo Jet der US-Airline Pan Am. Die Maschine explodiert über der englischen Stadt Lockerbie. Die Spur der Täter weist nach Libyen. Die USA werfen dem libyschen Staatschef Gaddafi seit langem vor, den Terrorismus im nahen Osten zu unterstützen. Libyen weigert sich, die inzwischen ermittelten mutmaßlichen Attentäter den Ermittlungsbehörden auszuliefern.

Diese Auseinandersetzung führt zu einem Handelsembargo seitens der westlichen Staaten gegenüber Libyen. Für Kaelble eine starke Einschränkung im Umgang mit seinem größten Kunden. Nach dem Amtsantritt durch den US-Präsidenten Clinton hat sich die Situation jedoch dramatisch verschärft. Libyen wird mit einem Bankenembargo noch mehr von der Außenwelt abgeschnitten. Der ausgesetzte Zahlungsverkehr mit Libyen stellt für Kaelble-Gmeinder den Todesstoß dar. Die Verbindung zum Mehrheitsgesellschafter, inzwischen waren 97 % der Anteile im Besitz von Lafico, ist vollständig abgerissen.

Muldenkipper K 33 und Radlader SL 20 B auf einer Großbaustelle in Libyen

Obwohl noch im Frühjahr 1995 auf der weltgrößten Fachmesse für Baumaschinen, der BAUMA in München, neue Radladertypen vorgestellt wurden und diese auch beachtliches Kundeninteresse hervorriefen, war der Geschäftsführer am 5. Dezember 1995 gezwungen, Vergleich anzumelden.

Selbst eine Bürgschaft des Landes Baden-Württemberg in Höhe von 7 Mio. DM, die im April, bei der Feier zum 100jährigen Bestehen des Werkes Backnang für Hoffnung sorgte, konnte den Zusammenbruch nicht mehr verhindern.

Anfang Januar 1996 leitete der Vergleichsverwalter das Anschlußkonkursverfahren ein. Die noch vorhandenen finanziellen Mittel waren für einen Vergleich nicht ausreichend. Für 500 Mitarbeiter, davon 250 in Backnang, war der endgültige Abschied von „ihrem Kaelble" nicht mehr aufzuhalten.

Unter der Leitung des Konkursverwalters wurden sowohl in Backnang als auch in Mosbach bereits bestehende Aufträge fertiggestellt. Für das ehemalige Gmeinder-Werk schienen die Chancen, einen Käufer zu finden, relativ gut zu sein, in Backnang schien es jedoch keine ernstzunehmenden Interessenten zu geben.

Da sich im Verlauf des Konkursverfahrens abzeichnete, daß wenigstens das Reparatur- und das Ersatzteilgeschäft kostendeckend betrieben werden konnte, sah Werner Zick, der bisherige Kundendienstleiter in Backnang, seine große Chance. Er suchte sich erfolgreich einige Partner und machte dem Konkursverwalter ein Übernahmeangebot.

Mit dem neu entwickelten SL 28 demonstriert die hochmotivierte Kaelble-Mannschaft nach dem Konkurs die wieder erstarkte Leistungsfähigkeit des Unternehmens Foto: Alexander Luig

Der Neubeginn

Am 1. Januar 1997 wurde die Kaelble Baumaschinen- und Reparaturgesellschaft mbH unter der Führung von Werner Zick ins Leben gerufen. Immerhin war man in der Lage, 37 ehemaligen Mitarbeitern wieder Arbeit zu geben. Zusätzlich zu den Reparaturarbeiten war geplant, gebrauchte Maschinen zurückzukaufen und nach der Generalüberholung wieder zu veräußern.

Die von der Deutschen Bahn AG derzeit in Auftrag gegebenen ICE-Neubaustrecken lassen speziell diesen Bereich durch aufgearbeitete Niederhubkipper für den Tunnelbau hervorragend anlaufen. Bereits kurz nach der Neugründung haben sich alte Stammkunden wieder an Kaelble erinnert und neue Radlader bestellt.

Die Rheinbraun AG war der erste Kunde, der wieder Neugeräte von Kaelble erhalten konnte. Zusätzlich wurde das Angebot durch drei Radladertypen des niederländischen Herstellers Werklust nach unten abgerundet.

Inzwischen arbeiten wieder über 75 Mitarbeiter im Backnanger Werk und pünktlich zur BAUMA 1998 wurde eine völlige Neukonstruktion auf die Räder gestellt. Der SL 28 ist mit einem Grundgewicht von 29 t und einer Motorleistung von 394 PS der größte in Deutschland hergestellte Radlader.

Nachdem 1997 erstmals wieder schwarze Zahlen geschrieben wurden, sieht die neue Geschäftsleitung optimistisch in die Zukunft. Zwischenzeitlich heißt das Unternehmen Kaelble Baumaschinen GmbH. Auch bei Gmeinder haben Mitarbeiter den Mut zur Selbständigkeit bewiesen und den Neubeginn gewagt. In Mosbach ist weiterhin das klassische Gmeinder Programm, bestehend aus Lokomotiven und Getrieben für Schienenfahrzeuge erhältlich.

Kein Grund zur Verwirrung – Eine kleine Typenkunde

Lastwagen und Zugmaschinen

Immer wieder treten unter Nutzfahrzeugfreunden Probleme mit der Typologie der Kaelble-Fahrzeuge auf. Bei Kaelble war man gezwungen, die Typenbezeichnungen einige Male dem veränderten, meist erweiterten Bauprogramm anzupassen.

Anhand der nachfolgenden Auflistungen soll zumindest in die Zugmaschinen- und Lastwagentypologie ein wenig Licht gebracht werden. Die Auflistung kann jedoch keinen Anspruch auf Vollständigkeit erheben. Auf die von der üblichen Kennzeichnung abweichenden Einzelstücke wurde bewußt verzichtet. Desweiteren gab es immer wieder Übergangsbaumuster, die die Notwendigkeit einer Neuordnung der Typenbezeichnungen hervorgerufen haben. Die folgenden Kapitel werden auch solche Fahrzeuge beschreiben.

Zu Beginn der Serienproduktion der Zugmaschinen im Jahre 1925 bestand die Typenbezeichnung, dem kleinen Bauprogramm entsprechend, aus einem Buchstaben und einer Ziffer.

Nachdem von den Zugmaschinen verschiedene Varianten angeboten wurden, hat man den bisherigen Typenbezeichnungen weitere erklärende Buchstaben angehängt. (Tabelle 1)

In den 30er Jahren wurde der Typenschlüssel erneut verfeinert. Die Zugmaschinen ähnelten nun im Aufbau dem klassischen Lastwagen. Gleichzeitig waren auch Sattelzugmaschinen erhältlich. (Tabelle 2)

Tabelle 1

Z		1	
Z		2	A
Z		3	S
Z	K	4	

A = Ackerschlepper
S = Straßenschlepper
Express = Ausführung mit Hinterachsfederung

Zylinderzahl des Motors

K = Expresszugmaschine mit geschlossener Kabine

Z = Zugmaschine

Tabelle 2

Z	6		R
Z	4	G	
S	6	GN	125
S	4	G	110

R = Reichsbahnbaumuster
Zahl = Bohrung des Motors in mm

Motorbaureihe

Zylinderzahl des Motors

Z = Zugmaschine
S = Sattelzugmaschine
SS = Sattelzugmaschine mit Sonderradstand

Tabelle 4

K			4	1	0	Z			
K		V	6	3	1	Z	R		/58
K		V	6	3	3	Z	B		/16
K			6	1	2	K			
K		V	6	3	1	Z	R	F	
K			6	3	1	L			
K	D	V	8	3	3	E/Z			-300

bei Bundesbahn-Fahrzeugen:
Angaben zum Baulos oder -jahr
bei anderen Fahrzeugen erklärende Hinweise
für Abweichungen von der Serie:
- 300 = Motorleistung 300 PS
- SW = mit Seilwinde
- DL = luftgekühlter Deutz-Motor
- Ü = Überschwer
- Tbl.; -T = Motor mit Turbolader

F = Frontlenker

R = Reichsbahnbaumuster
B = Bundesbahnbaumuster

L = Lastwagen
LV = Lastwagen, verlängerter Rahmen
LL = Lastwagen mit langem Radstand
S = Sattelzugmaschine
K = Kipperfahrgestell
E = Erdbewegungsfahrzeug (Muldenkipper)
Z = Zugmaschine
E/Z = Zugmaschine auf E-Fahrgestell
B = Baggerfahrgestell
W = wüstentauglich
Sh = Schlackentransporter
T = Tiefbetttransporter
P = Plattformaufbau

Entwicklungsstand der Baureihe

Zahl + 100 = Bohrung des Motors in mm

Anzahl der Zylinder des Motors

V = Vorderradantrieb

Anzahl der Achsen: D = Dreiachser (bei mehr als drei Achsen in Zahlen)

K = Kraftfahrzeug

Mit der Einführung weiterer Baumuster für die Reichsbahn veränderten sich die Typencodes abermals. Die Angaben zum Motor entfallen. (Tabelle 3)

Nach dem 2. Weltkrieg wurden die Typenbezeichnungen vollständig überarbeitet. (Tabelle 4)

Für die Typen K 645, 650 und 680 wurde die Bedeutung der Zahlencodes verändert. Alle anderen Bezeichnungen blieben erhalten. (Tabelle 5)

Seit Anfang der sechziger Jahre wird die den Motor erläuternde Zahl mehr und mehr durch die Tragfähigkeit des Fahrgestells ersetzt. Sofern ein Fahrzeug mit verschiedenen Motoren lieferbar ist, werden diese hinter der Fahrgestellerklärung angegeben. (Tabelle 6)

Tabelle 3

Z	6	R	2A	
Z	6	R	3A	
Z	6	W	a	
Z	6	W	2A	130

- 130: Motorleistung in PS
- 2A: Anzahl der angetriebenen Achsen
- R = Reichsbahnbaumuster; W = Wehrmachtsbaumuster
- 6: Zylinderzahl des Motors
- Z = Zugmaschine

Tabelle 5

K	6	80	S	-SW

- 80: Wert + 100 = Motorleistung in PS

Tabelle 6

K	D	V	32	S	8	T		
K	D	V	22	S	8			
K	D	V	22	E	6			
K	D		34	S			330	
K	D	V	24	Z			-320	W
K	5	V	115	T				

- W: Hydr. Wandlerschaltkupplung
- 330 / -320: Motorleistung in PS bei Fahrzeugen mit Fremdmotor
- T: Motor mit Turbolader
- 8 / 6: Anzahl der Zylinder des Motors
- 32 / 22 / 34 / 24 / 115: Nutzlast in Tonnen

In den letzten Jahren vor der Produktionseinstellung wurden bei Zugmaschinen die Nutzlastangaben zugunsten der Motorleistung wieder aus den Typencodes entfernt. (Tabelle 7)

Tabelle 7

K	4	V	W	615	Z	
K	D	V		400	S	
K	D	V	W	421	Z	B

- 615 / 400 / 421: Ungefähre Motorleistung in PS
- W: hydr. Wandlerschaltkupplung

Typen der Kaelble-Motoren

Carl Kaelble hat den ersten von ihm gebauten Motor Typ A genannt. Um die einzelnen Motortypen im Baukasten weiter unterscheiden zu können, wurden Angaben zur Bohrung der Zylinder und zur Anzahl der Zylinder eingeführt. Für neue Baureihen hat man dem begonnenen System folgend weitere Buchstaben aus dem Alphabet verwandt. Dieses System wurde mit kleinen Abwandlungen und Ergänzungen bis zum Ende der Motorenproduktion beibehalten. (Tabelle 8) Sowohl bei den Motoren-, als auch bei den Fahrzeugbezeichnungen sind die einzelnen Kennbuchstaben nach ihrer Wertigkeit angeführt. Fehlt eine Angabe, so rückt die nachfolgende nach vorne. Alle Buchstaben sind direkt hintereinander angeordnet. Zwischen Buchstabenfolgen und Zahlen wird ein Leerzeichen eingefügt.

Tabelle 8

	A			13			
	A		D	17			
	E	S	G	13			
	F			125	d		
	G	N		125	s		
	G	N		115	v		-F
	G	O		130	a	T	
	K		L	110	e		
	M			140	a	T	
L	M			115	z		

Abänderungen vom Standardmotor für spezielle Applikationen:
- F = Fahrzeugmotor
- Lok = Lokomotivmotor
- PR = Planierraupenmotor

T = Motor mit Turbolader

Zylinderzahl des Motors als Kleinbuchstabe

Bohrung der Zylinder in dm oder mm
Ausnahme LM 215, M 215, M 230
2. Entwicklungsstufe des Motors mit 115 bzw. 130 mm Bohrung

D = Dieselmotor
G = Glühkopfmotor
L = liegender Motor

Entwicklungsstufe der Baureihe

Grundbaureihe des Motors

L = luftgekühlter Motor

Arbeitsmaschinen lernen selbsttätig zu fahren

In den ersten Jahren nach der Jahrhundertwende hatte man bei Kaelble noch nicht die Absicht, Last- bzw. Zugfahrzeuge herzustellen. Die in Backnang entstehenden Bandsägen und Steinbrecher sind zwar schon mit einem eigenen Antriebsmotor ausgestattet, die Mehrzahl der Maschinen werden aber immer noch durch Tiere von einer Arbeitsstelle zur anderen transportiert. Anfänglich zieht die Kundschaft den Tierzug noch immer dem Fahrantrieb durch den Verbrennungsmotor vor. Die Antriebsquellen aus der Anfangszeit des Verbrennungsmotors eignen sich nur schwer für den Antrieb in Fahrzeugen mit seinen stark schwankenden Belastungszuständen.

Die schweren, langsam laufenden Motoren sind noch immer eher Stationäranlagen, sie lieben gleichmäßige Belastungen. Mangels schnell reagierender Drehzahlreglern müssen Lastwechselschwankungen durch große Schwungmassen ausgeglichen werden. Da auch die Getriebe- und Kupplungstechnik noch in den Kinderschuhen steckt, ist es mit den ersten Motoren noch recht schwierig, große Lasten, wie z. B. mehrere Anhänger, ausreichend feinfühlig zu bewegen.

Das Bandsägenauto – ein uriges Gefährt mit einem Vierzylinder-Ottomotor

Nur langsam setzt sich demzufolge der Verbrennungsmotor auf Bandsäge und Steinbrecher als Fahrantrieb für die Maschine durch.

Bei diesen ersten Fahrzeugen wird zumeist ein einstufiges Getriebe mit Rückwärtsgang in offener Bauweise eingesetzt. Dies bedeutet, daß die Zahnräder und das Differential offen am Fahrzeugrahmen angebracht sind. Zum Schutz vor Sägemehl oder Steinen werden lediglich die Räder von oben abgedeckt. Der Antrieb wird mit dem Einrücken eines Riemens bewerkstelligt, wobei der Motor mit einer zuvor eingestellten festen Drehzahl betrieben wird. Bei den ersten Fahrzeugen muß der Bediener noch neben der fahrenden Maschine hergehen. Schnell wird jedoch dieser Mangel behoben. Bei den Bandsägen werden das Lenkrad und die Schalthebel so ange-

Ein Lokomobil mit liegendem B-Motor samt Tierzug-Steinbrecher mit Becherwerk vor dem alten Backnanger Bahnhof

bracht, daß der Fahrer auf dem Sägetisch Platz nehmen kann. Bei den Steinbrechern wird dem Fahrer bereits eine Sitzbank zugestanden. Desweiteren gibt es Sitze für das zusätzlich notwendige Bedienpersonal. Für die ersten Geräte werden bei Kaelble Motoren von Deutz, Daimler und Benz eingesetzt. Nachdem 1903 der erste eigene Motor verfügbar ist, verlassen zunehmend Maschinen mit Kaelble-Motoren das Backnanger Werk.

Eine Besonderheit dieser ersten Maschinen stellt das „Bandsägenauto" dar. Diese selbstfahrende Kaelble-Bandsäge war wohl mit einem Benzinmotor fremden Fabrikats ausgestattet, der unter einer PKW-ähnlichen Motorhaube untergebracht war. Der Fahrer hatte jedoch trotzdem auf dem Sägetisch Platz zu nehmen. Üblicherweise sind sowohl bei Bandsägen als auch bei Steinbrechern die stehend oder liegend angeordneten Motoren unverkleidet auf dem Fahrgestell verschraubt, wobei ein einfaches Schutzdach sowohl den Motor als auch Arbeitsgerät vor allzu großem Regen bewahren soll.

In geringeren Stückzahlen als die Bandsägen und Steinbrecher werden Motorlokomobile hergestellt. Hierbei wird auf einem Wagen ein Verbrennungsmotor mit einer Flachriemenscheibe angebracht. Die Motorlokomobile, die zwar auch als Selbstfahrer verfügbar sind, werden hauptsächlich in der Tierzug-Ausführung geliefert. Sie sollen vor allem in der Landwirtschaft die schweren, arbeitsintensiven Dampfmaschinen, zum Beispiel zum Antrieb von Dreschmaschinen, ersetzen.

Leider konnten im Kaelble-Werksarchiv bisher nähere Unterlagen über diese Fahrzeuge nicht entdeckt werden. Die lückenlose Dokumentation der hergestellten Maschinen ist erst ab etwa 1923 vorhanden.

Erste Lastwagen und Zugmaschinen

Die Pioniere des Fahrzeugbaus, allen voran Gottlieb Daimler, bieten bereits seit Anfang des Jahrhunderts erste Lastkraftwagen an. Diese Fahrzeuge erinnern noch sehr stark an Fuhrwerke, deren Pferde vergessen wurden. Bei Kaelble werden erst rund zehn Jahre später erste Fahrgestelle hergestellt. 1906 entsteht das erste Zugmaschinenfahrgestell. Es handelt sich hierbei um ein flach bauendes Fahrzeug, dessen Motor unterhalb des Rahmens eingebaut wird. Der Fahrer sitzt auf einer Holzbank über der mit einer Drehschemellenkung versehenen Vorderachse. Würde man auf dieses Fahrgestell eine Pritsche montieren, so hätte man den ersten Kaelble Lastwagen. Ein solcher ist im Juli 1907 fertiggestellt und rumpelt, auf seinen mit Stahlreifen ausgestatteten Holzrädern, durch Backnangs Straßen. Das Fahrzeug ist kein völliger Eigenbau. Kaelble hat ein Automobil der Rheinischen Gasmotorenfabrik Benz & Co. aus Mannheim zum Lastwagen umgebaut.

Das erste Kaelble Zugmaschinenfahrgestell aus dem Jahr 1906

Der erste LKW von Kaelble war eigentlich ein umgebautes Auto von Benz aus Mannheim. Am Steuer: Meister Ernst Binder

Der 6 PS-Benzinmotor mußte mit Meister Binder am Steuer bis zu 1250 kg Last befördern. Ernst Binder, ein Mitarbeiter der ersten Stunde bei Kaelble, hat eigens für dieses Fahrzeug in Bad Cannstatt eine Führerscheinprüfung abgelegt. Außer dem wenig vorhandenen, teilweise erst in den dreißiger Jahren reproduzierten Bildmaterial, sind leider nur wenige Angaben über die Fahrzeuge und die produzierten Stückzahlen überliefert. Fest steht lediglich, daß der erste Lastwagen einige Jahre bei Kaelble im Werksverkehr eingesetzt war. Sicherlich kann behauptet werden, daß Carl Kaelble mit den bis dahin gebauten Lastwagen- und Zugmaschinen-Prototypen den Beweis erbracht hat, daß seine Motoren, wie auch die seiner Wettbewerber, inzwischen für den Einsatz in Kraftfahrzeugen geeignet waren.

Das Militär sucht neue Konzepte

Nachdem sich das Militär zunehmend für den Verbrennungsmotor als Antriebsquelle für seine Waffen interessiert, werden auch in Deutschland immer neue Zugmaschinen-Typen entwickelt. Speziell die Heeresverwaltungen hatten großes Interesse daran, Pferde, die auch bei Nichtgebrauch versorgt werden müssen, durch pflegeleichtere Zugfahrzeuge zu ersetzen. Auch bei Kaelble wurden in diese Richtung Entwicklungen unternommen. 1911 konnte demzufolge die erste Artilleriezugmaschine vorgestellt werden. Die ersten Geräte basierten in ihrer Grundkonstruktion auf den sehr robusten Steinbrecherfahrgestellen. Der Radstand war verkürzt, auf den Steinbrecheraufbau wurde verzichtet. Ob viele von den schweren und ungelenk erscheinenden Maschinen gebaut wurden, ist nicht bekannt.

Die bis dahin stärksten Kaelble-Zugmaschinen wurden 1916 für das deutsche Heer gebaut. Neben Anbietern wie Daimler, Krupp, Lanz und anderen, heute kaum noch bekannten Herstellern, hat Kaelble mindestens zwei dieser Boliden an das deutsche Heer geliefert. Die mit einem 100 PS-Vergasermotor von Daimler ausgestatteten Zugmaschinen brachten ihre Antriebskräfte über gewaltige, ca. zwei Meter hohe Stahlräder an der Hinterachse auf den Boden. Die Militärs hatten die Absicht, die 8–12 km/h schnellen Maschinen zum Ziehen von schweren Geschützen und Kanonen einzusetzen. Im Gelände war die Zugmaschine von Kaelble, ähnlich wie die anderer Hersteller, der Artillerie-Kraftzugmaschine KD 1 von Krupp-Daimler unterlegen. Verglichen mit den Wettbewerbern war dieses Fahrzeug mit einem Allradantrieb ausgestattet und konnte somit im Gelände größere Zugleistungen erbringen.

Ein wahres Ungetüm – die 100 PS-Artilleriezugmaschine mit Daimler-Motor

Der Walzenzug

1918 versucht Kaelble, eine aus einer Straßenwalze entwickelte Zugmaschine dem Heer anzubieten. Bei der typischen Dreiradwalze wurden die vordere und die hinteren Walzenbandagen, die zur Gewichtssteigerung mit Wasser gefüllt werden konnten, durch leichtere Stahl-Speichenräder ersetzt. Die vordere Walze mußte sogar zwei Rädern weichen, wodurch die Zugmaschine nicht mehr wie ein Dreirad wirkte.

Daß die Straßenwalzen sich als Zugmaschine einsetzen lassen, hat bereits der Kaelble-Walzenzug dokumentiert. Er bildet sich aus einer Dreirad-Straßenwalze, einem Wohnanhänger, einem Wasserwagen, einem Straßenaufreißer-Wagen und einem Pumpenwagen. Mit diesem Lindwurm waren die Straßenbautrupps in der Lage, ohne weitere Zugfahrzeuge ihre vollständige Ausrüstung von einer Wanderbaustelle zur anderen zu bewegen.

In den Anfangsjahren der Motorisierung konnte man froh sein, wenn die Straßen aus Schotterwegen bestanden. Wegen der relativ lockeren Fahrbahnoberfläche mußten regelmäßig die entstandenen Spurrillen wieder eingeebnet werden.

Bei den Ausbesserungsarbeiten schleppt die Walze den Aufreisser über die Fahrbahn. Drei oder fünf höhenverstellbare Stahlzähne sorgen dabei für die Auflockerung des Schotters. Die Bauarbeiter verteilen dann mit Schaufeln das gelockerte Material in die Spurrillen. Zur Steigerung der Haltbarkeit des verdichteten Schotterweges wird die Oberfläche mit dem Sprengwagen gewässert. Anschließend sorgt die Walze wieder für die Verdichtung der Fahrbahn.

Im Wohnanhänger macht das Personal Pause und findet Schutz vor schlechtem Wetter. Nachts wird in ihm geschlafen.

Der Kaelble-Walzenzug aus dem Jahr 1923. Er besteht aus einer Dreiradwalze mit C-Motor, einem Wohnanhänger, Wasserwagen, Straßenaufreißer und einer Wasserpumpe

Die Suevia-Typen

Im Jahr 1921 war Carl Kaelble endlich wieder in der Lage, die durch den ersten Weltkrieg unterbrochene Entwicklung des Dieselmotors voranzutreiben. 1923 ist Kaelbles AD-Motor so weit vorangeschritten, daß er erstmals auf ein Bandsägenfahrgestell montiert werden kann. Da das Fahrzeug ohne Sägeeinrichtung ausgestattet war, kann hier getrost von der ersten Dieselzugmaschine aus Backnang gesprochen werden. Das urig anmutende Fahrzeug in Frontlenkerbauweise konnte immerhin schon mit einem Schutzdach für den Fahrer und dem über der Hinterachse stehend angeordneten Motor aufwarten. Der Einzylindermotor wird mittels Kurbelstart in Betrieb genommen. Die Verdampferkühlung führt die Verbrennungswärme ab. Das Getriebe, wie bei den Bandsägen üblich, ist offen im Rahmen integriert. Es hat zwei Vorwärtsgänge und einen Rückwärtsgang. Vom Differential führen Stahlketten zu

Fototermin der ersten Suevia AD 17 bzw. der Z1 auf dem Werksgelände

den Hinterrädern. Ein Bandriemen stellt die Verbindung mit dem Motor her. Er dient gleichzeitig als Kupplung. Das Fahrzeug kann durch seine Drehschemellenkung seine Verwandtschaft zum, noch immer den Transportmarkt beherrschenden, Pferdewagen nicht verleugnen. Durch die offene, sehr hoch aufbauende Anordnung der Bauteile war das Fahrzeug sicherlich nicht einfach zu bedienen. Der Fahrer mußte auf dem „Sägetisch" aus Stahl Platz nehmen. Selbst die Vorderachsfederung konnte nicht für ausreichenden Fahrkomfort des auf Ganzstahlrädern laufenden Gefährts sorgen.

Um ein alltagstaugliches Fahrzeug zu schaffen, hat Carl Kaelble um seinen Dieselmotor AD 17 eine völlig neue Zugmaschine entwikkelt. Unter der Bezeichnung Suevia AD 17 kann ab 1925 die erste Dieselzugmaschine der Welt in Backnang geordert werden. Das sehr gedrungen wirkende Fahrzeug ist in Rahmenbauweise aufgebaut. Der quer in Fahrzeugmitte eingebaute Motor überträgt seine Kraft auf das von einer Straßenwalze stammende Getriebe. Der aus der Motorhaube herausragende Zylinderkopf des hoch aufbauenden Motors sorgt für das unverwechselbare Erscheinungsbild der Zugmaschine. Der 16 PS starke Einzylindermotor kann kurzfristig sogar mit einer Abgabeleitung von 18 PS aufwarten.

Der AD 17 findet sehr schnell Verbreitung. Neben dem Einbau in der Zugmaschine wird er auch als Stationärmotor und Antrieb für Bandsägen und Straßenwalzen eingesetzt. Durch die Verwendung eines Umlaufkühlsystems beschränkt sich die Fahrzeugwartung auf das Nachfüllen des Kraftstoffes. Verglichen mit dem als Zugmaschine bereits seit 1921 etablierten Lanz-Bullog bedarf der Kaelble Schlepper keiner aufwendigen Startprozedur. Langes Anwärmen des Motors entfällt. Es genügt, wenn der Bediener ein glimmendes Zündplättchen einlegt und nach Umlegen des Dekompressionshebels den Motor mittels einer Startkurbel in Bewegung versetzt. Auf Touren gekommen, wird die Kompression wieder zugeschaltet, und der Motor beginnt selbsttätig zu laufen.

Da sie ausschließlich als Straßenzugmaschine entwickelt wurde, stattet Kaelble seine AD 17 mit Gummireifen aus. Er bietet somit erhöhten Fahrkomfort bei gleich-

Fast eine Selbstverständlichkeit! Unternehmer aus dem Backnanger Raum bevorzugen die Zugfahrzeuge von Kaelble. Hier die Suevia AD 17 beim Möbeltransport

Ein typischer Schwertransport der zwanziger Jahre: Ein Suevia F 15 z-Schlepper ist hier zum Transport eines schweren Lokomobils eingesetzt. Die rustikale Stahlkette überträgt die Zugkräfte zum Anhänger. An der Zugmaschine sind die Ventildeckel am Motor abgenommen

Dieser fabrikneue Motorsteinbrecher mit Materialaufzug wird die größte Wegstrecke zu seinem Besitzer mit der Eisenbahn zurücklegen. Zum Bahnhof bringt ihn jedoch die Suevia F 15 z

zeitig gesteigerter Zugleistung. Auf eine gefederte Vorderachse verzichtet man und stattet hierfür den hinter der Hinterachse angeordneten Schalensitz mit einer Federung aus. Die Achsschenkellenkung erlaubt es, den Fahrzeugrahmen sehr tief anzuordnen, was einen niedrigen Schwerpunkt und somit auch eine günstige Fahrstabilität zur Folge hat.

Bis 1929 fanden zusammen mit dem schon 1924 hergestellten Prototypen 25 Maschinen ihren Weg zu Möbelspediteuren, Schaustellern und Bauunternehmern.

Bis 1926 verkauft Kaelble alle seine Produkte unter dem Markennamen „Suevia". Seit dem 1.1. 1927 verzichtet er auf diesen Markenbegriff, er vertraut auf den inzwischen sehr guten Ruf seines eigenen Namens. Die Suevia AD 17 heißt nun Z 1, wobei Z für Zugmaschine und die Ziffer 1 für Typ 1 steht.

Der Erfolg der ersten Zugmaschine führt bei Kaelble zu einer stärkeren Variante, die ausgestattet mit dem 25/30 PS starken Zweizylindermotor F 15 z, ab 1926 angeboten wird. Die Suevia F 15 z ähnelt in ihrem Aufbau sehr stark der AD 17. Beide Typen können aber an dem breiten, aus der Motorhaube ragenden Zylinderkopf des Zweizylindermodells unterschieden werden. Einige Suevia F 15 z erhalten erstmals auch eine Vorderachsfederung. Konsequent der neuen Namensgebung folgend, lautet seit 1927 die Typenbezeichnung Z 2. Bis zum Frühjahr 1928 verlassen 21 Zugmaschinen des Typs Z 2 die Backnanger Werkshallen.

Um seine Fahrzeuge für die Transportbranche alltagstauglich zu machen, bietet Kaelble sowohl für die Z 1, als auch für die Z 2 ein Faltverdeck, Azetylen-Scheinwerfer und Riemenscheiben an. Nach Abnehmen der Verkleidung besteht die Möglichkeit, Bandriemen auf die Schwungscheiben aufzulegen. Kaelble-Kunden haben so die Möglichkeit, Dreschmaschinen, Steinbrecher, Kreissägen und andere Arbeitsmaschinen mit ihren Fahrzeugen anzutreiben.

Ausgestattet mit Vorderachsfederung, Verdeck und Azetylen-Scheinwerfern bietet diese Suevia F 15 z ihrem Betreiber den größtmöglichen Fahrkomfort

Bei der Z 3 ab 1929 Z 2 bildet der Motor- mit dem Getriebeblock eine feste Einheit. Am Heck ist die als Zubehör erhältliche Riemenscheibe montiert

Eine Zugmaschinen-Familie entsteht

Mitte 1928 erscheint eine ebenfalls 30 PS starke Neuentwicklung. Dieses dritte Baumuster bekommt die Typenbezeichnung Z 3 und ersetzt die Z 2 im Lieferprogramm. Der Zweizylindermotor F 125 z, er erbringt aus einem Hubraum von 4,9 l eine Leistung von 30 PS, ist erstmals längs in Fahrtrichtung eingebaut. Da das Fahrzeug in Blockbauweise aufgebaut ist, d.h., das Getriebe ist direkt an den Motor angeflanscht, kann auf den Einsatz eines separaten Fahrzeugrahmens verzichtet werden. Lediglich ein, den Motorblock umgreifender, Hilfsrahmen nimmt die gefederte Vorderachse auf.

Auch mit dieser Zugmaschine zeigt Kaelble der Fachwelt wieder einmal seine Leistungsfähigkeit. Nicht nur der Motor, auch der restliche Antriebsstrang, das Viergang-Schaltgetriebe und die Achsen stellen völlige Eigenentwicklungen dar.

Bei der Neuentwicklung wurde ein besonderes Augenmerk auf die Steigerung der Bedienerfreundlichkeit und die vielfältige Anwendbarkeit des Fahrzeugs gerichtet.

Zur Erhöhung der Sicherheit und des Fahrkomforts befindet sich der Fahrersitz nun vor der Hinterachse.

Ein reichhaltiges Zubehör-Angebot erleichtert dem Bediener das ohnehin harte Fuhrmannsleben. Die bisher üblichen Azetylen-Lampen haben ausgedient. Kaelble kann mit der Z 3 eine elektrische Beleuchtungsanlage anbieten. Zur Vereinfachung des Startvorganges bietet man eine Druckluftstartanlage an. Die ebenfalls in den Verkaufsunterlagen aufgeführte elektrische Starteinrichtung wird sehr selten verkauft. Anscheinend sind die ersten Elektrostarter noch nicht reif für den Einsatz mit einem großvolumigen Motor. Ein stoffbespanntes Schutzdach rundet die Zubehörliste für den Fahrer ab.

Um die Zugmaschinen für möglichst viele Kundenkreise interessant zu machen, sind sie mit zahlreichen Abwandlungen lieferbar. Das rundum mit Elastikreifen ausgestattete Fahrzeug kann in zwei Getriebevarianten bestellt werden. Das Viergangetriebe erlaubt Fahrgeschwindigkeiten von 3,5, 7, 11, und 15 Kilometern in der Stunde. Durch Veränderung der kleinsten Zahnradstufe erreicht die Zugmaschine eine Spitzengeschwindigkeit von 25 Stundenkilometern. Um die Traktion des Zugfahrzeuges zu verbessern, kann eine Sandberiese-

Mit einer Dieselzugmaschine wie dieser Z 3 wird der Holztransport deutlich schneller als mit den bisher üblichen Pferdefuhrwerken

lungsanlage vor der Hinterachse angebracht werden. Um das Fahrzeug schnell und zuverlässig abbremsen zu können, baut Kaelble zwei unabhängige Bremssysteme ein. Als Betriebsbremse dienen Backenbremsen an der Hinterachse. Eine am Getriebe angebaute Bandbremse stellt die Feststell- und Hilfsbremse dar.

Wie schon bei der Z 2 besteht die Möglichkeit, die neue Zugmaschine mit einer speziell für Landwirte wichtigen Flachriemenscheibe auszurüsten. Im Gegensatz zu den bisherigen Zugmaschinen befindet sich diese nun nicht mehr an der Seite, sondern am Fahrzeugheck. Als Neuheit bietet Kaelble bei der Z 3 eine ebenfalls am Heck angebrachte Seilwinde aus eigener Fertigung an.

Das reichhaltige Zubehör beginnt sich rasch auszuzahlen. Allein im Jahre 1928 finden elf Z 3 ihren Weg zu Fuhrbetrieben, Bauunternehmen, Baustoffwerken, sowie Land- und Forstbetrieben. Sogar erste Exporterfolge zeichnen sich ab. Am 6.10.1928 verläßt eine in Überseekisten verpackte Z 3 die Backnanger Werkshallen in Richtung Rio de Janeiro.

Im Frühjahr 1929 erscheint auf Basis der bisherigen Z 3 eine auf 45 PS leistungsgesteigerte Variante, ausgestattet mit dem Dreizylinder-Dieselmotor F 125 d. Mit Erscheinen dieser Zugmaschine wird bei Kaelble der Typencode verändert. Die bisherige Zugmaschine Z 3 heißt ab sofort Z 2, wobei die Zahl jetzt die Anzahl der Zylinder des Motors verkörpert. Demzufolge hört das neue Modell auf das Kürzel Z 3. Gleichzeitig führt Kaelble sowohl für die Z 2, als auch für die Z 3 sogenannte „Express"-Varianten ein. Bei diesen Maschinen ist die Hinterachse zur Steigerung des Fahrkomforts bzw. der Transportgeschwindigkeit mit einer Federung ausgestattet. Während die Vorderachse links und rechts vom Motorblock an zwei längs zur Fahrtrichtung eingebauten Federpaketen befestigt ist, wird das Getriebe der Expresszugmaschinen mit Schwingachsen ausgestattet. Diese stützen sich an einem quer zur Fahrtrichtung eingebauten Federpaket ab.

Zusammen mit den Expresszugmaschinen können jetzt auch geschlossene Fahrerkabinen geordert werden.

1932 überrascht Carl Kaelble seine Kundschaft mit einer ganzen Reihe von Neuerungen.

An der Spitze steht dabei die nun größte Kaelble-Zugmaschine vom Typ Z 4. Sie ist die stärkste Straßenzugmaschine auf dem deutschen Markt. Ihr Vierzylindermotor F 124 v, er entstammt der gleichen Motorfamilie wie die schwächeren Varianten, erbringt bei einer Drehzahl von 1000 1/min eine Motorleistung von 60 PS. Auch diese Maschine ist in der normalen Straßenausführung und in der an der Hinterachse gefederten Expressvariante lieferbar. Da die meisten Kunden eine derart leistungsfähige Zugmaschine hauptsächlich zum Straßentransport von größeren Lasten, oftmals verteilt auf mehrere Anhänger, einsetzt, werden mehrheitlich Maschinen in Expressausführung verkauft. Die hinten ungefederte Straßenvariante verschwindet bereits 1934 wieder aus dem Angebot.

Ebenfalls 1932 wagt sich Carl Kaelble mit seinen Zugmaschinen an einen Kundenkreis, den er bisher nur geringfügig mit Zugmaschinen bedienen konnte. Auf Basis der Z 2 und der Z 3 entstehen Ackerschlepper, die mit Ackerreifen aus Stahl ausgestattet und ohne hintere Kotflügel nun verstärkt in der Landwirtschaft zum Einsatz kommen sollen.

Zusammen mit der Einführung der Ackerschlepper wird die Typenbezeichnung der Zugmaschinen durch einen, den Verwendungszweck erklärenden Buchstaben ergänzt. „A" steht hierbei für Ackerschlepper, „S" für die Straßenzugmaschinen und der „Express" für die Maschinen mit gefederter Hinterachse.

Die Ackerschlepper Z 2 A und Z 3 A erweisen sich auf unbefestigten Wegen und weichem Ackerboden jedoch als wenig brauchbar. Sie sind, um als Straßenzugmaschine eine hohe Zugleistung aufweisen zu können, sehr schwer gebaut und drohen dadurch auf den Äckern einzusinken. Um ein Auf-

Da die beiden Anhänger aus dem Kaelble-Fuhrpark über keine Druckluftbremsanlage verfügen, muß auf jedem Wagen ein Bremser mitfahren. Die Z 2 Express hat wieder einmal neue Kaelble Maschinen zum Versand auf den Bahnhof zu befördern

Mit 60 PS ist die Z 4 Express die stärkste Dieselzugmaschine in Deutschland

Eine Z 4 Express mit geschlossener Fahrerkabine und vergrößertem Kühler

Der Kaelble Ackerschlepper Z 2 A beim Pflügen auf dem werkseigenen Acker

Auch der Ackerschlepper Z 3 A muß sich erste Sporen auf dem Acker in der Wilhelmstraße in Backnang verdienen

Eine Z 4 Express im Dienste der Lederwerke Backnang

bäumen des Straßenschleppers beim Anfahren zu verhindern, ruht, verglichen mit Ackerschleppern anderer Hersteller, ein größeres Gewicht auf der Vorderachse. Auf leichtem Boden und bei schwerem Pflugeinsatz beginnen deshalb die Antriebsräder vorzeitig durchzudrehen. Gleichzeitig hat Kaelble einen ungünstigen Zeitraum zum Einstieg in die Landwirtschaft gewählt. Die von der weltweiten Wirtschaftskrise gebeutelten Landwirtschaft un Industrie verhalten sich sehr zurückhaltend. Zudem steckt die Motorisierung in der Landwirtschaft noch in ihren Anfängen. Als mögliche Kunden kommen nur größere Landgüter in Frage, die, da finanziell besser gestellt, seit jeher eine Vorreiterrolle in der Landwirtschaft innehatten. Kaelble kann nur sehr geringe Stückzahlen absetzen. Hier sind andere Unternehmen mit einer längeren Erfahrung beim Bau von Ackerschleppern erfolgreicher. Auch eine kombinierte Straßen-Ackerschlepper-Zugmaschine vom Typ Z 2 AS, bei ihr besteht die Möglichkeit, die Ackerräder durch Vollgummiräder und Kotflügel zu ersetzen, kann den Mißerfolg nicht verhindern. Ebensowenig können werbewirksam vermarktete Exporterfolge nach Südamerika die Nachfrage nach Ackerschleppern aus Backnang beleben. Schon im Jahre 1933 beendet Kaelble deshalb wieder sein Engagement im Bereich der landwirtschaftlichen Zugmaschinen.

Bei Kaelble wendet man sich verstärkt dem Straßentransport zu. Dieser wächst nun mit einer solchen Geschwindigkeit, daß speziell von den Drei- und Vierzylindermodellen erhebliche Stückzahlen abgesetzt werden können. Allein 1935 gelingt es Kaelble, 72 Maschinen der Typen Z 3 und Z 4 auszuliefern.

Obwohl zwischenzeitlich von anderen Herstellern verstärkt Lastkraftwagen verkauft werden, kann Kaelble weiterhin mit beträchtlichem Erfolg seine klassischen, schlepperähnlichen Zugmaschinen absetzen. Der Lastkraftwagen wartet zwar mit höheren Fahrgeschwindigkeiten auf, befördert jedoch nur geringere Lasten als die langsameren Zugmaschinen. Die Z 2 erlaubt bei maximaler Geschwindigkeit ein Zuggewicht von 10 t. Für die stärkeren Zugmaschinen erhöht sich dieser Wert im Verhältnis zur größeren Motorleistung. So erlaubt die Z 3 Lasten bis 15 t, die Z 4 sogar 20 t. Viele kleine Fuhrbetriebe, die bisher noch mit pferdebespannten Wagen arbeiteten, ersetzen zunehmend die Pferde durch Zugmaschinen. Ihre Wagen verwenden sie dabei weiter.

Darüber hinaus befindet sich der Fernverkehr auf der Straße noch in den Kinderschuhen. Größere Transportwege werden fast ausschließlich mit der Eisenbahn zurückgelegt. Da die mit der Bahn transportierten Güter nur auf dem relativ kurzen Weg zum Endkunden auf der Straße befördert werden

Gleich drei Zugmaschinen der Typen Z 3 Express und ZK 3 aus unterschiedlichen Baujahren verdienen sich ihr Brot durch den Langholztransport in Triberg mitten im Schwarzwald

und zwischen den Transporten ein zeitaufwendiger Umladeprozeß stattfinden muß, bleibt die Zugmaschine im Vergleich zum Lastkraftwagen ausgesprochen attraktiv. Mit ihr kann ein Unternehmer während des Umladens auf dem Bahnhof mit einem anderen Anhänger Geld verdienen, während der LKW mit seiner festen Ladefläche zum Stillstand verurteilt ist.

Im Sommer 1934 werden bei der Z 3 und Z 4 durch Anheben der Motordrehzahl auf 1200 U/min die Motorleistungen auf 55 PS beziehungsweise 72 PS angehoben. 1935 folgt die Z 2 mit einer Leistungssteigerung auf 36 PS.

Alle Zugmaschinen können seit 1933 mit Luftbereifung bestellt werden, wobei anfänglich nur die Vorderachse mit solchen ausge-

Zugmaschine Z 2 S mit Allwetterverdeck und Luftbereifung auf der Vorderachse

Eine neue ZK 3 steht im Juni 1937 versandbereit auf dem Fabrikhof

Diese Z 3 S mit Ganzstahlkabine wurde 1943 bei Kaelble mit einem Imbert-Holzgenerator ausgerüstet. Unter der Anhängerkupplung ist die Seilwinde mitsamt Bergstütze zu sehen

stattet wird. Je nach Getriebevariante und Bereifung sind nun mit der Expresszugmaschine Spitzengeschwindigkeiten von 30 bzw. 32 Stundenkilometern möglich. Varianten mit einer Endgeschwindigkeit von 15, 20 und 25 km/h bleiben im Programm.

Für die Expresszugmaschinen werden ab 1934 die bisher nur vereinzelt bestellten geschlossenen Fahrerkabinen ins Serienprogramm aufgenommen. Es handelt sich um mit Stahlblech beplankte Holzgerippe, ausgestattet mit Türen und Fensterscheiben rundum. Das Dach ist stoffbespannt. Die Maschinen werden mit einem „K" in der Typenbezeichung gekennzeichnet. Sie heißen fortan ZK 3 und ZK 4. Im Laufe der Produktionszeit ändert sich das Aussehen des Fahrerhauses von einer eckigen zu einer gefälligen, mit großen Radien versehenen Bauform. Diese moderneren Kabinen besitzen ein Stahldach. Die ZK-Baumuster werden somit dem jeweiligen Erscheinungsbild der neuen, seit 1934 lieferbaren, Zugmaschinen und Sattelschlepper angeglichen. Bei Kaelble werden die Kabinen zwar konzeptioniert, die Fertigung überläßt man aber einem Backnanger Spezialisten. Der Karosseriebetrieb J. Knapp & Söhne fertigt bis heute fast alle bei Kaelble eingesetzten Fahrerhäuser.

Die kleine Z 2 S wartet gegen Ende ihrer Bauzeit noch einmal mit einem großen Verkaufserfolg auf. Ihr wird die zweifelhafte Ehre zuteil, der erste größere Kaelble-Auftrag des sich mit der Aufrüstung befassenden nationalsozialistischen Regimes zu sein. Nachdem 1935 eine Z 2 S ohne Kabine, aber mit formschönen Kotflügeln, ausgerüstet als Flugzeugschlepper, nach Berlin geliefert wurde, folgen im Jahr 1936 weitere 59 Stück. Mit Beginn des zweiten Weltkrieges kommt die Produktion der Z 2 zum Erliegen. Von der Z 3 und Z 4 werden noch bis 1941 einzelne Maschinen speziell an Brennstoffhändler und Bauunternehmen geliefert.

Selbst nach dem Ende der Produktion pflegt man bei Kaelble diese Baureihen weiter. Während des Zweiten Weltkrieges sind Treibstoffe in erster Linie für die Kriegsaktivitäten reserviert. Diesel und Benzin sind in der Privatwirtschaft Mangelware. Wie andere Hersteller trägt auch Kaelble diesem Umstand Rechnung und rüstet zahlreiche Zugmaschinen mit einer Imbert-Holzvergaseranlage aus.

Typ	Z 2 S/Express	Z 3 S/Express; ZK 3	ZK 4
Motor	F 125 z 2-Zylinder-Reihen-	F 125 d 3-Zylinder-Reihen-	F 125 v 4-Zylinder-Reihen-
	Viertakt-Dieselmotor Bohrung 125 mm, Hub 200 mm wassergekühlt, Druckumlaufschmierung, Druckluftanlasser, Kraftstoffzufuhr ohne Pumpe durch hochliegenden Tank		
Hubraum Leistung	4,9 l 30 PS bei 1000 1/min ab 1935: 36 PS bei 1200 1/min	7,35 l 45 PS bei 1000 1/min ab 1934: 55 PS bei 1200 1/min	9,8 l 60 PS bei 1000 1/min ab 1934: 72 PS bei 1200 1/min
Kupplung	Einscheibenkupplung		
Getriebe	4-Gang-Zahnradgetriebe mit sperrbarem Kegelraddifferential ein Rückwärtsgang		
Antriebsformel	4x2		
Geschwindigkeiten * z.B. mit Elastikbereifung z.B. mit Luftbereifung	3,5 -7 -11 -16 km/h 4,2 - 9 - 13,5 - 25 km/h		5 - 10 - 16 - 32 km/h
Wendekreis innen:	2,5 m	2,5 m	3 m
Bereifung* z.B. Elastikbereifung z.B. Luftbereifung	 Vorn 740x560x110 Hinten 1070x850x150 doppelt Vorn 6,00 Transp.-20 Hinten 9,75-20 extra	 vorn 740x560x110 hinten 1070x850x170 doppelt vorn 6,00Transp.-20 hinten 40 x 8 extra	 vorn 32x6 hinten 42x9
* während der Bauzeit waren unterschiedlichste Übersetzungen vor allem des vierten Ganges lieferbar. Zusammen mit verschiedenen Radgrößen waren so Endgeschwindigkeiten von 15 - 16 - 20 - 25 - 30 und 32 km/h möglich			
Abmessungen mit Kabine (LxBxH)	3350 x 1950 x 2100 mm	3500 x 2000 x 2100 mm	3600 x 2000 x 2100 mm
Radstand	1950 mm	2160 mm	2270 mm
Gesamtgewicht	ca.3850 kg	ca. 4060 kg	ca. 4300 kg
Zuggewicht	10 t	15 t	20 t
wichtiges Zubehör	Riemenscheibe, Seilwinde - Zugkraft 2 t, Druckluftbremse für Anhänger Stoffverdeck, Führerhaus		

Johann Culemeyer – ein Leben für die Eisenbahn

Das Vorhaben der Deutschen Reichsbahn, die Güterzustellung an ihre Kunden zu vereinfachen, ist fest verbunden mit dem Schaffen von Reichsbahndirekor Dr. Johann Culemeyer (1883-1951).

Johann Culemeyer beginnt 1902 in Hannover ein Maschinenbaustudium. Nach bestandenem Vorstudium wechselt er jedoch 1903 ins Baufach über. 1908 wird der junge Bauingenieur von der Eisenbahndirektion Hannover eingestellt und umgehend für ein Jahr beurlaubt. Culemeyer unterstützt die Vermessungsarbeiten bei der Projektierung der Bagdad-Bahn. Zurück aus Kleinasien, bewährt er sich rasch bei zahlreichen Bauprojekten der Bahn.

Nach den Plänen der seit 1920 bestehenden Deutschen Reichsbahn war das Streckennetz in Deutschland ausreichend entwikkelt. Der Bedarf an Neubaustrekken, und somit auch die Bautätigkeiten nehmen stetig ab.

Nach 25 Jahren als Bauingenieur folgt Johann Culemeyer deshalb dem Aufruf der Reichsbahnverwaltung und meldet sich freiwillig zum technischen Dienst der Bahn. Da er kein abgeschlossenes Maschinenbaustudium besitzt, absolviert er zusammen mit 25 anderen Bauingenieuren der Reichsbahn ein einjähriges Maschinenbau-Sonderstudium an der Technischen Hochschule in Berlin.

Seinen zweiten Berufsstart beginnt der nun 40-jährige Culemeyer in der Entwicklungsabteilung für Güterwagen. Zusammen mit seinem Vorgesetzten befaßt er sich mit der Konzeption von Großgüterwagen für Massengüter. Schwerpunkte bilden dabei Kühl- und Selbstentladewagen.

Nach dem plötzlichen Tod des Abteilungsleiters wird Culemeyer 1927 dessen Nachfolger als Dezernent für Sondergüterwagen.

Seit 1930 beschäftigt sich der inzwischen zum Reichsbahn-Oberrat beförderte Culemeyer mit Konzepten, die den Warentransport im Vor- und Rücklauf des Bahntransports beschleunigen helfen. Bei der Zustellung größerer Sendungen, speziell aber von Massengütern, nimmt der Umladevorgang erhebliche Zeit in Anspruch.

Culemeyer untersucht anfänglich die in Großbritannien und Frankreich ablaufende Entwicklung von Schiene-Straße-Konzepten. Es handelt sich hierbei hauptsächlich um Zweiwege-Fahrzeuge, die durch Ersatz der Schienenräder durch normale Straßenreifen ihren Weg abseits der Gleise fortsetzen können.

Für Culemeyer sind diese Systeme jedoch nicht befriedigend. Es müssen zwar keine Güter am Bahnhof umgeladen werden, dafür entstehen jedoch längere Wartezeiten durch die Umrüstung der Fahrzeuge.

Besonders negativ wirkt sich jedoch die Transportkapazität dieser Konzepte aus. Werden die Fahrzeuge wie normale Lastkraftwagen aufgebaut, so sind die Fahrzeugrahmen nicht stabil genug, um sie in größere Zugverbände eingliedern zu können. Baut man hingegen die Fahrzeuge ausreichend stabil, um längere Züge bilden zu können, sind die Eigengewichte so hoch, daß bei der Einhaltung der zulässigen Höchstgewichte beim Straßentransport nur noch sehr geringe Nutzlasten befördert werden dürfen.

Setzt eine Bahngesellschaft diese Systeme flächendeckend ein, so ist dies mit einem erheblichen Investitionsaufwand verbunden. Die bisher eingesetzten Wagen können in diese Systeme nicht eingebunden werden. Allein aus diesem Grund kommen solche Konzepte für die Reichsbahn nicht in Frage.

Ein neues Transportkonzept

Johann Culemeyer entwickelt ab 1931 ein Anforderungsprofil für ein Transportfahrzeug, mit dem normale Güterwagen ohne Umbauaufwand auf der Straße befördert werden können. Die einzige bauliche Maßnahme stellt ein spezieller Gleisanschluß am Bahnhof dar, mit dem der Wagen vom Gleis auf das Transportfahrzeug übernommen wird. Culemeyer nennt sein Konzept „das fahrbare Anschlußgleis". Es soll, flächendeckend eingesetzt, all die Großkunden der Reichsbahn rationell mit Waren versorgen, die über keinen eigenen Gleisanschluß verfügen. Das Herzstück des fahrbaren Anschlußgleises stellt ein spezieller Anhänger, der Straßenroller, dar. Er dient zum Transport von zweiachsigen, bis zu 20 t tragenden Güterwagen mit unterschiedlichen Radständen. Bei einem Eigengewicht von 6,5 t ist er für ein Gesamtgewicht von 40 t ausgelegt.

Diese Last wird durch ein ausgeklügeltes Balance- und Federnsystem gleichmäßig auf 16 Räder verteilt. Die Lastverteilung, mit einer Einzelradlast von max. 2,5 t, kann von diesem System in bisher nicht gekannter Qualität auch bei schwierigen Straßenverhältnissen garantiert werden. Trotz der geringen Bauhöhe des Rollers lassen sich Bodenunebenheiten bis 30 cm ausgleichen. Um ein besonders wendiges Fahrzeug zu erhalten, sind alle Räder des Anhängers gelenkt. Unterschiedlichen Radständen der Güterwagen wird das System durch Verschieben der einzelnen Fahrgestelle des zweigeteilten Anhängers angepaßt. Ein Teleskoprohr sorgt hierbei für die Verbindung beider Hälften. Gleichzeitig wird die Lenkbewegung durch Verdrehen des Teleskoprohres an das zweite Fahrgestell weitergeleitet. Durch einfaches Umsetzen der Zugdeichsel kann ein Fahrtrichtungswechsel vorgenommen werden. Zur Steigerung der Verkehrssicherheit ist jedes Rad

Das „fahrbare Anschlußgleis", bestehend aus der Zugmaschine Z 6 R/1 und dem 16-rädrigen Straßenroller, mit einem schwer beladenen Güterwagen auf dem Weg zur Abladestelle

mit einer druckluftbetätigten Trommelbremse ausgestattet. Um die Konstruktion vereinfachen zu können, trifft Culemeyer eine entscheidende Einschränkung: Aufgrund der üblicherweise nur maximal zwei Kilometer langen Zustellstrecke wird die Fahrgeschwindigkeit auf 20 Stundenkilometer begrenzt. Die meisten Transporte finden innerorts statt. Hier sind ohnehin nur Fahrgeschwindigkeiten von 15 Stundenkilometern realistisch.

Der Gesetzgeber erlaubt bei diesen Geschwindigkeiten geringere Bremsverzögerungen. Der Konstruktionsaufwand für die Bremsen bleibt begrenzt. Durch die geringe Geschwindigkeit ist der Einsatz von Vollgummireifen erlaubt. Diese bieten im Vergleich mit dem modernen Luftreifen für den Straßenroller weitere Vorteile: Sie federn weniger ein, das Fahrzeug neigt seltener zum Schwingen, das Unfallrisiko wird herabgesetzt. Der Raddurchmesser kann bei hoher Tragfähigkeit zugunsten der Bauhöhe geringer gewählt werden. Auf den teilweise immer noch ungenügend befestigten Wegen ist das Risiko einer Reifenpanne bei modernen Luftreifen besonders hoch.

Die Waggonfabrik Gotha fertigt nach diesen, von Johann Culemeyer Ende 1931 zum Patent angemeldeten Vorgaben in nur einem Jahr ein erstes funktionsfähiges Exemplar des Straßenrollers. Die 1933 beginnenden Versuche erregen großes Aufsehen in der Fachwelt. Bei der Reichsbahn wie auch bei der, mit der Aufrüstung befaßten nationalsozialistische Regierung, erkennt man die Vorteile des „Culemeyer-Rollers". Die Weiterentwicklung wird vorangetrieben. Neben der eigentlichen Aufgabe, Güterwagen zu befördern, hat sich aus dem Straßenroller recht schnell ein universell nutzbares Transportmittel auch für sperrige oder schwere Spezialtransporte entwickelt. Der umfassende Patentschutz sichert der Reichsbahn über lange Jahre eine Vormachtstellung bei Großraumtransporten in Deutschland.

Im Jahr 1934 promoviert Culemeyer mit seiner Dissertation über den Straßenroller zum Doktor-Ingenieur. Die Deutsche Reichsbahn befördert ihn zum Reichsbahndirektor.

Bei den ersten Fahrversuchen mit dem Straßenroller hat sich die Reichsbahn mit einer Z 4 Express beholfen

Foto: Lichtbildstelle der Bundesbahndirektion Nürnberg

Auf der Suche nach einem geeigneten Zugfahrzeug

Die Fortbewegung eines fast 40 t schweren Anhängers verlangt selbstverständlich nach einem besonders schweren Zugfahrzeug. So ist es nicht verwunderlich, daß im November 1932 Deutschlands stärkste Zugmaschine, eine 60 PS starke Kaelble Z 4 Express in Sonderausführung der Waggonfabrik Gotha zur Verfügung gestellt wird.

Es ist geplant, die mit einem geschlossenen Fahrerhaus ausgestattete Zugmaschine, als Vorführmaschine zusammen mit dem ersten Straßenroller an die Reichsbahn für weitere Tests zu übergeben.

Bei Kaelble wurde das Fahrzeug durch zahlreiche Änderungen auf seine zukünftige Aufgabe vorbereitet.

Den wichtigsten Unterschied zum Serienstand stellt hierbei eine leistungsfähigere Zweischeibenkupplung dar. Die übliche Einscheibenkupplung ist nur für Zuglasten bis 20 t ausgelegt und wäre mit dem Straßenroller einem übermäßigen Verschleiß ausgesetzt.

Serienmäßig verlegt Kaelble die Auspuffanlage bei seinen Expresszugmaschine unter dem Fahrzeug zum Heck. Da nicht nur im Fahrbetrieb, sondern auch während des Umsetzvorgangs der Güterwagen auf den Straßenroller, die Zugmaschine als Antriebsquelle dient, erhält sie zum Schutz des Bedienpersonals vor den Abgasen eine nach oben gerichtete Auspuffanlage. Mit der am Fahrzeugheck angebrachten Seilwinde werden die Güterwagen auf die Straßenroller gezogen. Auch diese wird verstärkt und mit 50 m Stahlseil ausgestattet. Eine verstärkte Vorderachse und die für den Straßenrollerbetrieb unerläßliche Druckluftbremsanlage gehören ebenfalls zum Ausstattungspaket der Maschine. Um die Traktion auf schwierigen Straßenabschnitten verbessern zu können, sind Sandstreuer vor der Antriebsachse angebracht.

Die ersten Tests des fahrbaren Anschlußgleises finden beim Reichsbahn-Zentralamt in Berlin statt. Eigens für den Straßenrollerbetrieb wurde beim Anhalterbahnhof ein Gleisanschluß mit einer tiefer liegenden Fahrbahn geschaffen. Mit seiner Hilfe kann der Güterwagen auf einer Ebene auf den Straßenroller übernommen werden. Die Tests beweisen zwar eindrucksvoll die Leistungsfähigkeit des Straßenrollers, mit den Leistungen der Zugmaschine ist man jedoch nicht zufrieden.

Die Z 4 Express, als schnelle Zugmaschine konstruiert, bietet mit ihren vier Gängen im Geschwindigkeitsbereich der Roller nur drei brauchbare Fahrstufen mit Geschwindigkeiten von 5, 10 und 16 Stundenkilometern. Speziell im Rangierbetrieb und an Steigungen bis 1:20 fehlt somit eine geeignete Gangstufe, die bei maximaler Motordrehzahl beziehungsweise Motorleistung das Fahrzeug ausreichend langsam bewegt. Culemeyer erachtet eine Minimalgeschwindigkeit von zwei bis drei Stundenkilometern als ideal. Auch der Einsatz kleinerer Luftreifen der Größe 40x8,5 an der Hinterachse reduziert die vierte Fahrstufe lediglich auf 30 km/h. Culemeyer erwähnt in seiner Dissertation, daß zwar bei der Leerfahrt solch hohe Geschwindigkeiten erlaubt wären, glaubt aber auch an den Mißbrauch dieser Möglichkeit unter Last. Das hierdurch entstehende Unfallrisiko ist ihm zu groß. Er fordert deshalb Zugmaschinen, die in keinem Falle schneller als 20 km/h laufen.

Da die Zugleistung einer Zugmaschine außer von der Motorleistung und der passenden Getriebeabstufung auch von der Reifenhaftung der Antriebsräder zur Fahrbahn bestimmt wird, zeigt die Z 4 Express weitere entscheidende Schwächen. Der Rollwiderstand des mit 16 besonders kleinen Rädern ausgestatteten Straßenrollers ist in beladenem Zustand so hoch, daß die Z 4 Express mit einer Hinterachslast von 2,3 t einfach zu leicht gebaut ist. Ihre Räder drehen sehr schnell durch. Auch der Einbau von Radgewichten schafft nur bedingt Abhilfe. Culemeyer errechnet aus den Eckdaten des Fahrzeugs auf der Ebene eine erforderliche Achslast der Antriebsachse von 2230 kg. An einer Steigung 1:20 sind jedoch 6680 kg notwendig.

Üblicherweise bedarf der ordnungsgemäße Ablauf des Haus-zu-Haus-Verkehrs von Güterwagen drei Personen, bestehend aus einem Fahrer und zwei Begleitern. Die Kabine der Z 3 Express bietet zwar nominell Platz für drei Personen, diesen jedoch sehr begrenzt. Platz für Werkzeug und Zubehör fehlt gänzlich.

Die ersten Schwerlast-zugmaschinen

Aus den Erfahrungen mit der Expresszugmaschine fordert Johann Culemeyer eine speziell auf den Straßenrollerbetrieb zugeschnittene Neuentwicklung.

Bei Kaelble nimmt man sich dieser Herausforderung an. Schon im September 1933 verläßt das erste von zwei bestellten Fahrzeugen einer gänzlich neuen Zugmaschinengeneration die Backnanger Werkshallen in Richtung Berlin. Das Fahrzeug hat, obwohl im Design an die immer stärker Verbreitung findenden Lastkraftwagen angelehnt, mit diesen nur sehr wenig gemein.

Die Zugmaschine vom Typ Z 6 R ist der erste Dreiachser bei Kaelble. Die zwei angetriebenen Hinterachsen weisen in voller Ausstattung der Maschine eine Gesamtachslast von 8000 kg auf. Dem Transport der beladenen Straßenroller steht nun also auch am Berg nichts mehr entgegen.

Um genügend Motorleistung bereitzustellen, setzt Kaelble einen 100 PS-starken Sechszylindermotor vom Typ G 110 s ein. Obwohl Culemeyer in seinem Lastenheft ein ausreichend fein abgestuftes Fünfganggetriebe fordert, muß ein solches erst noch entwickelt werden. Bisher sind in Lastkraftwagen Getriebe mit vier Gängen üblich. Kaelble verbaut deshalb in seine ersten beiden Zugmaschinen ein Vierganggetriebe vom Typ K 60 der Zahnradfabrik Friedrichshafen. Gleichzeitig arbeitet man zusammen mit den Konstrukteuren bei Gmeinder an der Entwicklung einer eigenen Familie von fünfgängigen Getrieben. Die dritte, im April 1934 ausgelieferte, Z 6 R ist bereits mit dem neuen Gmeinder-Getriebe FG 40 ausgestattet.

Erste Versuche mit Dreiachsfahrgestellen führte man bei Kaelble mit einer umgebauten Z 3 Express durch. Sehr gut erkennt man an der zweiten Getriebeeinheit das für die Expresszugmaschinen typische Schwingachsenprinzip

Die auf Luftbereifung umgestellte Z 6 R/2 müht sich hier mit einem 38 t schweren Papier-Glättezylinder von Voith ab. Der Zylinder mit einem Durchmesser von 4,5 m ist für eine Papierfabrik in Frankreich bestimmt

Foto: Voith Werksarchiv

Die Hinterachsen des rundum elastikbereiften Gefährts entsprechen mit ihrem Schwingachsprinzip denen der bisherigen Expresszugmaschinen.

Die ersten Versuche mit dreiachsigen Fahrzeugen fanden bereits um 1930 bei Kaelble statt. Hierfür wurde einfach eine zweite Getriebe-/Hinterachseinheit an eine Z 3 Express angebaut. An diesem eigenartig anmutenden Gefährt überrascht besonders der zweite Schalthebel an der zusätzlichen Achse. Der Fahrer muß zum Einlegen eines Ganges an der dritten Achse seinen Platz verlassen und am Heck die neue Getriebestufe einstellen.

Inwieweit mit diesem Prototyp Schwertransporte durchgeführt wurden, ist nicht bekannt. Da auf dem einzigen überlieferten Bild keine Anhängerkupplung am Fahrzeug angebracht ist, liegt es nahe, daß lediglich solche Fahrversuche mit der Zugmaschine stattfanden, die z. B. das Lenkverhalten von Dreiachsern ermittelten.

Im Gegensatz zu den Expresszugmaschinen sind die beiden Federpakete, so wie heute immer noch üblich, an den Hinterachsen längs zur Fahrtrichtung eingebaut. Je ein Paket trägt auf einer Fahrzeugseite die entsprechenden Schwingachsenhälften.

Da die Z 6 R erstmals mit einer Ballastpritsche ausgestattet ist, und somit das Fahrzeuggewicht durch Aufladen von bis zu 2,3 t Zusatzballast gesteigert werden kann, zeigt sich speziell bei der leeren Zugmaschine eine Schwäche der Achsaufhängung. Bei entlasteter Antriebsachse bilden die beiden parallel zur Fahrtrichtung angebrachten Schwingachsen „O-Beine". Ein ungleicher Reifenverschleiß der Doppelbereifung ist die Folge.

Im Probebetrieb muß man bei der Reichsbahn erkennen, daß die Elastikbereifung im Vergleich mit Luftreifen zwar erwartungsgemäß geringeren Beschädigungsgefahren ausgesetzt ist, jedoch können Luftreifen besonders auf glatten Fahrbahnbelägen deutlich größere Antriebs- und Bremskräfte übertragen. Die Reichsbahn rüstet daraufhin alle Zugmaschinen des Typs Z 6 R mit Luftreifen aus. Bei Kaelble nennt man die Fahrzeuge nach der Umrüstung werksintern Z 6 R/2. Gleichzeitig wird die erste Ausführung nachträglich als Z 6 R/1 bezeichnet.

Die drei mit Druckluftunterstützung ferngesteuerten Differentialsperren befinden sich in einem gemeinsamen Gehäuse. Diese nehmen auch die Träger der Schwingachsen auf.

Der Straßenroller wird an einem gefederter Zugmaul an die Zugmaschine angehängt. Die Federung steigert den Fahrkomfort und die Lebensdauer des Antriebsstranges, da Stöße nur noch abgedämpft auf das Zugfahrzeug übertragen werden.

Speziell für die Belange der Reichsbahn wird direkt an das Differentialgehäuse eine verstärkte Ausführung der von den Expresszugmaschinen bekannten Seilwinden angebaut. Die Zugkraft des mit 50 m Stahlseil versehenen Aggregats ist auf 4,5 t angewachsen. Kaelble-Seilwinden sind mit einer automatischen Seilaufwicklung ausgestattet. Dies gewährleistet einen besonders sicheren Betrieb.

Zusätzlich ist quer unter der Kabine eine Zapfwelle angebracht. Auf beiden Fahrzeugseiten kann damit bei einer Drehzahl von ca. 600 U/min mittels einer Kardanwelle eine Motorleistung von 12 PS abgenommen werden.

Die Reichsbahn nutzt diese Einrichtung zum Betrieb der spindelgetriebenen Hub- und Senkeinrichtung an den Straßenrollern. Diese aufwendige Mechanik wird dazu verwendet, den Güterwagen auf dem Roller um 21 cm abzusenken. Im Alltagsbetrieb zeigt sich bald, daß diese Funktion nicht unbedingt erforderlich ist. Bei späteren Zugmaschinenlieferungen verzichtet man deshalb auf die Zapfwelle.

Die Leistungen der drei an die Reichsbahn gelieferten Maschinen haben sowohl die Verantwortlichen der Bahn, wie auch Carl Kaelble und seine Wettbewerber überzeugt. Das Lastenheft Culemeyers hat mit der Z 6 R nach entscheidenden Einflüssen auf den Bau von Schwerlastanhängern auch den Bau von schweren Zugmaschinen über lange Jahre maßgebend beeinflußt.

Typ	**Z 6 R**
Motor	G 110 s
Leistung	100 PS bei 1600 1/min
Weitere Daten	6-Zylinder-Reihen-Viertakt-Dieselmotor Bohrung 110 mm, Hub 165 mm Hubraum 9,4 l wassergekühlt, Druckumlaufschmierung, elektr. Anlasser
Lenkung	ZF-Rosslenkung (Spindelgetriebe)
Kupplung	Zweischeibenkupplung
Getriebe	ZF 4-Gang-Getriebe K 60; ein Rückwärtsgang Ab 1934: Gmeinder 5-Gang-Getriebe FG 40 Hinterachsgetriebe mit drei Differentialen
Antriebsformel	6x4
Bremse	Knorr-Druckluftbremse auf Hinterräder wirkend Mech. Feststellbremse
Geschwindigkeit	max. 20 km/h (mit Elastikbereifung)
Fahrerhaus	geschlossenes Fahrerhaus für drei Personen
Aufbau	Ballastpritsche für 4 t Traglast
Bereifung Z 6 R/1 (Elastikbereifung) Z 6 R/2 (Luftbereifung)	 705x170 8,00-20
Abmessungen (LxBxH)	5230 x 2150 x 2400 mm
Radstände (1.-2. Achse; 2.-3.Achse)	3000 mm; 960 mm
Leergewicht	7800 kg
zul. Achslasten (VA / 1.HA / 2.HA)	2120 / 4000 / 4000 kg
zul. Gesamtgewicht	10120 kg
Anhängelast	40000 kg
wichtiges Zubehör	gefedertes Zugmaul am Heck Seilwinde 4,5 t; 50 m Stahlseil Zapfwelle, Abgabeleistung 12 PS bei 600 1/min Pendelwinker und Positionslampen ausziehbar bis 3000 mm Sandstreuer für Antriebsachsen (Nachgerüstet mit Luftbereifung)

Sattelschlepper senken das Gesamtgewicht

Neben dem Entwurf der Straßenroller entwickelt Culemeyer ein zweites Fahrzeugkonzept für sein fahrbares Anschlußgleis.

Um für den Straßenrollerbetrieb ausreichend hohe Gewichte an den Antriebsachsen der Zugmaschinen zu bekommen, müssen zusätzliche Ballastgewichte an den Fahrzeugen angebracht werden. Eigentlich wird dadurch das Gesamtgewicht eines Gespanns unnötig gesteigert. Eine Mehrbelastung für Straßen und Brückenbauwerke und ein überhöhter Kraftstoffverbrauch sind die Folge.

Culemeyers Lösungsansatz für diese Problematik sieht vor, daß der zu befördernde Güterwagen den Zusatzballast für die Zugmaschine aufbringt. Der als Sattelauflieger ausgebildete Straßenroller stützt sich hierfür auf die Zugmaschine auf.

Basierend auf der Schwerlastzugmaschine Z 6 R entwickelt Kaelble den Sattelschlepper S 6 R. Das erste Exemplar wird im Juni 1934 an die Reichsbahn übergeben.

Bis hinter die Rückwand des Fahrerhauses entspricht das Fahrzeug der Z 6 R. Nach dem Gmeinder Getriebe FG 40 beginnen die Unterschiede. Direkt hinter der Fahrerkabine ist eine Seilwinde mit 3 t Zugkraft angebaut. Sie dient zum selbsttätigen Aufnehmen der Güterwagen auf den Sattelauflieger. Im hinteren Rahmenteil beschreitet Kaelble Neuland. Die Forderung nach minimaler Bauhöhe des Fahrzeugs zwingt die Konstrukteure zu einem Trick. Die Sattelkupplung wird auf Hinterachshöhe am Rahmen angebracht. Da die Stützlast des Aufliegers möglichst punktgenau auf den beiden Hinterachsen aufliegen soll, werden diese um die Sattelkupplung herumgebaut. Von beiden Achsen ist nur die vordere doppelt bereifte angetrieben. Die einfach bereifte hintere Achse ragt in den Schwenkbereich des Sattelaufliegers. Der Lenkeinschlag zwischen beiden Fahrzeughälften wird dadurch auf max. 39° nach jeder Seite begrenzt.

Wegen der, die Sattelkupplung umschließenden, Achsanordnung und der daraus resultierenden Fahrzeugbreite von 3100 mm ist die Antriebsachse zweiteilig ausgeführt. Nach dem Hauptdifferential wird die Antriebskraft verzweigt und auf die beiden Fahrzeugseiten

Erste Fahrtests mit dem neuartigen Sattelschlepper S 6 R/1 auf der Bahnhofstraße in Backnang. Vor der ersten Hinterachse sieht man das Gehäuse der Schubkugel-Achsaufhängung

Dieser Blick auf die S 6 R/2 zeigt die eigenwillige Hinterachsanordnung und die Scharfenbergkupplung zur Aufnahme des Sattelaufliegers

geleitet. Dort nehmen Kugelpfannen die eigentlichen Achskörper auf. Diese Lagerung überträgt einerseits die Antriebskräfte auf das Fahrzeug, andererseits ist eine ausreichende Pendelbewegung der Halbachsen möglich. Bodenunebenheiten bis 15 cm werden sowohl nach oben, als auch nach unten mühelos ausgeglichen. Jede Fahrzeugseite stützt das Fahrzeuggewicht auf einem gemeinsamen Federpaket für die Antriebs- und die Schleppachse ab.

Wie schon bei der Z 6 R sorgt eine Druckluftbremsanlage von Knorr auf der Hinterachse für eine ausreichende Abbremsung des Fahrzeugs.

Verglichen mit den Straßenrollern ist der Sattelauflieger denkbar einfach ausgeführt. Die einteilige Ladefläche kann nicht mehr auf den jeweiligen Radstand des Güterwagens angepaßt werden. Dadurch beschränkt sich das Einsatzspektrum auf ca. 80% der bei der Reichsbahn eingesetzten zweiachsigen Wagen. Die drei hinteren, einfach bereiften Achsen, des von der Görlitzer Fa. Wumag gebauten Aufliegers, besitzen keine eigene Lenkeinrichtung. Auf durchgehende Achskörper wird zugunsten der Ladehöhe verzichtet. Die Räder sind außerhalb der Fahrschienen angeordnet. Es muß jedoch hierfür, wie an der Zugmaschine, eine Fahrzeugbreite von 3100 mm in Kauf genommen werden. Die Pendelmöglichkeiten der Halbachsen erlauben die Überfahrt von Unebenheiten bis zu 30 cm. Über die das Gespann verbindende Scharfenberg-Kupplung werden neben der Zugkräfte auch die Druckluftbremsen-Leitungen an der Hinterachse geführt.

Um die Effizienz des Rollerverkehrs noch einmal steigern zu können, plant Culemeyer eine zweite Version des Sattelzuges. Dieser wird 1935 in Betrieb genommen und ist größtenteils mit dem ersten Gespann identisch. Als Neuheit wird der Sattelauflieger mit einer hydraulischen Kippbühne ausgestattet. Zwei am Auflieger angebrachte Hydraulikzylinder heben die Fahrbühne mit dem geladenen Güterwagen bis zu einer Neigung von 50° nach hinten an. Es ist somit möglich, Schüttgüter ohne lange Umladezeiten beim Empfänger abzuladen. Angetrieben wird die Hydraulikanlage von einem 16 PS-starken ILO-Verbrennungsmotor am Auflieger.

Nach dem Bau der zweiten Sattelzugmaschine unterscheidet man bei Kaelble die beiden Fahrzeuge erneut durch eine dem Typ nachgestellte Ziffer. Sie heißen nun S 6 R/1 und S 6 R/2.

Die zweite Ausführung des Sattelschleppers in Kippstellung

Obwohl die Sattelschleppergespanne im Gegensatz zum Straßenroller mit separater Zugmaschine einen Gewichtsvorteil von ca. 9 t bieten, bleibt es bei zwei Exemplaren für die Reichsbahn. Den Sattelzügen fehlt die Wendigkeit der übrigen Roller. Ein großer Nachteil, wenn die meisten Kunden im Stadtbereich liegen. Die maximale Fahrgeschwindigkeit ist mit 16 km/h recht gering. Nur mit einer angetriebenen Achse ausgestattet erreicht der Antrieb des vollgummibereiften Gefährts eine maximale Steigfähigkeit von 1:10.

Bei den übrigen Straßenfahrzeugen ist zwischenzeitlich sogar der Transport von Wagen mit mehr als zwei Achsen, verteilt auf zwei getrennten Rollern, möglich. Der Sattelzug bleibt auf Wagen mit einem Radstand von max. 7 m beschränkt.

Typ	**S 6 R**
Motor	G 110 s
Leistung	100 PS bei 1600 1/min
Weitere Daten	6-Zylinder-Reihen-Viertakt-Dieselmotor Bohrung 110 mm, Hub 165 mm Hubraum 9,4 l wassergekühlt, Druckumlaufschmierung, elektr. Anlasser
Lenkung	ZF-Rosslenkung (Spindelgetriebe)
Kupplung	Zweischeibenkupplung
Getriebe	Gmeinder 5-Gang-Getriebe FG 40; ein Rückwärtsgang dreiteiliges Hinterachsgetriebe mit drei Differentialen
Antriebsformel	6x2
Bremse	Knorr-Druckluftbremse (S 6 R/1) auf Hinterräder wirkend Bosch-Druckluftbremse (S 6 R/2) Mech. Feststellbremse
Geschwindigkeit	max. 16 km/h
Fahrerhaus	geschlossenes Fahrerhaus für drei Personen
Aufbau	Aufsattelvorrichtung mit Scharfenberg-Kupplung
Bereifung	Elastikbereifung vorne 705x170; hinten 630x240
Abmessungen (LxBxH) S 6 R/1 1933: S 6 R/2 1935:	6780 x 3100 x 2300 mm 6950 x 3100 x 2300 mm
Radstände (1.-2. Achse; 2.-3. Achse) S 6 R/1 1933: S 6 R/2 1935:	 4400 mm; 1000 mm 4570 mm; 1000 mm
Leergewicht S 6 R/1 1933: S 6 R/2 1935:	7240 kg 7760 kg
zul. Gesamtgewicht S 6 R/1 1933: S 6 R/2 1935:	18130 kg 18270 kg
wichtiges Zubehör	Zentralschmieranlage Seilwinde 3 t; 50 m Stahlseil Pendelwinker und Positionslampen ausziehbar bis 3000 mm
Sattelanhänger	Hersteller: Wumag-Görlitz
Nutzlast	32 t
Leergewicht: 1933: mit Kippbühne 1935:	6,2 t 9,9 t
Fahrzeugbreite	3100 mm
Radstand (Kupplung-1.-2.-3.Achse)	4650 x 850 x 850 mm
Ladehöhe 1933: 1935:	340 mm 460 mm
Bereifung: 1933: 1935:	Elastikbereifung 630x240 Elastikbereifung 730x240
Gesamtlänge des Zuges S 6 R/1 1933: S 6 R/2 1935:	13590 mm 13760 mm
Kippwinkel der Kippbrücke	50°

Der Straßenroller setzt sich durch

Nach nur einjähriger Erprobung beginnt die Reichsbahn am 12. Oktober 1933 im niederrheinischen Viersen mit dem regulären Betrieb des fahrbaren Anschlußgleises. Die ersten Kunden sind eine Kaffeerösterei und eine Textilfabrik. Der anfänglich geplante Wert von 30 Zustellungen wöchentlich hat sich in kürzester Zeit verdreifacht.

Die Reichsbahn plant nun sehr schnell, auch in anderen Städten den Straßenrollerbetrieb aufzunehmen. Aus diesen Planungen erwächst ein großer Bedarf an Straßenrollern und Zugmaschinen.

Die zwei von der Reichsbahn im Jahr 1933 beschafften Henschel-Dreiachs-Zugmaschinen konnten die Erwartungen von Culemeyer und seinen Mitarbeitern nicht voll erfüllen. Im Vergleich mit der Z 6 R aus Backnang weist die Henschel-Maschine zwei entscheidende Schwächen auf:

- Der 100 PS-starke Henschel Vergasermotor ist den modernen Dieselmotoren von Kaelble unterlegen. Speziell bei Lastkraftwagen beginnt sich der drehmomentstarke Dieselmotor recht schnell durchzusetzen.

- Die Henschel-Zugmaschine ist zur Übernahme des Güterwagens mit einer Spillwinde, wie sie vom Schiffsbau bekannt ist, ausgestattet. Ein Stahlseil wird zur Übertragung der Zugkräfte mehrmals um eine drehbare Trommel gelegt. Für die Bediener stellt dieses Verfahren einen erheblichen Mehraufwand zum Kaelble-System dar. Das Seil muß bei jedem Gebrauch neu ausgepackt und angelegt werden. Bei Verschränkungen an der Trommel kommt es zu Blockaden. Das Unfallrisiko für die Bediener ist recht hoch.

Die Henschel Zugmaschinen werden später, wie auch die Kaelble Z 6 R, auf Luftbereifung umgestellt. Der Vergasermotor muß einem Dieselmotor weichen. 1935 liefert Henschel noch einmal drei in dieser Weise abgeänderte Zugmaschinen an die Reichsbahn.

Den restlichen Bedarf an Schwerlastzugmaschinen deckt die Reichsbahn nur noch durch Kaelble-Maschinen.

Speziell für den Transport von Güterwagen mit 20 t Nutzlast, sie stellen die Mehrheit der zu befördernden Wagen dar, entwickelt Kaelble aus den Erfahrungen mit der Z 6 R eine neue, besonders wendige 2-Achs-Zugmaschine.

Die Z 4 GR wird sehr schnell zum Standard-Zuggerät für den „16-Rad-Straßenroller".

Der 65 PS Vierzylinder-Dieselmotor vom Typ G 110 v entstammt dem gleichen Baukasten wie der aus der Z 6 R bekannte Motor. Das Fünfgang-Getriebe stellt wieder der Mosbacher Lokomotivhersteller Gmeinder bei.

Im Gegensatz zu ihren dreiachsigen Vorgängern ist die Hinterachse nun als Starrachse ausgeführt. Die an zwei Federpaketen befestigte Achse überträgt die Antriebskräfte, wie schon an der S 6 R ausgeführt, über eine Schubkugel auf das Fahrgestell. Die Kugelpfanne ist so ausgeführt, daß die vom Getriebe kommende Gelenkwelle durch ihren Mittelpunkt hindurch zum Hinterachsdifferential geführt wird. Über den Nebenabtrieb des Getriebes wird die hinter der Antriebsachse angeordnete Seilwinde betrieben. Sie ist auf ein Zuggewicht von 4500 kg ausgelegt. Von den bis 1936 an die Reichsbahn gelieferten 38 Maschinen ist nur ein Gerät mit der von der Z 6 R bekannten Zapfwelle ausgestattet. Eine Nachrüstung wäre jedoch jederzeit möglich gewesen.

Eine Z 4 GR bei der Zustellung eines gedeckten Güterwagens

Foto: Lichtbildstelle der Bundesbahndirektion Nürnberg

Die Reichsbahn verzichtet zunehmend auf die Möglichkeit, die Güterwagen auf dem Straßenroller abzusenken. Der Sicherheitsgewinn eines nur geringfügig abgesenkten Schwerpunktes der Ladung auf dem Roller steht einem erheblichen Zeitaufwand gegenüber.

Die neue Z 4 GR wirkt mit einer Länge von knapp fünf Metern sehr gedrungen und kann mit einem besonders kleinen Wendekreis aufwarten. Zudem wirkt die neue, verchromte Kühlerverkleidung sehr modern und erinnert an luxuriöse PKW der dreißiger Jahre.

Die Z 4 GR wird sehr schnell zur Standardzugmaschine für das „fahrbare Anschlußgleis" der Reichsbahn. Das Fahrzeug im Vordergrund ist bereits fertig zur Auslieferung. Die drei weiteren Maschinen müssen noch lackiert werden

Typ	**Z 4 GR**
Motor	G 110 v
Leistung	65 PS bei 1600 1/min
Weitere Daten	4-Zylinder-Reihen-Viertakt-Dieselmotor Bohrung 110 mm, Hub 165 mm Hubraum 6,23 l wassergekühlt, Druckumlaufschmierung, elektr. Anlasser
Lenkung	ZF-Rosslenkung (Spindelgetriebe)
Kupplung	Zweischeibenkupplung
Getriebe	Gmeinder 5-Gang-Getriebe FG 30, ein Rückwärtsgang Hinterachsgetriebe mit Differential
Antriebsformel	4x2
Bremse	Bosch-Druckluftbremse auf beide Achsen wirkend Mech. Feststellbremse
Geschwindigkeiten	2,2; 3,8; 7,5; 13,4; 20 km/h; R 2,9 km/h
Fahrerhaus	geschlossenes Fahrerhaus für drei Personen
Aufbau	Ballastpritsche für 3,5 t Traglast
Bereifung	Luftbereifung 6-fach 9,00-20, 1 Reserverad Seit 1936 9,75-20
Abmessungen (LxBxH)	4790 x 2300 x 2250 ab 1936: 5185 x 2320 x 2250
Radstand	2750 mm ab 1936: 2710 mm
Leergewicht	5500 kg ab 1936: 6000 kg
zul. Achslasten (VA / HA)	2200 / 7000 kg
zul. Gesamtgewicht	9200 kg
Anhängelast	40000 kg
Wichtiges Zubehör	gefedertes Zugmaul am Heck Seilwinde 4,5 t; 50 m Stahlseil Zapfwelle, Abgabeleistung 12 PS bei 600 1/min - Einbau möglich Pendelwinker und Positionslampen ausziehbar bis 3000 mm Sandstreuer für Antriebsachse

Der Rollerbetrieb und der Schwertransport

Die großen Anfangserfolge des Straßenrollerbetriebes spornen Johann Culemeyer und seine Mitarbeiter dazu an, die Anwendungsmöglichkeiten des neuen Systems zu erweitern.

Culemeyer ist einerseits bestrebt, die Handhabung der bestehenden Fahrzeuge zu vereinfachen, andererseits sollen auch Lasten von mehr als 40 t befördert werden. Neben Versuchen mit einteiligen Rollern sowie mit Zwischenbrücken für den bisherigen 40 t-Anhänger entstehen auch Fahrzeuge für Lasten bis 80 t.

Im Jahr 1935 wird der erste sechsachsige Straßenroller von der Gothaer Waggonfabrik an die Reichsbahn geliefert. Die Konstruktion dieses, mit 24 Elastikreifen ausgestatteten, Fahrzeugs ist sehr stark an den kleineren Straßenroller angelehnt. Die sechs Achsen sind ebenfalls auf zwei im Abstand verschiebbare Fahrgestelle verteilt. Das beide Hälften verbindende Teleskoprohr überträgt wiederum die Lenkkräfte zwischen den Fahrzeughälften. Selbstverständlich sind alle Räder gelenkt.

Für den Betrieb des oben beschriebenen Fahrzeuges reicht die Zugleistung der Z 4 GR nicht mehr aus. Die drei Z 6 R, wie auch die Henschel-Zugmaschinen, werden zwar anfänglich mit den großen Rollern betrieben, jedoch wünscht Culemeyer eine verbesserte Version der 100 PS-Maschine.

Ende 1936 liefert Kaelble daraufhin drei Geräte des Typs Z 6 RL nach Berlin. Ihre äußere Erscheinung ist sehr stark an die der Z 4 GR angelehnt. Das Fahrerhaus und die Seilwinde sind sogar baugleich. Der Antriebsstrang ist jedoch deutlich stabiler ausgeführt Das Herzstück des Fahrzeugs stellt ein Kaelble-Dieselmotor vom Typ G 110 s dar. Er überträgt seine 100 PS an das Gmeinder Fünfganggetriebe FG 40. Beide Hinterachsen sind in der bekannten Schubkugelausführung am Rahmen aufgehängt. Die vordere Achse ist mit einem Durchtrieb zur hinteren ausgestattet. Drei mittels Druckluft sperrbare Differentiale ermöglichen das Vorankommen auch in schwierigem Gelände. Die Schubkugel-Achsaufhängung erfordert einen deutlich längeren Radstand als bei den bisherigen Z 6 R.

Der feste Ballastkasten bietet neben dem Platz für die knapp 5 t schweren Betongewichte noch ausreichend Raum für den Kraftstofftank, die Sandstreuer, zwei Ersatzräder und zahlreiches Werkzeug.

So ausgestattet wagt sich die Reichsbahn an immer schwerere Transporte. Sofern bei besonders langen Lasten ein zweiter Roller als Nachläufer dient, wird er durch einen Maschinisten unabhängig von der Zugmaschine und dem ersten Roller gelenkt.

In steilem Gelände kann es schon einmal vorkommen, daß eine zweite Zugmaschine, über eine Kuppelstange oder die Seilwinde mit dem Gespann verbunden, der Fuhre über den Berg hilft. In solchen Fällen, oder zur Verbindung mit dem Maschinisten auf dem Nachläufer, verlegt man Telefone zwischen den Bedienerplätzen. Es ist unerläßlich, daß sich die

Mit der Z 6 RL hat die Reichsbahn 1936 eine neue, leistungsfähige Zugmaschine für schwere Transportaufgaben erhalten

Fahrer jederzeit über einen bevorstehenden Schalt- oder Abbremsvorgang informieren können. Sollten zwei unabhängig voneinander gesteuerte Zugmaschinen am Berg gleichzeitig den Gang wechseln, so besteht die Gefahr, daß das Gespann sehr schnell an Geschwindigkeit verliert und zum Stillstand kommt. Für Schwertransporte ist das Anfahren am Berg fast nicht mehr möglich. Der Fahrer eines festsitzenden Transportes riskiert bei einem solchen Versuch eher eine zerstörte Kupplung.

Zur besseren Unterscheidung von ihren Vorgängern heißt seit der zweiten Lieferung die 100 PS-Maschine Z 6 R 2A 100.

Die Z 6 R 2A 100, hier aus dem Baujahr 1940, ist seit 1939 mit einer neuen, moderneren Fahrerkabine ausgestattet

Typ	**Z 6 RL / Z 6 R 2A 100**
Motor	G 110 s
Leistung	100 PS bei 1600 1/min
Weitere Daten	6-Zylinder-Reihen-Viertakt-Dieselmotor Bohrung 110 mm, Hub 165 mm Hubraum 9,4 l wassergekühlt, Druckumlaufschmierung, elektr. Anlasser
Lenkung	ZF-Rosslenkung (Spindelgetriebe)
Kupplung	Zweischeibenkupplung LA 80
Getriebe	Gmeinder 5-Gang-Getriebe FG 40, ein Rückwärtsgang Hinterachsgetriebe mit Differential druckluftbetätigte Differentialsperre
Antriebsformel	6x4
Bremse	Bosch-Druckluftbremse auf Hinterachsen wirkend Mech. Feststellbremse
Geschwindigkeiten	2,2; 3,8; 7,5; 13,4; 20 km/h; R 2,9 km/h
Fahrerhaus	geschlossenes Fahrerhaus für drei Personen
Aufbau	Ballastpritsche für 5 t Traglast
Bereifung	Luftbereifung 10-fach 9,75-20, 2 Reserveräder
Abmessungen (LxBxH)	7260 x 2500 x 2420
Radstände (1.-2. Achse; 2.-3. Achse)	3625 mm; 1150 mm
Leergewicht	9250 kg
zul. Achslasten (VA / 1.HA / 2.HA)	3090 / 5500 / 5500 kg
zul. Gesamtgewicht	14090 kg
Anhängelast	40000 kg
Wichtiges Zubehör	gefedertes Zugmaul am Heck Seilwinde 4,5 t; 50 m Stahlseil Pendelwinker und Positionslampen ausziehbar bis 3000 mm Sandstreuer für Antriebsachsen Zentralschmierung

Die stärkste Zugmaschine der Welt

Die von der Reichsbahn beförderten Lasten werden immer schwerer. Transporte, bei denen mehrere Zugmaschinen gemeinsam eine Last ziehen müssen, sind keine Seltenheit mehr. Enge Straßen und winkelige Ortsdurchfahrten erschweren immer wieder den Einsatz mehrerer miteinander verbundener Zugmaschinen. Zudem sind diese langen Lindwürmer in Kurven einer ganz besonderen Gefahr ausgesetzt: Sollte die zwischen Roller und erstem Zugfahrzeug eingespannte Maschine ihre Bodenhaftung verlieren, so wird sie aus der Spur zur Seite weggezogen. Für das gesamte Gespann besteht dadurch das Risiko, im Straßengraben zu landen. Speziell für solch schwere Transporte entschließt sich die Reichsbahn 1936 dazu, eine Zugmaschine zu beschaffen, die in der Lage ist, zwei 100-PS-Schlepper zu ersetzen.

Um die Zugleistung zweier Z 6 R 2A 100 zu erreichen, benötigt man eine entsprechend höhere Belastung der angetriebenen Achsen. Daraus folgert man bei der Reichsbahn, daß die neue Zugmaschine ein Gewicht von ca. 21 t auf den Antriebsachsen verteilen muß. Mit nur zwei Treibachsen ist dies nicht mehr möglich. Das neue Konzept sieht deshalb einen Dreiachser mit Allradantrieb vor. Die 1936 gültigen Regelungen der Straßenverkehrszulassungsordnung erlauben bei dreiachsigen Fahrzeugen nur Gesamtgewichte bis 18,5 t. Zudem wären deutlich längere Radstände als bei den bisherigen Zugmaschinen erforderlich.

Die Vorgabe, ein besonders wendiges Fahrzeug zu bauen, kann so nicht erfüllt werden. Nachdem die neue Zugmaschine jedoch ohnehin nur für Schwertransporte eingesetzt werden soll, die wegen ihrer Größe und der erheblichen Achslasten am Roller sowieso einer speziellen Genehmigung bedürfen, verzichtet man auf die Einhaltung dieser Vorschriften.

Um eine möglichst gleichmäßige Gewichtsverteilung zu erhalten, entscheiden sich die Reichsbahn und die Konstruktionsabteilung bei Kaelble für ein neuartiges Frontlenkerfahrzeug mit Mittelmotor. Die Zugmaschine erhält von Kaelble die Typenbezeichnung Z 6 R 3A.

Alle bisher gebauten Kaelble-Motoren haben eine maximale Motorleistung von 100 PS. Eigens für die neue Zugmaschine entwikkelt man deshalb mit dem G 150 s einen völlig neuen Motor. Dieser extrem langhubige Riese schöpft aus gewaltigen 23,3 l Hubraum eine Kraft von 180 PS.

Verglichen mit den sonst üblichen Systemen ist der Motor mit einer nach vorne gerichteten Abtriebswelle in das Fahrzeug eingebaut. Der Kühler befindet sich oberhalb der mittleren Achse vor dem Ballastkasten. Das Sechsgang-Getriebe, eine Neuentwicklung von Gmeinder, sitzt unter der Fahrerkabine und leitet die Antriebskräfte an die Achsen weiter. Den Nachteil, daß eine angetriebene Achse nicht die Lenkwinkel von antriebslosen Achsen erreicht, kompensiert man mit einer zweiten Lenkachse am Fahrzeugheck. Da für ein derart schweres Fahrzeug sehr hohe Lenkkräfte erforderlich sind, bauen die Kaelble-Techniker eine Lenkanlage mit Druckluftunterstützung ein.

Die Antriebskraft wird, wie bei der Z 6 R 2A 100, mittels Schubkugelaufhängung auf das Fahrgestell übertragen. Die Krafteinleitung erfolgt vom Getriebe durch

Der Z 6 R 3A sieht man ihre unbändige Kraft von 200 PS regelrecht an

Fahrgestell der Z 6 R 3A in Kurvenfahrt. Die Antriebskraft wird vom Getriebe vor der Vorderachse eingeleitet und über die Schubkugelaufnahmen bis zur hinteren Antriebsachse weitergeleitet

die vordere zu den beiden hinteren Achsen. Zwei längs und drei quer wirkende Differentiale sorgen dafür, daß sich der Antriebsstrang in Kurvenfahrt nicht verspannt. Die Querdifferentiale und ein Längsdifferential können für den Fall, daß ein Rad durchdreht, druckluftbetätigt gesperrt werden.

Um auch die Seilwinde den größeren Zuggewichten anzupassen, wird sie auf eine Zugkraft von 5 t verstärkt. Ein 100 m langes Stahlseil sorgt für einen ausreichenden Abstand zur Last. Es ist somit möglich, z. B. auf zu schwachen Brücken, diese mit der Zugmaschine zu überfahren, und dann den Straßenroller mit der Seilwinde heranzuziehen.

Ihre erste große Bewährungsprobe besteht die Z 6 R 3A noch vor der Auslieferung an die Reichsbahn. Ein Papierglättezylinder der Fa. Voith soll aus der Fabrik in Heidenheim durch den hügeligen schwäbischen Wald zum Heilbronner Neckarhafen gebracht werden. Der damals größte Papierzylinder der Welt ist mit einem Durchmesser von 5 m und einem Gewicht von 65 t auch für die Schwertransportprofis der Reichsbahn eine Besonderheit und für die Kaelble-Ingenieure der Idealfall für Versuche. Zusammen mit zwei sechsachsigen Straßenrollern und den Tragegestellen für den Glättezylinder ergeben sich sehr schnell Zuglasten über 100 t.

Die Fahrleitungen der Z 6 R 3A erfüllen die Wünsche der Reichsbahn zur vollsten Zufriedenheit, so daß sie am 11. November 1937 von Kaelble in den Fuhrpark der Bahn übergeben wird.

Die gewaltigen Leistungsdaten der Maschine bringen ihr recht schnell den Kosenamen „Jumbo" ein. Obwohl allein durch das neuartige Bauprinzip und die bisher im Fahrzeugbau unerreichten Motorleistungen die Maschine international große Beachtung findet, bleibt das Fahrzeug ein Einzelstück. Oben beschriebene Transporte sind zwar bei der Reichsbahn eine willkommene, da prestigeträchtige Abwechslung, jedoch reicht ein Gerät zur Bewältigung des Transportaufkommens aus.

Den abermals gestiegenen Transportgewichten begegnet die Reichsbahn mit einem verstärkten sechsachsigen Roller für 100 t Tragfähigkeit. Der zusätzliche Einbau von ein- oder zweiachsigen ungelenkten Zwischenachsen läßt die Nutzlast auf ca. 115 t oder 130 t ansteigen.

Im Mai 1940 wird der Motor der Z 6 R 3A bei Kaelble repariert. Dabei rüstet man ihn um auf den neuesten Entwicklungsstand, der

Für die Firma Voith in Heidenheim führt die Reichsbahn immer wieder Schwertransporte durch. Trotz der enormen Zugkraft der Z 6 R 3A erfordern die schweren Papierglättezylinder an Steigungen die Unterstützung weiterer Zugmaschinen. In solchen Fällen schlägt die Stunde der Z 6 R 2A 100

nun GN heißenden Dieselmotoren. Der Umbau führte zu einer Steigerung der Motorleistung auf sagenhafte 200 PS.

Die Z 6 R 3A bleibt auch während des Krieges im Fuhrpark der Reichsbahn. In zahlreichen Veröffentlichungen wird behauptet, daß das Fahrzeug den Krieg nicht überstanden hat. Trotzdem taucht die Zugmaschine im Fahrzeugbestand der Reichsbahn in der britisch besetzten Zone wieder auf. Die Zuteilung einer neuen Zulassungsnummer läßt auf ihre volle Einsatzfähigkeit schließen. Es ist jedoch nicht bekannt, ob sie in der Nachkriegszeit noch einmal für größere Transporte eingesetzt war.

Typ	Z 6 R 3A	
Motor	G 150 s	GN 150 s
Leistung	180 PS bei 1200 1/min	200 PS bei 1200 1/min
weitere Daten	6-Zylinder-Reihen-Viertakt-Dieselmotor Bohrung 150 mm, Hub 220 mm Hubraum 23,3 l Wassergekühlt, Druckumlaufschmierung, elektr. Anlasser	
Lenkung	Knorr-Servolenkung druckluftunterstützt	
Kupplung	Zweischeibenkupplung LA 120	
Getriebe	Gmeinder 6-Gang-Getriebe, ein Rückwärtsgang Achsgetriebe mit sperrbarem Differential, druckluftbetätigt zwei Längsdifferentiale, Hauptdifferential zwischen Vorder- und Hinterachsen druckluftbetätigt sperrbar	
Antriebsformel	6x6	
Bremse	Bosch-Druckluftbremse auf alle Achsen wirkend Federspeicher - Feststellbremse auf Mittelachse wirkend	
Geschwindigkeiten	1,8 - 20 km/h; R 2 km/h	
Fahrerhaus	Frontlenkerfahrerhaus für vier Personen Stehplattformen für Begleitpersonal an den Seiten	
Aufbau	Raum für 6,5 t Ballastgewicht	
Bereifung	Luftbereifung 6-fach 13,5-20, 2 Reserveräder	
Abmessungen (LxBxH)	7850 x 2480 x 3000 mm	
Radstände (1.-2. Achse; 2.-3. Achse)	2900 mm; 1400 mm	
Leergewicht	14500 kg	
zul. Achslasten (VA / 1.HA / 2.HA)	8000 / 6500 / 6500 kg	
zul. Gesamtgewicht	21000 kg	
wichtiges Zubehör	gefedertes Zugmaul am Heck Seilwinde 5 t; 100 m Stahlseil Pendelwinker und Positionslampen ausziehbar bis 3000 mm Sandstreuer für Antriebsachsen Zentralschmierung	

Neue Bauformen für die Privatindustrie

„Schnell"-Zugmaschinen und Sattelschlepper finden ihren Markt

Basierend auf der Grundkonstruktion der Reichsbahn-Zugmaschine Z 4 GR bringt Kaelble 1934 die Zugmaschine Z 4 G auf den Markt. Die Privatindustrie ist somit erstmals in der Lage, bei Kaelble ein Zugfahrzeug in Lastkraftwagen-Bauweise zu ordern. Verglichen mit den bisherigen Expresszugmaschinen sind die Vorteile unbestritten.

· Die Fahrzeuge besitzen nur noch eine Reifengröße. Zudem sind die Antriebsräder kleiner, als bei den schlepperähnlichen Baumustern. Das erforderliche Drehmoment an der Antriebswelle fällt somit bei gleicher Zugleistung kleiner aus. Die Getriebe können etwas schwächer und dadurch auch leichter gebaut werden.

· Die Rahmenbauweise der Fahrzeuge erlaubt es, mehr Sonderwünsche der Kunden zu erfüllen. Besonders Veränderungen von Radständen sind problemlos möglich.

· Durch die Anbringung des Fahrerhauses zwischen den Achsen entsteht über der Hinterachse ein zusätzlicher Bauraum, der sowohl

Der Autohändler Walter Raddatz in Breslau konnte bereits große Stückzahlen der Kaelble Straßenschlepper absetzen. Der gute Ruf dieser Fahrzeuge eilt den neuen Schnellzugmaschinen, wie dieser Z 4 G, voraus. Raddatz wird einer der erfolgreichsten Kaelble-Händler vor dem zweiten Weltkrieg

zur Aufnahme von Ballastgewichten als auch für kleine Ladeflächen dienen kann.

· Das Fahrerhaus umschließt nicht mehr die Hinterräder. Es wird breiter, bietet nun Raum für drei Personen. Gleichzeitig sitzt es deutlich tiefer über der Fahrbahn, wodurch der Einstieg erleichtert wird.

Die Zugmaschinen für die Deutsche Reichsbahn sind auf maximale Zugleistungen ausgelegt. Zudem hat die Reichsbahn ihre Lasten nur über geringe Entfernungen auf der Straße zu befördern. Hierfür ist die Fahrgeschwindigkeit auf 20 km/h beschränkt.

Im Gegensatz hierzu benutzt die Privatindustrie ihre Fahrzeuge auch zur Überbrückung größerer Distanzen, die Gesamtgewichte fallen deutlich geringer aus. Es werden ja nur normale Anhänger, keine Schwerlastroller, bewegt. Diesem Umstand Rechnung tragend stattet Kaelble seine „Schnellzugmaschinen" des Typs Z 4 G mit einer anderen Übersetzung des Hinterachsgetriebes aus. Fahrgeschwindigkeiten bis zu 40 km/h sind so zu erreichen. Der Betreiber kann aber trotzdem an den Vorzügen teilhaben, die von der Reichsbahn an ihren Kaelble-Maschinen besonders geschätzt werden. Hierzu gehört allemal der durchzugsstarke 65 PS leistende Dieselmotor vom Typ G 110 v, sowie das Gmeinder-Fünfganggetriebe FG 30. Aber auch die serienmäßige Zentralschmierung erleichtert dem Fahrer die tägliche Wartung seines Fahrzeugs.

Auf Wunsch ist eine 3 t-Seilwinde, montiert am Fahrzeugheck unter dem Fahrgestellrahmen, erhältlich. Die von der Reichsbahn benutzte Winde mit 4,5 t Zugleistung wird nur von wenigen Kunden bestellt.

Üblicherweise ist der Bauraum hinter dem Fahrerhaus für den Kraftstofftank und die Druckluftbehälter vorgesehen. Auf Wunsch besteht aber die Möglichkeit, einen geschlossenen Ballastkasten oder eine kleine Pritsche zu bekommen. Speziell die Pritsche ermöglicht die Mitnahme von Zubehör und Werkzeug. Auch kleine Lasten können so befördert werden.

Bei einer Transportgeschwindigkeit von 25 km/h ist die Z 4 G in der Lage, eine Nutzlast von 16 t, verteilt auf zwei Anhänger, zu bewegen.

Für noch größere Lasten und Geschwindigkeiten ausgelegt, verläßt Ende 1934 die erste 100 PS-starke Zugmaschine vom Typ Z 6 G die Backnanger Werkshallen. Sie stellt eine, mit Antriebskomponenten der Reichsbahn-Dreiachser verstärkte Ausführung der Z 4 G dar. Abweichend vom Design der klei-

Die neue Z 6 G mit Culemeyer Straßenroller bei der Straßenbauausstellung in München 1934

Zwei neue Zugmaschinen Z 6 G 110 der Königsberger Fuhrgesellschaft vor der Auslieferung

nen Schwester erhält die Z 6 G einen verchromten Kühlergrill mit einem markanten Mittelsteg.

Das stärkere Gmeinder-Getriebe FG 40 erlaubt Fahrgeschwindigkeiten bis 50 km/h. Bei 30 Stundenkilometern gestattet Kaelble den Transport von zwei Anhängern mit je 10 t Zuladung.

Sowohl bei der Z 4 G als auch der Z 6 G erlaubt die gedrungene Bauweise mit ihrem relativ kurzen Radstand nur den Anbau einer kleinen Ballastpritsche. Diese ist, obwohl 2,2 m breit, nur 1,4 m lang.

Den Wunsch nach längeren Ladeflächen erfüllt Kaelble im Jahr 1935 für die Sechszylinder- und 1936 für die Vierzylindertypen.

Es handelt sich offiziell um Sattelschlepperfahrgestelle. Demzufolge ersetzt auch ein S in der Typenbezeichnung das Z. Für Kaelble sind die Sattelschlepper ein Schlupfloch in den Bestimmungen der Nationalsozialisten. Diese wollen den Fahrzeugbau in Deutschland vereinheitlichen, wobei verschiedene Fahrzeuggattun-

Noch in den dreißiger Jahren setzen vor allem Möbelspediteure ihre alten, ehemals pferdebespannten, Anhänger zusammen mit Zugmaschinen wie dieser Z 6 G 110 ein

Wollen wir der Besatzung dieser Z 6 G 110 wünschen, daß sich keine zu große Steigung auf dem Transportweg befindet. Mit dem schweren Müller-Tiefladeanhänger und dem Transformator wird recht schnell die Zugkraftgrenze erreicht sein

Anstelle der kurzen Ballastpritsche hat sich das Münchner Straßenbauamt 1938 auf ihre Z 6 GN 110 von Kaelble einen kleinen Kran mit einer Hubkraft von 750–1000 kg bei einer Reichweite von 3,1 m konstruieren lassen

gen bzw. Baugrößen nur von bestimmten Herstellern gebaut werden dürfen. Kaelble ist zu klein, um von der aufrüstenden Regierung mit der Produktion von Lastkraftwagen in großen Stückzahlen betraut zu werden. Für das Backnanger Unternehmen bleiben Nischenprodukte wie Zugmaschinen und Sattelschlepper.

Die Entwicklung von Sattelschleppern, vor allem der Kupplungen, befindet sich in den dreißiger Jahren noch in den Kinderschuhen. Jeder Aufliegerhersteller vertritt hier sein eigenes Kupplungssystem. An den Austausch der Hänger untereinander ist nur bedingt zu denken. Die Nationalsozialisten bevorzugen deshalb den Lastkraftwagen.

Für die Sattelzugmaschine S 6 G 110 hat Kässbohrer diesen Planenauflieger gefertigt. Obwohl viele Kunden ihre Fahrerhäuser vom Aufbauhersteller bauen lassen, ist dieses Fahrzeug mit einer Standardkabine aus der Fertigung der Fa. Knapp in Backnang ausgestattet

Foto: Kässbohrer Werksarchiv

Eine 130 PS-starke Zugmaschine Z 6 G 125 mit einer Doppelkabine für sechs Personen

Von den zahlreichen bei Kaelble gebauten Sattelschlepper-Fahrgestellen werden demzufolge nur die wenigsten auch wirklich als solche eingesetzt. Das längere Fahrgestell erlaubt vielmehr den Aufbau von Schlaf- oder Mannschaftskabinen bis max. sechs Personen. Beliebt ist das Sattelschlepper-Fahrgestell vor allem bei Bauunternehmern, die sich einen Zwei- oder gar Dreiseitenkipper aufbauen lassen. Selbst die ersten motorhydraulisch getriebenen Kipper finden Verwendung. Die Kippaufbauten liefern Kässbohrer, Meiller und Faka zu.

Für die Unternehmer stellt die größere Ladepritsche einen deutlichen Nutzlastvorteil dar. Um große Lasten befördern zu können, müssen die Zugmaschinen sehr schwer sein. Bisher erfüllt man diese Notwendigkeit mit fest an den Zugmaschinen montierten Stahl- oder Betongewichten. Mit der vergrößerten Pritsche erfüllt das Transportgut diese Aufgabe.

Die stärkste Zweiachs-Zugmaschine von Kaelble ist die ebenfalls Ende 1934 erscheinende Z 6 G 125. Sie wird, ansonsten baugleich mit der 100 PS-Maschine, vom neuentwickelten Sechszylindermotor G 125 s angetrieben. Er entfaltet unter der verlängerten Motorhaube eine Spitzenleistung von 130 PS.

Zur Unterscheidung der Maschinen, vor allem der Sechszylindermodelle, wird der Bohrungsdurchmesser des Motors auch in die Typenbezeichnung der kleineren Modelle aufgenommen. Sie heißen nun Z/S 4 G 110, Z/S 6 G

S 6 G 110 mit Meiller-Dreiseitenkipper

Die Z 6 G 125 mit drei Tankanhängern im Dienste der Elmshorner Dampfschleppschiffahrt AG

110 und Z/S 6 G 125. Recht früh gleicht man das Design der Sechszylinder-Maschinen an das der Z 4 G an. Die Kühlerumhüllung verliert ihren Mittelsteg. Auf Sonderwunsch ist die Verkleidung verchromt.

Die stetige Weiterentwicklung der Fahrzeuge macht auch vor den Dieselmotoren nicht halt. Die G-Baureihe wird zwischen 1936 und 1937 zur GN-Baureihe weiterentwickelt. Die einzelnen Motorentypen werden nacheinander umgestellt und in den verschiedenen Fahrzeugbaureihen verbaut. Bei den beiden kleineren Motoren erhöht man den Hubraum durch Verlängern des Kolbenhubes, dadurch steigt das Drehmoment und damit die Durchzugskraft der Maschinen. Die Motorleistung bleibt durch Absenken der Maximaldrehzahl um 200 auf 1400 1/min auf dem Niveau der Vorgängermotoren.

Die Veränderung des Motors symbolisiert der Buchstabe N in der Typenbezeichnung. Kaelble ist hierbei jedoch kein einheitliches System gelungen, da die Typenbezeichnung nicht zeitgleich mit der Motorumstellung verändert wurde. Besonders extrem stellt sich dieser Umstand beim GN 125 s dar. Obwohl schon seit 1935 in die Zugmaschinen und Sattelschlepper eingebaut, wird erst ab 1938 die Typenbezeichnung entsprechend ergänzt.

Mit seinen sechs Fahrgestell-Grundtypen und drei Motorleistungen ist Kaelble in der Lage, fast jeden Wunsch seiner Kunden zu erfüllen. Die verschiedenen Radstände erlauben vielfältigste Aufbauten. Die meisten Fahrzeuge werden jedoch als klassische Zugmaschine mit fester Ballastpritsche und einreihigem Fahrerhaus für drei Personen bestellt. Ungefähr die Hälfte der Kunden wünscht eine Seilwinde. Bei der Anhängerkupplung hat der Kaelble-Kunde die Qual der Wahl.

Neben den Zugvorrichtungen von Ade und Rockinger besteht auch die Wahlmöglichkeit zwischen zwei Kaelble-Systemen. Es handelt sich um das einfache Zugmaul mit einem 45 mm starken Stahlbolzen und um die, von den Reichsbahnschleppern bekannte, gefederte Variante.

Auch bei der Lackierung und Beschriftung kann Kaelble fast alle Wünsche seiner Kunden erfüllen. Sofern keine andere Farbgebung bestellt wird, werden die Fahrzeuge in grauer Farbe ausgeliefert. Wer jedoch bis ungefähr zwei Wochen vor Liefertermin aus dem Farbsortiment von Kaelble eine andere Kolorierung wählt, bekommt sein Fahrzeug entsprechend lackiert. Es sind aber auch

Die Bremer Spedition Westphal setzt ihre S 6 GN 125 mit Planenaufbau und den Anhängern im Fernverkehr ein

Für die zum Krupp-Konzern gehörenden Gruson-Werke in Magdeburg wurden von Kaelble 1937 diese zwei Sattelschlepper S 6 G 125 mit Kässbohrer Auflieger geliefert. Interessant ist die extra große Bereifung des Formats 13.5-20 und die Einfachbereifung an der Antriebsachse

Sonderfarben, die sich nicht im Standardprogramm befinden, realisierbar.

Bei den Mehrfarblackierungen dominieren Farbkombinationen von Fahrzeug und Fahrgestell, bzw. Felgen in den Tönen blau/rot und grün/gelb.

Als besondere Dienstleistung für die Kunden, die ihre Fahrzeuge nicht selbst in Backnang abholen oder den Bahnversand wünschen, bietet Carl Kaelble die Überführung durch einen Monteur an. Üblicherweise verbleibt dieser Monteur nach der Übergabe einige Tage bei den Kunden, um die Fahrer mit dem neuen Fahrzeug vertraut zu machen.

Einen ganz besonderen Service konnte Gotthilf Schlichenmaier aus dem benachbarten Sulzbach/Murr in Anspruch nehmen. Herr Schlichenmaier hat 1936 den ersten Sattelschlepper des Typs S 4 G 110 bestellt. Dieser sollte seine Pferde beim Langholztransport ersetzen. Zur Erlangung der Fahrerlaubnis hat man ihm vor der Auslieferung seines eigenen Fahrzeugs nach der Einweisung im Werk eine Zugmaschine aus dem Kaelble-Fuhrpark für einen halben Tag zur Verfügung gestellt. Mit dieser konnte er dann seine Fahrprüfung ablegen.

Alle Kaelble-Fahrzeuge werden vor der Auslieferung bei einer längeren Testfahrt überprüft. Die Fahrt führt die beladenen Fahrzeuge in die nähere Umgebung Backnangs. Dabei werden von den Monteuren die Funktion des Fahrzeugs, vor allem die Zugkraft des Motors und die Schaltung des Getriebes, sowie die Dichtheit von Kühlsystem und Ölkreisläufen, die Wirkung der Kühlanlage und der Bremsen überprüft. Sollten während der Fahrt Mängel auftreten, werden diese vom Monteur behoben und bei einer Kontrollfahrt überprüft. Die Maschinen legen auf diese Weise vor ihrer Auslieferung Fahrstrecken zwischen 100 und 250 km zurück.

Im Laufe des Jahres 1937 modernisiert Kaelble seine Fahrerhäuser. Sie verlieren ihren Dachvorsprung. Dieser wird durch fließende Übergänge von der Frontscheibe zur Dachpartie ersetzt. Die Frontscheibe ist zweigeteilt, was besonders den Betreiber freut, der im Schadensfall eine kleinere

Ein imposantes Gespann. Dieser Langholzzug mit der ersten S 4 G 110 war gleichzeitig der erste LKW im Fuhrpark von Gotthilf Schlichenmaier aus Sulzbach/Murr. Herr Schlichenmaier mußte vor der Abholung seines Fahrzeugs zuerst den Führerschein machen

Am 28. Juli 1939 treffen sich fünf neue Schnellzugmaschinen Z 6 GN 125 und die zur Inspektion in Backnang anwesende Z 6 R 3A der Reichsbahn auf dem Kaelble-Werksgelände

Scheibe ersetzen muß. Gleichzeitig sind die Scheiben als Ausstellfenster ausgeführt. Sie verbessern die Kabinenbelüftung im Sommer.

Neben der großen Beliebtheit der Fahrzeuge in der Privatindustrie zeigt auch die Deutsche Reichsbahn Interesse an den Schnellzugmaschinen von Kaelble. Für den Transport von Großbehältern des „Haus zu Haus" Systems beschafft diese zwischen 1936 und 1939 elf Zugmaschinen des Typs Z 6 G 125 bzw. Z 6 GN 125.

Um Fahrzeuge mit abermals vergrößerter Ladefläche anbieten zu können, bietet man ab 1939 die Sattelzugmaschinen mit verlängertem Radstand an. Sie heißen SS 4/6 GN 110/125. Auf diese Fahrgestelle

Die SS 6 GN 125 mit einem Radstand von 4,3 m beim Holztransport im Schwarzwald. In den fünfziger Jahren schmückt der Besitzer sein Fahrzeug mit einem 200 PS-Schild am Kühlergrill. Viele Oldtimerfreunde wurden dadurch getäuscht, sie glauben, auf späteren Bildern einen K 832 L zu erkennen

Im Januar des Kriegsjahres 1943 rüstet Kaelble die Z 6 GN 110 des Backnanger Lederfabrikanten Carl Kaess mit einem Imbert-Holzgenerator aus

können Pritschen oder Kippaufbauten bis zu einer Länge von 4 Metern aufgesetzt werden.

Für Sonderaufgaben werden auch von den deutschen Militärbehörden Zugmaschinen und Sattelschlepper aus dem normalen Lieferprogramm beschafft, obwohl diese nicht in die Einheitsklassen des Gesetzgebers passen.

Während die Marineverwaltung in Kiel einige Zugmaschinen Z 6 GN 125 und einen Sattelschlepper vom Typ S 6 GN 125 ordert, der auch als solcher betrieben wird, werden speziell von Heer und Luftwaffe Fahrzeuge vom Typ Z 6 G/GN 110 mit Sonderaufbauten bestellt. Diese sind neben der 4,5 t Seilwinde aus den Reichsbahn-Maschinen mit einem festen Ballastkasten ausgestattet. Für Begleitpersonen befinden sich am Fahrzeugheck zwei nach hinten gerichtete Sitze. Ein Faltverdeck schützt die rückwärtigen Passagiere vor schlechtem Wetter. Da diese Maschinen stark von den Seriengeräten abweichen, wird ihnen nachträglich die Typenbezeichnung Z 6 Wa zugewiesen.

Mit dem Beginn des zweiten Weltkrieges nehmen die Verkaufszahlen der Zugmaschinen und Sattelschlepper rapide ab. Es darf nur

Ein Bergbauunternehmen in Halle/Saale erhält im März 1940 diese Schwerlastzugmaschine Z 6 GN 2A 130

noch an solche Betriebe geliefert werden, die in irgendeiner Form mit für die Kriegsindustrie wichtigen Aufgaben betraut sind. Dazu gehören in erster Linie Bauunternehmen und Unternehmen der Bekleidungsindustrie. Von diesen Regelungen profitieren unter anderem die in Backnang ansässigen Lederwerke. Auch sie können auf die Zugfahrzeuge aus ihrer Nachbarschaft zurückgreifen. Die Produktion der zweiachsigen Zugmaschinen und Sattelschlepper endet im Jahre 1941. Danach werden neben den bewährten Kaelble-Straßenwalzen nur noch dreiachsige Schwerlastzugmaschinen und Planierraupen für die „Wehrmacht" hergestellt.

Um den Privatunternehmen trotz der zurückgehenden Treibstoffzuteilungen den Betrieb ihrer Fahrzeuge zu ermöglichen, entwickelt man bei Kaelble einen Umbausatz für die Dieselmotoren. Er erlaubt die Verwendung von Holzgas als Treibstoff.

Die Dieselmotoren werden durch geänderte Zylinderköpfe und mit einer Zündanlage versehen, zum Ottomotor umgerüstet. Ca. 50 solcher Umbausätze liefert Kaelble in diesen Jahren an seine Kundschaft aus.

Für ganz besondere Transportaufgaben, denen die zweiachsigen Zugmaschinen nicht gewachsen scheinen, bietet Kaelble ab 1936 der Privatindustrie eine Variante der an die Reichsbahn gelieferten Z 6 R 2A 100 an. Ihre Typenbe-

Typ	**Z 4 G, Z 4 G 110, S 4 G 110**	**Z 4 GN 110, S 4 GN 110; SS 4 GN 110**
Motor	G 110 v	GN 110 v
Leistung	65 PS bei 1600 1/min	65 PS bei 1400 1/min
weitere Daten	4-Zylinder-Reihen-Viertakt-Dieselmotor	
	Bohrung 110 mm, Hub 165 mm Hubraum 6,23 l	Bohrung 110 mm, Hub 170 mm Hubraum 6,45 l
	Wassergekühlt, Druckumlaufschmierung, elektr. Anlasser	
Lenkung	ZF-Rosslenkung (Spindelgetriebe)	
Kupplung	Zweischeibenkupplung	
Getriebe	Gmeinder 5-Gang-Getriebe FG 30, ein Rückwärtsgang Hinterachsgetriebe mit Differential	
Antriebsformel	4x2	
Bremse	Knorr-Druckluftbremse auf beide Achsen wirkend ab1935: Bosch-Druckluftbremse Mech. Feststellbremse auf Hinterachse wirkend	
Geschwindigkeiten	5 / 8 / 15 / 24 / 40 km/h	
Fahrerhaus	Geschlossenes Fahrerhaus für drei Personen	
Aufbau Z 4 …	Ballastkasten, Pritsche 1400 x 2200 x 400 mm auf Wunsch	
S 4 …	Pritsche 3500 max. x 2200 x 400 mm auf Wunsch	
Bereifung	Luftbereifung 6-fach 34 x 7 seit 1935 auch 34 x 7,5	
Abmessungen (LxBxH) Z 4 ohne Pritsche:	5060 x 2265 x 2300 mm	4750 x 2270 x 2300 mm
Radstand Z 4 …	2820 mm	2675 mm
S 4 …	3750 mm	3750 mm
SS 4 GN 110:		4300 mm
Leergewicht	ca. 4500 kg	ca. 5200 kg
zul. Achslasten (VA / HA)	2200 / 7000 kg	
zul. Gesamtgewicht	9200 kg	
Nutzlast mit Anhänger	16 t bei 25 km/h	
wichtiges Zubehör	Zugmaul am Heck, Anhängevorrichtung an vorderer Stoßstange Seilwinde 3 t; oder 4,5 t Pendelwinker und Positionslampen Drucklufthorn, Zentralschmierung Sandstreuer für Antriebsachse	

Typ	Z 6 G, Z 6 G 110, S 6 G 110	Z 6 GN 110, S 6 GN 110; SS 6 GN 110
Motor	G 110 s	GN 110 s
Leistung	100 PS bei 1600 1/min	100 PS bei 1400 1/min
Weitere Daten	6-Zylinder-Reihen-Viertakt-Dieselmotor Bohrung 110 mm, Hub 165 mm Hubraum 9,4 l Wassergekühlt, Druckumlaufschmierung, elektr. Anlasser	6-Zylinder-Reihen-Viertakt-Dieselmotor Bohrung 110 mm, Hub 170 mm Hubraum 9,7 l Wassergekühlt, Druckumlaufschmierung, elektr. Anlasser
Lenkung	ZF-Rosslenkung (Spindelgetriebe)	
Kupplung	Zweischeibenkupplung	
Getriebe	Gmeinder 5-Gang-Getriebe FG 40, ein Rückwärtsgang Hinterachsgetriebe mit Differential	
Antriebsformel	4x2	
Bremse	Knorr-Druckluftbremse auf beide Achsen wirkend ab1935: Bosch-Druckluftbremse Mech. Feststellbremse auf Hinterachse wirkend	
Geschwindigkeiten	5,5 / 10 / 19 / 34 / 50 km/h	
Fahrerhaus	Geschlossenes Fahrerhaus für drei Personen	
Aufbau Z 6 ...	Ballastkasten, Pritsche 1400 x 2200 x 400 mm auf Wunsch ab 1937: 2000 x 2200 x 400 mm	
S 6 ... SS 6 ...	auf Wunsch Pritsche 3200 max. x 2200 x 400 mm 4000 max. x 2300 x 600 mm	
Bereifung	Luftbereifung 6-fach 36 x 8 Sondergrößen bis 42 x 9,5	
Abmessungen (LxBxH) Z 6 ohne Pritsche: S 6	 5400 x 2320 x 2350 mm 6200 x 2200 x 2300 mm	 5400 x 2320 x 2300 mm 6190 x 2300 x 2300
Radstand Z 6 ... S 6 ... SS 6 GN 110:	2970 mm 3900 mm	2970 mm 3800 mm 4300 mm
Leergewicht	ca. 5800 kg	ca. 5800 kg
zul. Gesamtgewicht:	10800 kg	
Nutzlast mit Anhänger	20 t bei 30 km/h	
wichtiges Zubehör	Zugmaul am Heck, Anhängevorrichtung an vorderer Stoßstange Seilwinde 3 t; oder 5 t Pendelwinker und Positionslampen Drucklufthorn, Zentralschmierung Sandstreuer für Antriebsachse	

zeichnung lautet Z 6 RL 125. Abweichend zur Reichsbahnausführung sind diese Maschinen mit dem großen Sechszylindermotor GN 125 s ausgestattet. Die erste verkaufte Zugmaschine muß sich dabei noch mit einer Höchstgeschwindigkeit von 20 km/h begnügen. Für schwerste Lasten sind besonders fein abgestufte Gangstufen notwendig. Das bekannte Fünfganggetriebe erlaubt keine höhere Geschwindigkeit, ohne an Zugleistung zu verlieren.

Die Weiterentwicklung der Reichsbahnzugmaschinen, eigentlich im Auftrag des Militärs, bringt deshalb ein neues Sechsganggetriebe in das Zivilprogramm von Kaelble. Es ist seit Anfang 1939 erhältlich. Geschwindigkeiten bis 40 km/h sind nun auch mit den Dreiachsern möglich, die zwischenzeitlich Z 6 GN 2A 130 genannt werden. Seit Beginn des zweiten Weltkrieges erhalten, wie bei den Schnellzugmaschinen, nur noch solche Unternehmen eine Schwerlastzugmaschine aus Backnang, die den Nachweis erbringen, kriegswichtige Aufgaben zu erfüllen. Die wenigen ausgelieferten Fahrzeuge dieser Baureihe gehen demzufolge nur an Energieversorger, Bau- und Bergbauunternehmer und Rüstungsbetriebe.

Zugmaschine Z 6 GN 2A 130 mit Seilwinde und hydraulischem Zweiseitenkipper

Typ	Z 6 G 125, S 6 G 125	Z 6 GN 125; S 6 GN 125; SS 6 GN 125
Motor	G 125 s	GN 125 s
Leistung	130 PS bei 1600 1/min	130 PS bei 1400 1/min
Weitere Daten	6-Zylinder-Reihen-Viertakt-Dieselmotor Bohrung 125 mm, Hub 180 mm Hubraum 13,2 l Wassergekühlt, Druckumlaufschmierung, elektr. Anlasser	
Lenkung	ZF-Rosslenkung (Spindelgetriebe)	
Kupplung	Zweischeibenkupplung	
Getriebe	Gmeinder 5-Gang-Getriebe FG 40, ein Rückwärtsgang Hinterachsgetriebe mit Differential	
Antriebsformel	4x2	
Bremse	Bosch-Druckluftbremse auf beide Achsen wirkend Mech. Feststellbremse auf Hinterachse wirkend	
Geschwindigkeiten	5 / 9 / 19 / 33 / 50 km/h	
Fahrerhaus	Geschlossenes Fahrerhaus für drei Personen	
Aufbau Z 6 ...	Ballastkasten, auf Wunsch Pritsche 1400 x 2200 x 400 mm	
S 6 ...	3200 max. x 2300 x 400 mm	
SS 6 ...	4000 max. x 2300 x 600 mm	
Bereifung	Luftbereifung 6-fach 36 x 8,5 Sondergrößen bis 42 x 9,5	
Abmessungen (LxBxH)		
Z 6 ohne Pritsche:	5490 x 2290 x 2400 mm	5570 x 2350 x 2400 mm
S 6	6200 x 2200 x 2300 mm	6190 x 2300 x 2300 mm
Radstand Z 6 ...	2970 mm	2970 mm
S 6 ...	3800 mm	3800 mm
SS 6 GN 125:		4300 mm
Leergewicht	ca. 5500 kg	ca. 6100 kg
zul. Gesamtgewicht:	13000 kg	
Nutzlast mit Anhänger	20 t bei 35 km/h 17 t bei 45 km/h	
wichtiges Zubehör	Zugmaul am Heck, Anhängevorrichtung an vorderer Stoßstange Seilwinde 3 t; oder 5 t Pendelwinker und Positionslampen Drucklufthorn, Zentralschmierung Sandstreuer für Antriebsachse	

Erste Lastkraftwagen aus Backnang

Mit Erhöhung der zulässigen Gesamtgewichte von Zweiachsfahrgestellen auf max. 13 t, schafft die StVZO im Jahr 1934 auch für schwerere Fahrgestelle die Möglichkeit, wirtschaftlich sinnvolle Nutzlasten zu befördern.

Bisherige Fahrzeuge, wie beispielsweise die S 6 GN 110, erreichen bei einem zulässigen Gesamtgewicht von 10,8 t eine ungefähre Nutzlast von 5 t. Der sich langsam aus dem Schatten der Reichsbahn lösenden Transportbranche in Deutschland ist dies schon lange zu wenig. Mit der Gesetzesänderung erhören die seit 1933 regierenden Nationalsozialisten den Ruf der Spediteure. Die Erhöhung des Gesamtgewichtes wird durch Verändern der zul. Achslasten von Zweiachsfahrzeugen erreicht. Eine Vorderachse darf nun 5,5 t, eine Hinterachse 7,5 t auf die Waage bringen.

Die deutschen Fahrzeughersteller reagieren sehr schnell auf die neuen Vorschriften und schaffen eine neue Klasse von Fernverkehrsfahrzeugen. Diese erlauben bei einem durchschnittlichen Leergewicht eines Pritschenwagens von 6,5 t eine ebensolche Nutzlast.

Einer der vier Lastwagen vom Typ 6,5 L der Stuttgarter Spedition Hans Kaelble. Fahrerhaus und Aufbau stammen von Schenk in Stuttgart

Zwei 6,5 L mit einer auf 1,5 m erhöhten Pritschenwand stehen abholbereit auf dem Betriebshof in der Wilhelmstraße

Mit dem Meiller Driseitenkipper wird der 6,5 L zum idealen Fahrzeug für den Baustofftransport

Kaelble verhält sich gegenüber den neuen 6,5-Tonnern anfangs sehr zurückhaltend. Höchstwahrscheinlich war die Konstruktionsabteilung bei Kaelble mit der Entwicklung der Z 6 G 110 bzw. Z 6 G 125 und deren Sattelschleppervarianten so stark ausgelastet, daß nicht gleichzeitig auch noch ein neuer Lastkraftwagen entstehen konnte. Für Kaelble war der klassische Zugmaschinenmarkt wichtiger. Hier war man bestens eingeführt und somit waren auch größere Produktionszahlen zu erwarten.

Die ersten Kaelble-Lastkraftwagen der 6,5 t-Klasse sind deshalb auch erst Ende 1936, also ungefähr zwei Jahre nach Inkrafttreten der neuen Vorschriften in den Markt gelangt.

In Anlehnung an die Gewichtsklasse nennt Kaelble das Fahrzeug 6,5 L.

Der Antriebsstrang des 6,5 L basiert mit seinem 130 PS starken Motor vom Typ GN 125 s und dem Fünfganggetriebe FG 40 auf dem der Z 6 G 125. Aufgrund der für die 13 t schweren Fahrzeuge gültigen Achslasten reicht es jedoch nicht aus, einfach den Radstand der Zugmaschine zu verlängern. Durch die gesteigerten Vorderachsdrücke muß dafür gesorgt werden, daß ein größerer Teil der Nutzlast auch von der Lenkachse getragen wird. Dies erreicht man durch Zurücksetzen der Vorderachse und Minimierung des hinteren Überhangs der Ladepritsche. Diese Veränderungen lassen ein gänzlich neues Fahrgestell entstehen.

Der erste Kunde, der einen 6,5 L bestellt, ist die Stuttgarter Spedition Hans Kaelble. Sie wird nach der Einstellung der Produktion über den größten Einzelfuhrpark des 6,5 L verfügen. Im Frühjahr 1940 ist deren Fahrzeugbestand auf vier 6,5 L angewachsen. Alle

Ein typischer Fernverkehrszug der ausgehenden dreißiger Jahre. Dieser 6,5 L der Hamburger Spedition Schabow ist mit seiner Schwalbennest-Schlafkabine auch für lange Strecken geeignet

wurden von der Fa. Schenk in Stuttgart mit dem Fahrerhaus und einer Pritsche versehen. Bisher waren die meisten Kaelble-Zugmaschinen bereits ab Werk mit einem Fahrerhaus ausgestattet. Beim 6,5 L geht dieser Anteil deutlich zurück. Üblicherweise bevorzugen die Spediteure, den Pritschenaufbau und die Kabine nach ihren eigenen Wünschen von einem Karosseriebetrieb herstellen zu lassen. Lediglich die Motorumhüllung und die Kühlerverkleidung stellt Kaelble bei diesen Fahrzeugen bei.

Wie schon bei den Sattelschlepper-Fahrgestellen findet der 6,5 L besonders bei Bauunternehmern eine dankbare Kundschaft. Eigentlich ist dies nicht verwunderlich, hat doch Kaelble gerade in dieser Branche seit Jahrzehnten einen hervorragenden Ruf als Hersteller von Steinbrechern und Straßenwalzen. Auch die Express- und Schnellzugmaschinen haben sich bisher im Baustofftransport bestens bewährt. Die ab Werk mit Kipper versehenen 6,5 L sind ausnahmslos mit einem vom Fahrzeugmotor angetriebenen hydraulischen Meiller-Dreiseitenkipper ausgestattet. Kaelble bringt hierfür die Fahrgestelle auf eigener Achse nach Stuttgart. Bei der dortigen Meiller Vertretung, der Fa. Höschle, werden die Kippaufbauten aufgesetzt und anschließend zur Endlackierung und Auslieferung wieder nach Backnang gebracht.

Nachdem 1939 die bereits bei den Sattelschleppern erwähnte Herstellerbeschränkung der einzelnen Fahrzeuggattungen in Deutschland, der sogenannte „Schell-Plan" in Kraft getreten war, hätte Kaelble eigentlich keine Lastkraftwagen mehr bauen dürfen. Trotzdem sind bis Ende 1940 noch Fahrzeuge zur Auslieferung gekommen. Sicherlich hat der kriegsbedingt hohe Fahrzeugbedarf hier Sonderregelungen ermöglicht.

Verglichen mit den Produktionszahlen der Wettbewerber in der 6,5 t-Klasse kann der Marktanteil des 6,5 L als verschwindend klein bezeichnet werden. Unternehmen wie Daimler-Benz, Krupp, MAN oder Henschel produzierten zwischen 1935 und 1938 mehrere hundert Fahrzeuge im Jahr. Kaelble hat es in vier Produktionsjahren gerade mal auf 41 Einheiten gebracht.

Typ	**6,5 L**
Motor	GN 125 s
Leistung	130 PS bei 1400 1/min
Weitere Daten	6-Zylinder-Reihen-Viertakt-Dieselmotor Bohrung 125 mm, Hub 180 mm Hubraum 13,2 l wassergekühlt, Druckumlaufschmierung, elektr. Anlasser
Lenkung	ZF-Rosslenkung (Spindelgetriebe)
Kupplung	Zweischeibenkupplung
Getriebe	Gmeinder 5-Gang-Getriebe FG 40, ein Rückwärtsgang Hinterachsgetriebe mit Differential
Antriebsformel	4x2
Bremse	Druckluftbremse auf beide Achsen wirkend Mech. Feststellbremse auf Hinterachse wirkend
Geschwindigkeiten	5 / 9 / 19 / 33 / 51 km/h
Fahrerhaus	geschlossenes Fahrerhaus für drei Personen
Aufbau z.B.	Pritsche 5000 x 2350 x 600 mm Meiller Dreiseitenkipper 4500 x 2350 x 600 mm
Bereifung	Luftbereifung 6-fach 12.00 - 20 Ab 1938: 12.00 - 22
Abmessungen (LxBxH)	8160 x 2470 x 2510 mm
Radstand	5150 mm Sonderwunsch 6000 mm
Leergewicht	6000 kg ohne Pritsche ca. 6500 kg mit Pritsche
zul. Gesamtgewicht:	13000 kg
wichtiges Zubehör	Anhängerkupplunglung am Heck, Drucklufthorn, Zentralschmierung

Zugmaschinen im Zweiten Weltkrieg

Flugzeugschlepper für die Luftwaffe

Im Jahr 1935 erhält Kaelble erstmals einen Auftrag der aufrüstenden Nationalsozialisten. Für die Luftwaffe sucht die deutsche „Wehrmacht" geeignete Flugzeugschlepper. Eine von der Serienausstattung abweichende Z 2 S soll diese Aufgabe erfüllen. Bei Kaelble entsteht eine besonders schöne Variante der kleinsten Zugmaschine aus dem Lieferprogramm.

Das rundum mit Luftreifen ausgestattete Fahrzeug ist an der Hinterachse doppelt bereift. Es wird so eine große Aufstandsfläche geschaffen, damit die schwere Hinterachse auf Flugplätzen mit Graspisten nicht einsinkt und keine Spurrillen erzeugt. Diese könnten die Fahrwerke der startenden und landenden Flugzeug beschädigen

Zwanzig Flugzeugschlepper Z 2 S kurz vor der Auslieferung

und somit ein erhebliches Sicherheitsrisiko darstellen. Durch die hintere Doppelbereifung wird die Maschine breiter als die Grundversion und wirkt besonders von der Heckansicht sehr bullig. Geschwungene Kotflügel, verbunden mit einer Trittstufe zwischen den Achsen, sorgen für eine Fahrwerksverkleidung und schaffen den Bauraum für Werkzeugkästen.

Um die Bauhöhe besonders niedrig zu halten, wird auf den Anbau einer Kabine, oder eines Stoffverdecks verzichtet. Die Wind und Wetter ausgesetzte Sitzbank muß also besonders vor vorzeitiger Verwitterung geschützt werden. Deshalb legt die Luftwaffe wert darauf, daß als Stoffbezug echtes Rindleder verwendet wird. Die Backnanger Gerbereibetriebe können hierfür Kaelble mit erstklassigen Produkten dienen. Sie liefern ein in Fahrzeugfarbe eingefärbtes Leder. Die Zugmaschine erscheint somit ausnahmslos in einer blaugrauen Farbgebung zu den ersten Erprobungen.

Um die Maschine für den Einsatz als Flugzeugschlepper erst richtig bereit zu machen, erhält sie eine Seilwinde mit einem extra langen Stahlseil. Mit einer Reichweite von 150 m ist man somit in der Lage, Flugzeuge zu bergen bzw. abzuschleppen, ohne auf einen ausreichenden Sicherheitsabstand verzichten zu müssen. Eine am Heck angebaute Bergstütze verhindert, daß die Zugmaschine, bei besonders schweren Schleppaufgaben auf weichem Untergrund, zu der Last hingezogen wird. Die Zugleistung wird so durch die Zugkraft der Seilwinde und nicht durch die Haftkraft der Reifen zur Fahrbahn begrenzt.

Mit der ersten Erprobungsmaschine im Oktober 1935 liefert Kaelble insgesamt 60 Z 2 S an die Luftwaffe. Für Kaelble ist dieser Auftrag eine Besonderheit, wurden doch bisher, abgesehen von wenigen Ausnahmen, von den Privatkunden nie mehr als zwei oder drei Fahrzeuge mit einer Bestellung geordert, so folgen jetzt innerhalb von wenigen Wochen drei Bestellungen für neun, 20 und 30 Zug-

Die 100 PS-starke Z 6 Wa in blaugrauer Farbgebung für die Luftwaffe

Diesen Sattelschlepper SS 6 GN 110 lieferte Kaelble an die Marine in Kiel

maschinen. Dieser Auftragseingang sorgt dann auch für besonders imposante Eindrücke auf dem Backnanger Bahnhof, da die Fahrzeuge in Losgrößen bis zu 20 Stück, verladen auf offenen Güterwagen, ihren Weg zu den Militärbehörden finden.

Nach der Beschaffung der Flugzeugschlepper Z 2 S bleibt die Luftwaffe den Zugmaschinen aus Backnang treu.

Auf Basis der „Schnell-Zugmaschine" Z 6 G 110 entsteht ab 1937 ein Gerät, das wiederum für den Betrieb als Flugzeugschlepper geeignet ist. Darüber hinaus ist das Fahrzeug als Universalzugmaschine im Umfeld eines Militärflugplatzes einsetzbar. Für Berge- und Abschlepparbeiten dient die für die Reichsbahn entwickelte 4,5 t-Seilwinde mit 50 m Stahlseil. Begleitpersonen und Transportbeobachter können am Fahrzeugheck auf zwei Rücksitzen Platz nehmen. Die nach hinten gerichteten offenen Sitze befinden sich am festen Ballastkasten rechts und links neben der Seilwinde. Zum Schutz vor schlechtem Wetter ist jeder Sitz mit einem Faltverdeck ausgestattet. Ob bei den hinten sitzenden Soldaten jedoch ein richtiges „Cabrio-Feeling" aufkommen konnte, ist nicht bekannt. Die, wie die Z 2 S in blaugrau gelieferten Fahrzeuge, waren anfangs mit dem Sechszylinder-Dieselmotor G 110 s ausgestattet. Nachdem bei Kaelble die Weiterentwicklung GN 110 s lieferbar war, kam diese bei den Lieferungen im Jahr 1938 zum Einsatz. Zur Unterscheidung der Wehrmachtszugmaschinen mit den Fahrzeugen in Zivilausführung werden sowohl die Z 6 G 110 und die Z 6 GN 110 nachträglich als Z 6 Wa bezeichnet.

Auch die beiden anderen Waffengattungen, Heer und Marine, erhalten Zugmaschinen des Typs Z 6 GN 110. Da diese Fahrzeuge jedoch keine militärspezifischen Besonderheiten vorzuweisen hatten, durften diese Fahrzeuge ihre normale Typenbezeichnung beibehalten. Sie waren mit einem festen Ballastkasten oder einer Pritsche ausgestattet. Als Seilwinde kam die 3 t-Winde zum Einsatz. Sie entstammt dem zivilen Fahrzeugprogramm.

Obwohl der Sattelschlepper der Typenbereinigung des „Schell-Planes" zum Opfer gefallen war, konnte Kaelble 1940 je eine Sattelzugmaschine des Typs SS 6 GN 110 und SS 6 GN 125 an die „Kriegsmarine" in Kiel ausliefern. Mit diesen Fahrzeugen wurden die in Kiel stationierten Schiffe mit Nachschub versorgt.

Schwerlastzugmaschinen bei der „Wehrmacht"

Für eine Armee, die sich auf einen Krieg vorbereitet, werden hauptsächlich hochgeländegängige Fahrzeuge benötigt. Diese Anforderung erfüllen die Fahrzeughersteller üblicherweise mit Allradfahrgestellen, die eine besonders hohe Bodenfreiheit besitzen. Kaelble, Spezialist im Bau von Schwerlastzugmaschinen, hat solche Fahrzeuge nicht im Programm. Bei einer Fertigungskapazität von ca. 200 Maschinen im Jahr ist Kaelble ehedem zu klein, um Geländefahrzeuge in nennenswerter Stückzahl liefern zu können.

Neben den weit verbreiteten Fahrzeugtypen gibt es aber auch bei der „Wehrmacht" einen Bedarf an Fahrzeugen für den Schwertransport. Da dieser auf den von Johann Culemeyer für die Reichsbahn entwickelten Straßenrollern abläuft, bekommt Kaelble den Auftrag, hierfür geeignete Schwerlastzugmaschinen zu liefern.

Die Lieferung beginnt 1939 mit Fahrzeugen des Typs Z 6 W 2A 130. Sie teilen sich ihr Fahrgestell mit der zivilen Z 6 GN 2A 130, besitzen aber die verstärkte Reichsbahn-Seilwinde sowie einen festen Ballastkasten. Einige Fahrzeuge sind zudem mit den „Cabrio-Sitzen" der Z 6 Wa ausgestattet. Abweichend zur Ausführung der Reichsbahnzugmaschinen besitzt die Z 6 W 2A 130 eine geänderte Hinterachsübersetzung für eine Spitzengeschwindigkeit von 40 km/h. Das Sechsganggetriebe SG 60 sorgt für eine für Schwertransporte ausreichende Gangabstufung. Der 130 PS-starke Sechszylinder GN 125 s treibt das Fahrzeug an. Obwohl anfänglich für die Luftwaffe beschafft, finden die Fahrzeuge bei Transporten für alle drei Waffengattungen Verwendung. Sie dienen neben dem Transport von schwerem Pioniergerät, wie der Kaelble-Planierraupe PR 125, vor allem zum Bewegen von Eisenbahnwagen. Eine Aufgabe, die für die Pri-

Schwerlastzugmaschine Z 6 W 2A 130 in der ersten Ausführung mit Cabrio-Sitzen für die „Wehrmacht"

Beim Transport solch großer Brocken sind drei Zugmaschinen sicherlich nicht zuviel

vatwirtschaft von der Reichsbahn übernommen wurde. Diese hat nach Kriegsbeginn bis auf eine Z 6 W 2A 130 im Jahr 1941 kein Fahrzeug mehr von Kaelble direkt erhalten. Alle Transportaufgaben koordiniert die „Wehrmacht". Die bereits von der Reichsbahn in den dreißiger Jahren beschafften Zugmaschinen werden daraufhin ebenfalls für Transporte der Militärs eingesetzt.

Eine von der Militärpropaganda besonders ausgeschlachtete Aktion war der Transport des Waffenstillstandswagens von Compiégne durch das Brandenburger Tor am 24. März 1941. In besagtem Speisewagen unterzeichneten die deutschen Militärs 1918 den Waffenstillstandsvertrag mit den alliierten Truppen und beendeten so den ersten Weltkrieg. Nach dem erneuten Einmarsch der deutschen Truppen in Frankreich nutzte Hitler diesen Wagen zur Unterzeichnung der französischen Kapitulation. Anschließend wurde der Wagen nach Berlin gebracht und mit zwei vierachsigen Straßenrollern der Reichsbahn, unter Zuhilfenahme einer Kaelble-Zugmaschine, dem jubelnden Berliner Volk präsentiert. Bei den unterschiedlichen Transportabschnitten waren sowohl die Z 6 W 2A 130 als auch die Reichsbahnzugmaschine Z 6 R 2A 100 eingesetzt.

Auch ganz besondere, als geheim eingestufte, Transporte wurden von der „Wehrmacht" mit Kaelble-Zugmaschinen durchgeführt.

Eine ganze Flotte von Kriegs- und Handelsschiffen, darunter auch sechs U-Boote, sollte 1942 von Nord- und Ostsee an das schwarze Meer verlegt werden. Um die Verlegung vor den alliierten Streitkräften so geheim und sicher wie möglich ablaufen zu lassen, hat man sich gegen den Seetransport über Nordsee und Mittelmeer entschieden. Der Transport zum neuen Einsatzgebiet sollte über Elbe und Donau erfolgen. Bei dieser Route mußten die Seefahrzeuge jedoch zwischen Dresden und Ingolstadt auf dem Landwege befördert werden. Hier schlug wieder einmal die Stunde des Culemeyer-Systems.

Für den Transport fanden vier 16rädrige Culemeyer-Roller Verwendung. Jeweils zwei Roller werden quer verbunden und mit Drehschemeln versehen. Auf ihnen liegen sowohl die zur Seite gelegten U-Boote sowie die ebenfalls zu transportierenden Schiffe auf. Je nach den zu befahrenden Streckenabschnitten sind bis zu fünf Kaelble-Zugmaschinen als Zug-, Schub- und Bremsfahrzeuge im Einsatz. Teilweise fahren die Zugmaschinen nebeneinander und sind über die Anhängerkupplungen quer miteinander verbunden. Für die Fahrer war es sicherlich keine leichte Aufgabe, diese Gespanne zu bewegen. Neben den über Telefon durchgegebenen Schaltbefehlen müssen vor allem die Fahrer der quer verbundenen Fahrzeuge dafür sorgen, daß sie gleichzeitig lenken, um den Reifenverschleiß so gering wie möglich zu halten.

Auf Schiene und Straße

Zwei ganz besondere Versionen der Z 6 W 2A 130 liefert Kaelble im Juli 1940 an die Heeresverwaltung nach Berlin. Es handelt sich um Fahrzeuge mit einer Zweiwegeeinrichtung. Sie sollen, ähnlich wie die seit 1938 bei Faun beschafften Zweiwege-Zugmaschinen des Typs ZRS, sowohl auf der Straße, als auch auf der Schiene zum Bewegen schwerer Lasten eingesetzt werden.

Zu diesem Zweck können die Luftreifen abgebaut und durch Schienenreifen ersetzt werden. Verglichen mit den Zugmaschinen von Faun weisen die Kaelble-Fahrzeuge einige Besonderheiten auf:

· Der Kaelble-Dreiachser ist für die Schienenfahrt mit einer zusätzlichen starren Vorderachse ausgestattet. Bei Kaelble erspart man sich so den hohen mechanischen Aufwand, die lenkbare Vorderachse im Schienenbetrieb zu blockieren.

· Um den Umspurvorgang schnell und sicher ablaufen zu lassen, stattet Kaelble seine Fahrzeuge mit vier fest installierten, handbetriebenen Hubspindeln aus. Mit ihnen wird das Fahrzeug aufgebockt, danach können die zehn Räder ab- und die sechs Schienenreifen anmontiert werden. Anschließend wird das Fahrzeug auf die Schienen aufgesetzt und kann seinen Dienst als „Lokomotive" aufnehmen. Durch die fest montierten Hubspindeln muß für den Umspurvorgang kein Wagenheber angesetzt werden. Das Unfallrisiko durch abrutschende oder ausknickende Hubeinrichtungen entfällt.

Für den Bahnbetrieb finden sich weitere Spezialitäten am Fahrzeug. Hierzu gehören die Pufferbohlen an den Fahrzeugenden, die entsprechenden Kupplungen und die Druckluftbremsanlage für die Eisenbahnwagen.

Die bahnspezifischen Zusatzanbauten verändern sehr stark das Aussehen der Z 6 W 2A 130. Neben den Pufferbohlen fallen hier vor

Beide Zweiwegezugmaschinen Z 6 W 2A 130 in Straßenfahrstellung bei Probefahrten in Berlin

Die Zugmaschine während des Umspurvorganges

allem die vorderen Kotflügel auf. Sie müssen zwei Achsen abdecken.

Der zusätzliche Platzbedarf für die Druckluftanlage und der Stauraum für die im jeweiligen Fahrbetrieb nicht benötigten Räder, lassen einen bis auf die Höhe des Fahrerhauses reichenden Ballastkasten mit einer kleinen Pritsche entstehen.

Verglichen mit den Faun-Zweiachs-Zugmaschinen ist das Kaelble-Fahrzeug für höhere Zuglasten ausgelegt. Das größere Gewicht, das auf zwei angetriebenen Achsen ruht, schafft hier entscheidende Vorteile. Obwohl im Straßenbetrieb 40 Stundenkilometer schnell, kann die Zugmaschine im Schienenbetrieb durch die kleineren Schienenräder nur ca. 25 km/h schnell fahren. Die in größeren Stückzahlen beschaffte Faun ist hier schneller.

Auch der Umbau von Straßen- zu Schienenfahrt kann mit der Faun-Zugmaschine in kürzerer Zeit erfolgen. Während bei dem Kaelble-Fahrzeug zehn Luftreifen und sechs Schienenreifen montiert werden müssen, sind es bei Faun nur sechs Luftreifen und vier Schienenräder.

Die Nachteile in der Handhabung und ein Rangierunfall im Elsaß, der eine Zugmaschine zerstört hat, verhindert die Beschaffung weiterer Zweiwegefahrzeuge von Kaelble.

Die Z 6 W 2A 130 beim Rangieren mit einem preußischen Abteilwagen

Zum Verlegen der Kaelble Raupe PR 125 wird von der „Wehrmacht" bevorzugt die Kaelble Schwerlastzugmaschine Z 6 W 2A 130 eingesetzt

Fahrzeuge bis zum bitteren Ende

Trotz der schlechten Resonanz der Zweiwege-Zugmaschine erhält die „Wehrmacht" bis Ende 1944 426 Zugmaschinen des Typs Z 6 W 2A 130. Hierzu gehören neben den bereits beschriebenen Fahrzeugen mit Cabrio-Sitzen und den Schiene-Straße-Fahrzeugen auch Zugmaschinen mit zweireihigem Fahrerhaus. Speziell für die Pioniertruppen ist dieser Typ interessant, bietet er doch bis zu sechs Personen Platz. Dies ist vor allem wichtig beim Transport von Baumaschinen, wie dem Kaelble-Schürfkübelzug. Neben der Zugmaschinenbesatzung kann also auch das Bedienpersonal der Ladung zum neuen Einsatzgebiet gebracht werden.

Im Laufe der Bauzeit kristallisiert sich immer mehr eine Schwachstelle der Kaelble-Dreiachser heraus:

Seit 1937 übertragen Schubkugeln die Antriebskräfte von den Achsen auf das Fahrgestell. Dabei werden die Schubkräfte der hinteren Achse auf die vordere Triebachse übertragen. Die Schubkugel dieser Achse muß deshalb die gesamte Schubkraft des Antriebs aufnehmen. Diesen Belastungen hält dieses komplizierte Bauteil auf Dauer nicht stand. Nach 19 Fahrzeugen für die Reichsbahn und 148 Zugmaschinen für die „Wehrmacht" wird deshalb bei Kaelble die Hinterachskonstruktion überarbeitet. Sogenannte Schwinghebel ersetzen fortan die Schubkugeln. Ausgehend vom Lagerbock des Federpaketes führen an jede Achse drei Schubstangen zu den Achskörpern. Diese sorgen dafür, daß den Achsen zwar ausreichend Höhenversatz und Seitenneigung ermöglicht wird, sie in Fahrtrichtung aber absolut parallel zur Fahrbahn geführt werden. Dieses Aufhängungsprinzip ist bis heute bei den meisten blattgefederten Dreiachsfahrzeugen üblich.

Die ersten 124 Fahrzeuge mit der neuen Schwinghebelaufhängung besitzen noch umgebaute

Diese Z 6 W 2A 130 aus dem Lieferjahr 1942 muß bereits mit einem deutlich vereinfachten Ballastkasten auskommen

Achskörper der ehemaligen Schubkugelfahrzeuge. Seit 1943 finden dann aus neuen Gußformen hergestellte Achskörper Verwendung. Diese neuen Achsen sind kürzer gebaut und erlauben so den Einsatz längerer Gelenkwellen. Bei gleicher Achsverschränkung sorgen die langen Gelenkwellen für einen geringeren Neigungswinkel der Wellen. Größere übertragbare Kräfte bzw. eine längere Lebensdauer sind die Folge.

Ab dem Baujahr 1943 waren die Zugmaschinen von Kaelble kriegsbedingt sehr spartanisch ausgestattet

Zeitgleich mit der Veränderung der Hinterachsaufhängung überarbeitet man bei Gmeinder das Sechsganggetriebe SG 60. Die sechs Getriebestufen werden für eine höhere Fahrgeschwindigkeit gröber abgestuft. Statt bisher 40 km/h sind bei gleicher Hinterachsübersetzung nun 57 km/h möglich. Das Getriebe heißt fortan SG 60 S.

Eine solche Getriebeabstimmung wäre für Schwertransporte und somit für die Z 6 W 2A 130 nicht geeignet. Ein Vorschaltgetriebe an der Eingangswelle des Getriebes schafft mit seinem direkten Durchtrieb und einer Schnellgangübersetzung für den sechsten Gang sieben mögliche Geschwindigkeiten. Das so entstandene Getriebe nennt man VS 60.

Mit der Hinterachsübersetzung, die bisher für die 20 km/h-Varianten Verwendung fand, sind sieben Fahrstufen bis 40 km/h realisierbar. Die so erhaltene, sehr feine Geschwindigkeitsabstufung mit dem nur 2,35 km/h schnellen ersten Gang, eignet sich hervorragend für den Schwertransport.

Während des Fortschreitens des Krieges läßt die zunehmende Materialverknappung auch die Fertigung bei Kaelble nicht unberührt. Immer mehr nicht unbedingt notwendige Bauteile wie Peilstan-gen, Winker, Kotflügel an der Hinterachse und die aufwendige Verkleidung der Ballastkästen fallen den Sparmaßnahmen zum Opfer.

Trotz aller Einsparungen behalten aber die Kaelble-Zugmaschinen im Vergleich mit Fahrzeugen anderer Hersteller ihr typisches Aussehen. Das Los der, bei Großserienfabrikaten längst üblichen, Preßspan-Einheits-Fahrerhäuser bleibt den Kaelble-Fahrzeugen erspart. Alle Z 6 W 2A 130 kommen in den Genuß des von Knapp hergestellten Fahrerhauses.

Der Einmarsch der US-Truppen im April 1945 beendet für Backnang und somit auch Kaelble den Krieg. Die Produktion kommt schlagartig zum Erliegen. Nach dem Ende der Produktion lagert in Backnang noch Material für knapp 20 Zugmaschinen. Dieser Lagerbestand sollte den Grundstock für die erfolgreichste Zeit des Fahrzeugbaus bei Kaelble bilden.

Typ	**Z 6 GN 2A 130, Z 6 W 2A 130**
Motor	GN 125 s
Leistung	130 PS bei 1400 1/min
Weitere Daten	6-Zylinder-Reihen-Viertakt-Dieselmotor Bohrung 125 mm, Hub 180 mm Hubraum 13,2 l Wassergekühlt, Druckumlaufschmierung, elektr. Anlasser
Lenkung	ZF-Rosslenkung (Spindelgetriebe)
Kupplung	Zweischeibenkupplung
Getriebe	Gmeinder 6-Gang-Getriebe SG 60, ein Rückwärtsgang ab 1943 Sechsganggetriebe VS 60 mit Vorgelege (sieben Vorwärts-, ein Rückwärtsgang) Hinterachsgetriebe mit Differential druckluftbetätigte Differentialsperre
Antriebsformel	6x4
Bremse	Bosch-Druckluftbremse auf alle Achsen wirkend Mech. Feststellbremse auf Hinterachsen wirkend
Geschwindigkeiten	SG 60 + Hinterachsgetriebe i= 6,45: 3,3 / 5,4 / 10,2 / 20 / 27,5 / 40 km/h R = 3,3 km/h VS 60 + Hinterachsgetriebe i=12,9: 2,35 / 3,9 / 7,4 / 14,2 / 20 / 28,6 / 40 km/h; R = 2,35 km/h
Fahrerhaus	Geschlossenes Fahrerhaus für drei Personen bei zweireihiger Kabine sechs Personen
Aufbau Z 6 ...	fester Ballastkasten für ca. 3,5 t Zusatzballast (Betongewichte)
Bereifung	Luftbereifung 10-fach 9,75-20, zwei Ersatzräder
Abmessungen (LxBxH)	7240 x 2500 x 2420 mm
Radstände: (1.-2. Achse; 2.-3.Achse)	3710; 1150 mm
Leergewicht	ca. 9 t
zul. Gesamtgewicht:	14,2 t
Anhängelast (im ersten Gang)	430 t auf der Ebene, 25 t bei 25% Steigung
wichtiges Zubehör	Zugmaul am Heck, Anhängevorrichtung an vorderer Stoßstange Seilwinde 4,5 t Pendelwinker und Positionslampen Drucklufthorn, Zentralschmierung Sandstreuer für Antriebsachsen

Ein Neubeginn ohne Verschnaufpause

Start mit „alten" Teilen

Der letzte, nicht mehr vollständig ausgeführte Auftrag für die „Wehrmacht" ließ in Backnang nach Ende des Krieges noch vorgefertigte Baugruppen für 19 Zugmaschinen des Typs Z 6 W 2A 130 lagern.

Im Land fehlt es an vielem. Der von den Nationalsozialisten in die Welt hinausgetragene Krieg hat aus Deutschland ein Trümmerfeld werden lassen. Zahlreiche Städte sind zerstört, die Industrie, ehedem in den letzten Jahren auf die Fertigung von Kriegsgerät ausgerichtet, wird von den Siegermächten für die Unterstützung von Hitler bestraft. Die Großindustrie soll zerschlagen werden. Sofern die Industrieanlagen nicht zerstört sind, werden sie beschlagnahmt, teilweise abgebaut und als Reparationsleistungen von den alliierten Truppen ins Ausland gebracht. In den ersten Nachkriegsjahren sind zahlreiche Unternehmer von der Leitung ihres Betriebes ausgeschlossen. Der nach dem US-Finanzminister benannte Morgenthau-Plan hat sogar das Ziel, Deutschland wirtschaftlich so stark zu schwächen, daß es keine Kriegsgefahr mehr darstellen würde.

Der einzige, auf einem Kaelble-Fahrzeug aufgebaute, Omnibus basiert auf einem nicht mehr näher bekannten Vorkriegsfahrgestell. Der Besitzer hat 1948 bei Kaelble einen 90 PS-Motor vom Typ GN 100 s bestellt

Hierfür sollte Deutschland zum reinen Agrarstaat werden.

Unabhängig von diesen Überlegungen war jedoch der Bedarf an Transportfahrzeugen im zerstörten Deutschland besonders hoch. Es fehlte sowohl an Baufahrzeugen, die halfen, die zerstörten Städte wieder aufzubauen, als auch an Transportfahrzeugen für Lebensmittel und andere wichtige Güter.

In Deutschland war eine große Anzahl von Lastwagen im Verlauf des Krieges von der „Wehrmacht" beschlagnahmt worden. Sie wurden meist zusammen mit ihren Fahrern eingezogen und zur Nachschub-Versorgung der Streitkräfte eingesetzt.

Die bei den Fuhrunternehmern verbliebenen Fahrzeuge, welche den Krieg überstanden hatten, waren nicht immer den extremen, an sie gestellten Anforderungen gewachsen. Wegen des akuten Fahrzeugmangels wurde bedenkenlos überladen. Die schlechten, durch den Krieg beschädigten Straßen, taten das übrige, die Fahrzeuge zu malträtieren.

Um die Versorgungslage zu verbessern, gingen die Besatzungsmächte schon kurz nach dem Kriegsende daran, den deutschen Fahrzeugbauern wieder die Produktion von Lastkraftwagen zu erlauben.

Es hat sich recht schnell gezeigt, daß nach dem Zusammenbruch des nationalsozialistischen Regimes mit dem Kommunismus ein neues Feindbild die Welt spalten würde. Um einen starken „Puffer" vor dem Kommunismus in Europa aufbauen zu können, haben die westlichen Streitmächte deshalb im Jahr 1947 den Morgenthau-Plan wieder verworfen. Sie waren der Ansicht, daß nur ein starkes, gesundes, in die westliche Welt eingebundenes Deutschland ein ausreichend starkes Schutzschild vor dem sowjetischen Machteinfluß darstellen würde.

Mit diesem S 6 GN 125 aus der Vorkriegsproduktion wird eine in Kisten verpackte K 631 ZR zum Bahnversand gebracht

Schon im Juni 1945 erlauben die US-Militärbehörden wieder die Fahrzeugfertigung bei Kaelble. Die letzten „Wehrmachtszugmaschinen" bzw. ersten Nachkriegslastwagen vom Typ Z 6 W 2A 130 verlassen zwischen Juni 1945 und September 1947 die Backnanger Fabrikhallen. Obwohl als Schwerlastzugmaschine konstruiert, setzten die meisten Kunden Ihre neuen Fahrzeuge als reine Lastwagen ein. Anstelle des bei der „Wehrmacht" und der Reichsbahn bevorzugten festen Ballastkastens und der Seilwinde sind die meisten Nachkriegsmaschinen mit einer einfachen Holzpritsche ausgestattet. Üblicherweise ist diese Pritsche mit einer Länge von 3,2 m viel zu klein, um das Dreiachsfahrzeug bis zum maximal zulässigen Gesamtgewicht von 18,5 t voll auszulasten. Zusätzlich erhöht die zweite angetriebene Hinterachse nicht nur das Leergewicht des Fahrzeugs, auch ein erhöhter Kraftstoffverbrauch, hervorgerufen durch die innere Reibung in der Getriebestufe der Achse, ist die Folge. Im gebeutelten Nachkriegsdeutschland sind jedoch das hohe Leergewicht und der Kraftstoffverbrauch eines Fahrzeugs nicht die entscheidenden wirtschaftlichen Faktoren. Man ist froh, überhaupt ein Transportfahrzeug zu besitzen. Schlimmer ist da schon die Tatsache, daß in Zeiten erheblicher Materialknappheit für einen Dreiachser bis zu vier zusätzliche Reifen beschafft werden müssen. Zahlreiche Fahrzeuge werden von Kaelble ohnehin ohne Reifen ausgeliefert. Den Mangelartikel Reifen beschaffen sich die Fahrzeugbesitzer selbst. Für viele Fuhrunternehmer ist der Schwarzmarkt die einzige Quelle für einen neuen Satz Fahrzeugreifen. Auch Diesel ist in Deutschland noch immer reichlich knapp, so daß einige Fahrzeuge, speziell die im Kurzstreckenverkehr eingesetzten Zugmaschinen, mit einem Holzgasgenerator ausgerüstet wurden. Die im Juni 1945 an die Backnanger Lederfabrik Louis Schweizer ausgelieferte erste Zugmaschine war eine solche.

Aufgrund ihres späten Bauzeitraumes waren alle Fahrgestelle mit der neuen Schwinghebelaufhängung der Hinterachsen ausgestattet. Beim Getriebe jedoch fanden zahlreiche Varianten Verwendung. Sowohl das neuere Siebenganggetriebe VS 70 als auch das Vorgängermodell, das Sechsganggetriebe SG 60, wurden verbaut. Durch die zahlreichen, schon für die Reichsbahnzugmaschinen eingesetzten Hinterachsübersetzungen, waren nun Fahrgeschwindigkeiten von knapp 29 km/h bis zu einer im Jahre 1945 fast utopisch anmutenden Spitzengeschwindigkeit von 75 km/h möglich. Schwertransporteure wählten, wie schon die „Wehrmacht", die Variante mit 40 km/h. Für die anderen Fuhrunternehmer waren Geschwindigkeiten um 50 km/h die ideale Wahl. Mit der Z 6 W 2A 130 hatten die Unternehmer ein sehr stabiles Fahrgestell, das in späteren Jahren, nach dem harten Einsatz im Fernverkehr, noch gerne als Kranträger eingesetzt wurde. Kaelble erlaubt für solche Fälle eine Hinterachslast von 8 t. Mit einer max. Vorderachsbelastung von 4,6 t darf das Fahrzeug also bis zu 20,6 t wiegen.

Neben den 19 neu gefertigten Fahrzeugen fanden sich ab 1945 auch zahlreiche ehemalige Schwerlastzugmaschinen aus den Beständen der „Wehrmacht" in den Fuhrparks der Transportunternehmer. Auch für diese Zugmaschinen mußten die Unternehmer die „horrende" Zahl von zehn Reifen pro Fahrzeug beschaffen, ohne einen entscheidenden Nutzlastvorteil zu gewinnen.

Bei Kaelble hat man sich im Laufe des Jahres 1946 diesem Problem angenommen. Zahlreiche Umbausätze wurden in Backnang konstruiert. Mit ihnen konnte man durch Weglassen einer Antriebsachse aus der dreiachsigen Zugmaschine Z 6 W 2A 130 einen zweiachsigen Lastwagen mit deutlich verlängertem Radstand erhalten. Die Umbausätze berücksichtigen alle bisher gebauten Hinterachsaufhängungen. Es sind sowohl für die Schubkugel- wie auch für die Schwinghebelachsen drei Radstände von 4860, 5000 und 5150 mm realisierbar.

Durch den Umbau zum Zweiachser entspricht die Z 6 W 2A 130 dem Sattelschlepper-Fahrgestell S 6 GN 125, das bis 1941 bei Kaelble gefertigt wurde.

Nur schwer zu glauben, daß dieses Fahrzeug ein umgebauter „Wehrmachtsschlepper" ist. Nach dem Krieg hat man die Zugmaschine zum Zweiachser umgebaut. 1956 spendierte sich der Besitzer ein neues Fahrerhaus

Foto: Kässbohrer Werksarchiv

Der Sattelschlepper als Lastwagen

Der deutschen Fahrzeugindustrie war es von den Besatzungsmächten verboten, Neukonstruktionen auf den Markt zu bringen. Den Bedarf an Lastkraftwagen mußte man also mit Vorkriegskonstruktionen decken. Gegen Ende des Krieges hatte Kaelble jedoch keinen reinen Lastkraftwagen im Programm. Der 6,5 L war der Typenbereinigung der Nationalsozialisten zum Opfer gefallen. Lediglich das Sattelschlepperfahrgestell S 6 GN 125 befand sich, wenn auch nur bis 1941 produziert, bis Kriegsende im Verkaufsprogramm von Kaelble. Dieses Fahrzeug mußte so die Lücke im Kaelble-Angebot schließen. Die noch vor dem Krieg angebotenen Sattelschlepper waren jedoch mit den zwei lieferbaren Radständen von 3800 und 4300 mm zu kurz geraten, um einen ausgewachsenen Pritschen-Lastkraftwagen abzugeben. Auf den ersten Blick hatte Kaelble also gar keinen Lastwagen anzubieten. Doch wer lediglich den Radstand eines Fahrzeugs verändert, der hat noch lange keine Neukonstruktion auf die Beine gestellt. So produziert Kaelble ab Oktober 1945 erstmals in größerer Serie Lastkraftwagen. Der neue, alte S 6 GN 125 konnte mit einem Radstand von 4750 mm nun eine Pritsche mit 4,5 m Länge tragen. Das Fahrzeug wurde offiziell mit einem zul. Gesamtgewicht von 13 t angegeben. Bei einem Eigengewicht von fast 7 t ergibt das lediglich eine Nutzlast von 6 t. Durch seine Verwandtschaft mit den schweren Zugmaschinen konnte das Fahrgestell aber mit max. 8 t belastet werden. Eine Überladekapazität bis zu 33 Prozent war also schon konstruktiv vorgesehen.

S 6 GN 125, Baujahr 1947 Foto: Haller Werksarchiv

S 6 GN 125 unterwegs mit Stuttgarter Gerstensaft

Beim Antriebsstrang finden notgedrungen altbewährte Bauteile Verwendung. Neben dem bewährten 130 PS starken Sechszylinder Dieselmotor GN 125 s kommt das schon 1934 entwickelte Gmeinder Fünfganggetriebe FG 40 zum Einsatz. Zusammen mit einer Hinterachsübersetzung von 1:4,9 ist mit dem S 6 GN 125 eine Endgeschwindigkeit von 55 km/h möglich.

Ab 1947 ist der S 6 GN 125 auch mit einem verlängerten Radstand von 5150 mm lieferbar. Im Laufe der Produktionszeit wird die zul. Fahrgestelltragfähigkeit mit 6,5 t angegeben. Das zul. Gesamtgewicht wird auf 13,4 t angehoben. Für besondere Transportaufgaben bietet Kaelble ab 1947 mit dem zweireihigen Fahrerhaus und dem Sechsganggetriebe SG 60 S wieder Fahrzeuge abweichend von der Serienspezifikation an.

Der 6,5 Tonner – ein alter Bekannter

Nach dem Ende der Konstruktions- und Fertigungsbeschränkungen der Besatzungsmächte und noch vor der Gründung der Bundesrepublik Deutschland überarbeitet Kaelble sein Lastwagenprogramm. Dargestellt wird dies durch einen völlig neuen Typencode. Der bisherige S 6 GN 125 wird ab 1948 unverändert als K 625 L weiterproduziert. In der Typenbezeichnung ist zusätzlich zum veränderten Hinweis für den Motor nun auch der Radstand verschlüsselt. Für den K 625 L beträgt der Radstand 4750 mm. Das verlängerte Fahrgestell mit dem Radstand 5150 mm nennt man ab sofort K 625 LV. Neu im Programm sind nun endlich wieder Zugmaschinen. Die K 625 Z knüpft mit dem Radstand von 3500 mm an die alte Tradition der Schnellzugmaschinen des Typs Z 6 GN 125 an. Um höhere Transportgewichte zu ermöglichen, wird bei einigen Zugmaschinen durch den Einsatz einer geänderten Hinterachsübersetzung und des Sechsganggetriebes SG 60 S die Fahrgeschwindigkeit auf 40 km/h gesenkt. Für die Zugmaschinen sind gemäß der alten Kaelble-Tradition natürlich auch Seilwinden aus eigener Produktion lieferbar. Die Seilwinden sind, ausgestattet mit 50 m Stahlseil und einer Zugleistung von max. 4 t, am Heck angebracht. Für die Fahrzeuge der Baureihe K 625 wird serienmäßig ein Fahrerhaus für max. 4 Personen angeboten. Bei dem bei Knapp & Söhne in Backnang hergestellten Fahrerhaus handelt es sich um ein mit Stahlblech beplanktes Holzgerippe. Sollten tatsächlich vier Personen in der recht schmalen Kabine Platz genommen haben, so muß sicherlich eine qualvolle Enge geherrscht haben. Der 6,5 Tonner K 625 wurde bis Herbst 1949 produziert, danach löst ihn endgültig der K 630 ab.

Fahrgestell des K 625 LV, oben: K 625 L

Typ	S 6 GN 125	K 625 L, LV
Motor	GN 125 s	
Leistung	130 PS bei 1400 1/min	
Weitere Daten	6-Zylinder-Reihen-Viertakt-Dieselmotor Bohrung 125 mm, Hub 180 mm Hubraum 13,2 l wassergekühlt, Druckumlaufschmierung, elektr. Anlasser	
Lenkung	ZF-Rosslenkung (Spindelgetriebe)	
Kupplung	Zweischeibenkupplung	
Getriebe	Gmeinder 5-Gang-Getriebe FG 40, ein Rückwärtsgang Hinterachsgetriebe mit Differential	
Antriebsformel	4x2	
Bremse	Bosch-Druckluftbremse auf beide Achsen wirkend Mech. Feststellbremse auf Hinterachse wirkend	
Geschwindigkeiten	6 / 10,5 / 21 / 37 / 55 km/h	
Fahrerhaus	Fahrerhaus für vier Personen	
Radstand	4750 mm 5150 mm	K 625 L: 4750 mm K 625 LV: 5150 mm
Aufbau (LxBXH) Radstand 4750 mm: Radstand 5150 mm:	 Pritsche 4500 x 2350 x 600 mm Pritsche 5000 x 2420 x 600 mm	
Bereifung	6-fach 12.00-20	
Abmessungen (LxBxH) Radstand 4750 mm: Radstand 5150 mm:	 8000 x 2480 x 2540 mm 8500 x 2480 x 2540 mm	
Leergewicht	ca. 6900 kg	ca. 7000 kg
zul. Gesamtgewicht	13000 kg	13400 kg
wichtiges Zubehör	Anhängerkupplung, Pendelwinker und Positionslampen Drucklufthorn, Zentralschmierung	

Mit 150 PS der Traum aller Fernfahrer

Äußerlich fast unverändert zum K 625 erscheint im Sommer 1949 der neue K 630. Seine wichtigste Veränderung ist bereits im Typencode zu erkennen. Sie betrifft den Kaelble-Dieselmotor. Aus dem GN 125 s haben die Kaelble Ingenieure den jetzt 150 PS leistenden GN 130 s entwickelt. Die Leistungssteigerung ist dabei in erster Linie durch die Erweiterung des Bohrungsdurchmessers von 125 auf 130 mm und der damit entstandenen Hubraumvergrößerung auf 14,3 l zuzuschreiben. Kaelble bewirbt das neue Fahrzeug als den Traum aller Fernfahrer. Der extrem langhubige und drehmomentstarke Dieselmotor sucht sicherlich auf dem deutschen Markt seinesgleichen. Er ist extrem schaltfaul zu fahren und erleichtert somit dem Fahrer seine Arbeit. Die niedrige Motordrehzahl hilft, das Geräuschniveau in der Kabine auf einem einigermaßen erträglichen Niveau zu halten.

Das zul. Gesamtgewicht des Fahrzeugs wird auf 14 t erhöht, die Nutzlast beträgt nun ca. 7 t. Das beim K 625 begonnene System der Kennzeichnung des Radstandes im Typencode wird beim K 630 erweitert. Vom Zweiachsfahrgestell sind vier verschiedene Radstände lieferbar. Dabei werden sie unabhängig vom tatsächlich montierten Aufbau als Zugmaschinen-, Sattelschlepper-, Kipper- und Lastwagenfahrgestell bezeichnet. Die jeweiligen Radstände betragen 3500, 4400, 4750 und 5150 mm. Wer nun glaubt, wichtiges Zubehör, wie der hydraulische Nebenabtrieb, z. B. zum Antrieb eines hydraulischen Kippaufbaues, wäre nur für das Kipperfahrgestell lieferbar, der täuscht sich. Der Nebenabtrieb für die Kipperpumpe, oder

K 630 K mit Meiller-Dreiseitenkipper

auch der mechanische Abtrieb für die erhältliche 4 t-Seilwinde sind für alle Fahrgestelle lieferbar.

Als einer der ersten LKW-Hersteller in Deutschland bietet Kaelble auf Basis des K 630 ein Frontlenker-Fahrgestell an. Der K 630 LF teilt sich mit einem Radstand von 4750 mm sein Fahrgestell mit dem bei Kaelble Normallenker genannten Haubenkipper. Obwohl die Baugröße des Frontlenker-Fahrerhauses alles bei Kaelble bisher dagewesene deutlich übertrifft, lassen sich die ersten Frontlenker, wie auch bei anderen Herstellern, nur in sehr geringen Stückzahlen verkaufen.

Der Fahrersitz ist neben dem sehr hoch im Fahrgestell stehenden Motor angebracht. Der Fußraum wirkt dadurch sehr schmal, gleichzeitig ist der Durchstieg zum Beifahrersitz durch den hohen Motortunnel nahezu unmöglich.

Mag der mitten im Fahrerhaus stehende Motor im Winter noch die ideale Heizung gewesen sein, so konnten sich die Fahrer eines frühen Frontlenkerlastwagens im Sommer sicherlich den Besuch einer Sauna sparen. Die ungenügende Kapselung des Motorraumes zur Kabine erbrachte für die Fahrer nicht nur ein Temperatur-, sondern auch ein Geräuschpro-

Dieser K 630 L befördert eine neue Straßenwalze zum Kunden

blem. Der in die Kabine ragende Motor ersparte eigentlich den Einbau eines Drehzahlmessers.

In den frühen Nachkriegsjahren konnten die Dieselmotoren noch nicht mit einer heute üblichen Laufleistung aufwarten. Für die Fahrer gehörte es noch zum Alltag, einen Kolbenklemmer zu beheben oder Reparaturen an der Einspritzanlage durchzuführen. Bei den Haubenfahrzeugen war der Motor durch Abnehmen der Verkleidung sehr gut von allen Seiten zugänglich. Bei den neuen Frontlenkern ist der Motor zwar auch nach Entfernen der Abdeckung von oben und von der Seite zugänglich, die eigentliche Wartung muß aber innerhalb der engen Kabine erfolgen.

K 630 Z für das Münchner Straßenbauamt. Der Kranaufbau ist baugleich mit dem des schon 1938 gelieferten Fahrzeugs

Neben den aufgeführten Nachteilen erschwerte aber auch die große Skepsis der Unternehmer vor dem erhöhten Verletzungsrisiko beim Frontlenker dessen erfolgreiche Markteinführung. Hinter einer langen Motorhaube fühlten sich die Fahrer bei einem Auffahrunfall einfach wesentlich sicherer als im gänzlich ohne die Knautschzone auskommenden Frontlenker. Das Frontlenkerfahrzeug war also in seinen Anfangsjahren nur für jene Anwendungen interessant, bei denen die Länge eines Lastwagens von ausschlaggebender Bedeutung war.

K 630 L mit Kässbohrer-Aufbauten

K 630 L mit Kässbohrer Kofferaufbau Foto: Kässbohrer Werksarchiv

<table>
<tr><td>Typ</td><td></td><td colspan="5">K 630</td></tr>
<tr><td>Motor</td><td></td><td colspan="5">GN 130 s</td></tr>
<tr><td></td><td>Leistung</td><td colspan="5">150 PS bei 1400 1/min</td></tr>
<tr><td></td><td>Weitere Daten</td><td colspan="5">6-Zylinder-Reihen-Viertakt-Dieselmotor
Bohrung 130 mm, Hub 180 mm
Hubraum 14,3 l
wassergekühlt, Druckumlaufschmierung, elektr. Anlasser</td></tr>
<tr><td>Lenkung</td><td></td><td colspan="5">ZF-Rosslenkung (Spindelgetriebe)</td></tr>
<tr><td>Kupplung</td><td></td><td colspan="5">Zweischeibenkupplung</td></tr>
<tr><td>Getriebe</td><td></td><td colspan="5">Gmeinder 5-Gang-Getriebe FG 40, ein Rückwärtsgang
Hinterachsgetriebe mit Differential</td></tr>
<tr><td>Antriebsformel</td><td></td><td colspan="5">4x2</td></tr>
<tr><td>Bremse</td><td></td><td colspan="5">Bosch-Druckluftbremse auf beide Achsen wirkend
Mech. Feststellbremse auf Hinterachse wirkend</td></tr>
<tr><td>Geschwindigkeiten</td><td></td><td colspan="5">6 / 10,5 / 21 / 37 / 55 km/h</td></tr>
<tr><td>Fahrerhaus</td><td></td><td colspan="5">Fahrerhaus für vier Personen, K 630 LF: drei Personen</td></tr>
<tr><td>Radstand</td><td></td><td>K 630 Z:
3500 mm</td><td>K 630 S:
4400 mm</td><td>K 630 K:
4750 mm</td><td>K 630 L:
5150 mm</td><td>K630 LF:
4750 mm</td></tr>
<tr><td>Aufbau (LxBxH) z.B.</td><td>K 630 Z:
K 630 K:
K 630 L:</td><td colspan="5">Pritsche 3200 x 2420 x 500 mm
Dreiseiten-Kipper 4000 x 2400 x 450 mm
Pritsche 5000 x 2420 x 600 mm</td></tr>
<tr><td>Bereifung</td><td></td><td colspan="5">6-fach 12.00-20</td></tr>
<tr><td>Abmessungen (LxBxH) z.B.</td><td>K 630 Z:
K 630 K:
K 630 L:</td><td colspan="5">6600 x 2480 x 2540 mm
7800 x 2480 x 2540 mm
8500 x 2480 x 2540 mm</td></tr>
<tr><td>Leergewicht mit Aufbau</td><td></td><td>ca. 6200 kg</td><td>ca. 5700 kg</td><td>ca. 7200 kg</td><td>ca. 7000 kg</td><td>ca. 6800 kg</td></tr>
<tr><td>zul. Gesamtgewicht</td><td></td><td colspan="5">14000 kg</td></tr>
<tr><td>wichtiges Zubehör</td><td></td><td colspan="5">Anhängerkupplung,
Pendelwinker und Positionslampen
Drucklufthorn, Zentralschmierung, Seilwinde 4 t oder 8 t Zugkraft</td></tr>
</table>

Neue Dreiachser

Mit der Einführung der Baureihe K 630 wurden ab 1951 endlich wieder neu entwickelte Dreiachsfahrgestelle gebaut. Wie schon vor dem Krieg, waren wieder die Militärs die Auftraggeber für diese schweren Fahrzeuge. Diesmal bestellte die britische Armee für ihre in Deutschland stationierten Einheiten schwere Zugmaschinen aus Backnang. Mit der KD 630 Z entstand so ein direkter Nachkomme der Z 6 W 2A 130. Die Fahrzeuge waren zwar mit dem jetzt 150 PS-starken GN 130 s und einem neuen Getriebe aus der Produktion der Zahnradfabrik Friedrichshafen ausgestattet, jedoch die zwei angetriebenen Hinterachsen waren alte Bekannte aus den Vorkriegskonstruktionen. Unter der fest montierten Ballastpritsche aus Holz ist eine völlig neu entwickelte Seilwinde mit einer Zugkraft von 8 t untergebracht. Der Antrieb der Winde erfolgt, wie schon früher, über einen mechanischen Nebenabtrieb des Getriebes mit einer Gelenkwelle zur Seilwinde am Heck.

Die KD 630 Z stellt die Kaelble-Freunde, die versuchen, den korrekten Fahrzeugtyp lediglich anhand von Fotomaterial zu ermitteln, vor eine fast unlösbare Aufgabe. Das Fahrzeug teilt sich nämlich seine breitere Motorhaube und das veränderte Fahrerhaus mit der seit 1950 parallel zum K 630 produzierten Nachfolgegeneration K 631.

Für die Pioniertruppen der in Deutschland stationierten US-Armee entwickelt Kaelble zusammen mit Orenstein & Koppel in Dortmund einen neuen Mobilkran. O&K liefert dabei den Kranaufbau, Kaelble das Fahrgestell. Der dreiachsige Frontlenker aus Backnang hört auf den Namen KD 630 ZF und verläßt allein 1951 in 60 Exemplaren die Backnanger Werkshallen zum Aufbau des Kranaufbaus nach Dortmund.

Um den Gittermastausleger des Kranes bei der Transportfahrt sehr flach auf dem Fahrgestell ablegen zu können, ist das Fahrerhaus besonders schmal geraten. Es bietet nur für eine Person Platz.

Auch das Fahrgestell hat man bei Kaelble für die Aufnahme des Kranaufbaus besonders vorbereitet: Die Hinterachsfedern sucht man an diesen Fahrzeugen vergebens. Sie wurden durch stabile Waagebalken ersetzt. Sie verhindern, daß das Fahrzeug, sofern es im Kranbetrieb verfahren wird, sich zur Seite neigen kann. Zur Abstützung des Fahrzeugs im Kranbetrieb sind vor und hinter dem Doppelachsaggregat je zwei stabile Spindelstützen angebracht, die sich um cirka 1 m ausziehen lassen.

KD 630 Z für die britische Rheinarmee

KD 630 ZF mit O&K-Kranaufbau

Typ	**KD 630**
Motor	GN 130 s
Leistung	150 PS bei 1400 1/min
Weitere Daten	6-Zylinder-Reihen-Viertakt-Dieselmotor Bohrung 130 mm, Hub 180 mm Hubraum 14,3 l wassergekühlt, Druckumlaufschmierung, elektr. Anlasser
Lenkung	ZF-Rosslenkung (Spindelgetriebe)
Kupplung	Zweischeibenkupplung
Getriebe	ZF 5-Gang-Getriebe FAK S 55, ein Rückwärtsgang Hinterachsgetriebe mit Differential
Antriebsformel	6x4
Bremse	Druckluftbremse auf alle Achsen wirkend Mech. Feststellbremse auf Hinterachsen wirkend
Geschwindigkeiten	5 - 45 km/h
Fahrerhaus	Fahrerhaus für vier Personen, KD 630 ZF: eine Person
Radstände (1.-2. Achse; 2.-3. Achse)	3500; 1420 mm
Aufbau (LxBXH) z B. KD 630 Z:	Pritsche 3000 x 2400 x 450 mm, Seilwinde 8 t
KD 630 ZF:	O&K L 201
Bereifung	10-fach 12.00-20
zul. Gesamtgewicht	22500 kg

Ein Erfolgsmodell – das 8 t-Fahrgestell

Der Stückzahlenkönig

Ab Sommer 1950 wird parallel zum K 630 die Weiterentwicklung K 631 produziert. Der Lastwagen K 631 L verfügt dabei über eine gesteigerte Tragfähigkeit. Das zulässige Gesamtgewicht wird auf 16 t angehoben und somit der von der StVZO vorgegebenen Obergrenze für Zweiachsfahrzeuge angepaßt. Wie andere Hersteller, hofft auch Kaelble vergeblich auf die Anpassung der zulässigen Gesamtgewichte auf den in Europa gängigen Wert von 19 t. Technisch ist der K 631 L bereits auf dieses Gewicht ausgelegt.

Ähnlich dem K 630 sind für den K 631 drei verschiedene Radstände lieferbar. Es handelt sich um das Zugmaschinen-, das Kipper- und das Lastwagen-Fahrgestell mit Radständen von 3500, 4900 und 5400 mm.

Mit der Erhöhung des Gesamtgewichtes verändert man bei Kaelble auch den Antriebsstrang des Fahrzeugs. Das bisherige Gmeinder-Getriebe FG 40 wird im Laufe des Jahres 1950 durch das Fünfganggetriebe FAK S 55 auf Wunsch auch das Sechsganggetriebe AK 6-75 der Zahnradfabrik Friedrichshafen ersetzt. Es sind nun Fahrgeschwindigkeiten bis 65 km/h möglich. Der bekannte Kaelble-Motor GN 130 s ist unverändert vom K 630 übernommen worden.

Der K 631 läßt sich von seinen Vorgängern sehr gut am veränderten Design der Motorhaube unterscheiden. Diese wirkt nun breiter und bindet die bisher frei stehenden Kotflügel in die Motorhaube mit ein. Auch das Fahrerhaus wird leichten Veränderungen unterzogen. Die Dachpartie wird höher, die Kabine geringfügig breiter. Selbstverständlich sind für den K 631, wie schon für seine Vorgänger,

K 631 L beim Backnanger Stadtturm

Ein neuer K 631 L mit dem stolzen Besitzer

K 631 Z mit Kässbohrer Sattelauflieger

neben dem einreihigen Fahrerhaus für vier Personen auch eine zweireihige Variante für acht Personen oder aber eine Fernverkehrskabine mit Schlafkoje in Schwalbennest-Ausführung lieferbar.

Speziell für das Zugmaschinen-Fahrgestell werden ebenfalls wieder Seilwinden aus eigener Produktion mit 4 oder 8 t Zugkraft angeboten. Für die K 631 Z sind selbstverständlich auch geänderte Getriebevarianten lieferbar, die den zu erwartenden höheren Zuggewichten Rechnung tragen. Mit dem K 631 können die Kunden erstmals seit Kriegsende ein Allradfahrgestell bei Kaelble bekommen. Speziell für den Einsatz als Zugmaschine ist eine angetriebene Vorderachse entwickelt worden. Sie prägt durch die über die Reifen hinausragenden Außenplanetengetriebe in besonderem Maße das Er-

K 631 L mit Kässbohrer Thermo-Aufbau

K 631 K für das Autobahnamt Frankfurt

K 631 Z/130 mit Fahrerhaus, Pritsche und Tieflader von Schenk Foto: Schenk Werksarchiv

Für den Winter vorgesorgt – der Arbeitsplatz des Fahrers befindet sich beim K 631 LF direkt neben dem Auspuffkrümmer

K 631 LF mit Stauffen-Aufbauten. Eine Besonderheit stellt der Laderaum für einen Motorroller dar. Mit ihm verkürzte sich der Besitzer die Amtsgänge

scheinungsbild der Kaelble-Allradfahrgestelle in den fünfziger Jahren. Ein Zweigang-Verteilergetriebe verdoppelt die Anzahl der Fahrstufen und erlaubt die Abschaltung des Vorderradantriebes.

Der K 631 wird in kürzester Zeit zum „Stückzahlenkönig“ im LKW-Programm bei Kaelble. Allein 1950 verlassen 169 Fahrzeuge der Typen K 631 L und K 631 K die Backnanger Werkshallen. Bis zur Einstellung der Produktion im Jahre 1954 werden 552 Haubenfahrgestelle des K 631 produziert. Allein der K 631 L schlägt hier mit 409, der K 631 K mit 97 Einheiten zu Buche.

Die schon für den K 630 eingeleitete Entwicklung eines Frontlenker-Fahrgestells kommt beim K 631 erstmals richtig zum Tragen. Der K 631 LF teilt sich bei einem Radstand von 4900 mm sein Fahrgestell mit dem des „Normallenker“-Kippers K 631 K. Immerhin 26 Fahrzeuge werden zwischen 1950 und 1953 an solche Transportunternehmer geliefert, die ein möglichst kurzes Fahrzeug benötigen.

Ab 1953 konnten die Kunden eine stärkere Version des K 631 erhalten. Auf besonderen Wunsch wird hierfür der neue Dieselmotor

GO 130 s, mit einer Motorleistung von 180 PS eingebaut. Verglichen mit dem GN 130 s wird die Mehrleistung hauptsächlich durch die Anhebung der Motor-Nenndrehzahl von 1400 auf 1600 1/min ermöglicht.

Die 180 PS-Variante ist äußerlich an der nochmals verbreiterten Motorhaube erkennbar. Ebenfalls neu sind die seitlichen Abdeckbleche an der Motorhaube. Diese waren bisher mit längs geprägten Lüftungsschlitzen versehen. Sie wurden durch ein großflächiges Drahtgeflecht ersetzt. Die vordere Stoßstange ist vorne mit einem großzügigen Radius versehen und bildet mit den Kotflügeln eine Einheit. Die entstandene Trittfläche erleichtert die Zugänglichkeit des Motors. Die Typenbezeichnung wird durch die Angabe zur Motorleistung ergänzt, z.B. K 631 L/180.

Im Jahr 1954 ersetzt der K 680 den äußerst erfolgreichen K 631 im Kaelble-Programm.

K 631 L/180 mit Eylert-Aufbauten der Spedition Geng

K 631 L/180 mit Polysius Aufbauten

Foto: Polysius Werksarchiv

K 631 LF mit Aufbauten von Kässbohrer

Foto: Kässbohrer Werksarchiv

Einer der Stärksten in Deutschland

Sowohl für den Fernverkehr in extrem hügeligem Gelände als auch für den Schwertransport verlangt die Kundschaft sehr bald nach einer größeren Motorleistung. Kaelble reagiert auf die Wünsche und stellt dem K 631 im Jahre 1951 mit dem 200 PS starken K 832 einen der stärksten in Deutschland lieferbaren Lastkraftwagen zur Seite. Der K 832 wird nur noch durch den 10 PS stärkeren Krupp Titan übertroffen, der seine Kraft jedoch aus zwei miteinander verbundenen Dreizylinder-Motoren schöpft.

Kaelble hat für sein Flaggschiff einen neuen V8-Dieselmotor mit einem Hubraum von 19 l geschaffen. Der neue Vorkammermotor GN 130 a ist ein enger Verwandter des GN 130 s. Aufgrund des gleichen Verhältnisses von Bohrung und Hub müssen keine neuen Kolben entwickelt werden. Durch die gemeinsame Nenndrehzahl von 1400 1/min kann auch der übrige Antriebsstrang vom K 631 übernommen werden. Die beiden Zylinderreihen des neuen Motors stehen zueinander in einem Winkel von 45°. Dadurch entsteht ein besonders schmaler Motor, der sowohl unter die bestehende Motorhaube des K 631 L als auch unter den Motortunnel des Frontlenkerfahrerhauses paßt. Die Unterscheidung des Flaggschiffes zu den 150 PS-Fahrzeugen fällt nicht schwer: Stolz prangt ein 200 PS-Schild am Kühlergrill des K 832.

Ein zusammen mit dem Stuttgarter Bauunternehmen Karl Epple im Mai 1951 durchgeführter Vergleichstest zum Krupp Titan sollte die Leistungsfähigkeit des K 832 unter Beweis stellen.

Zum Test wurde ein mit Kies beladenes Gespann, bestehend aus einem K 832 L und zwei Anhängern der Fa. Karl Epple, auf der Autobahn von Karlsruhe nach Stuttgart gefahren. Mit einem Fahrzeuggewicht von 21 t war der Kaelble-

K 832 K mit Meiller-Dreiseitenkipper

Chassis des K 832 L

K 832 L mit Eylert-Aufbauten

Foto: Eylert Werksarchiv

K 832 S vor der Kaelble-Fertigmacherei

LKW recht großzügig beladen worden. Zusammen mit den beiden Anhängern betrug das Gesamtzuggewicht 55 t. Man kann hier sehr gut erkennen, daß in den jungen Jahren der Bundesrepublik Fahrzeuge mit einer ausreichenden Überladereserve gefragt waren. Die vom Gesetzgeber vorgegebenen Höchstgewichte wurden großzügig interpretiert.

Bei Kaelble wollte man den Verantwortlichen bei Karl Epple beweisen, daß die Fahrzeuge aus Backnang auch solchen Überbeanspruchungen problemlos standhalten.

Für die 94 km lange Fahrstrecke benötigte man heute unvorstellbare 3,5 Stunden. Der GN

K 832 Z beim Transport eines Transformators

Foto: Sammlung Friederich Radermacher

130 a genehmigte sich dabei 85 l Diesel für 100 km Autobahn. Dem zum Vergleich mitgefahrenen Krupp Titan hatten die Tester das Leben deutlich leichter gemacht. Er war mit 36 t belastet und benötigte deshalb nur 45 l Diesel pro 100 km. Die Kaelble-Ingenieure errechneten daraus für den Krupp einen Verbrauch von 70 l/100 km, wenn dieser ebenfalls mit 55 t unterwegs gewesen wäre. Sie leiteten daraus ab, daß der K 832 L keinen nennenswerten Mehrverbrauch zu seinem leistungsmäßig schärfsten Konkurrenten aufzuweisen hat.

Der GN 130 a konnte in allen vom K 631 bekannten Fahrgestellvarianten sowohl als Hauber, als auch als Frontlenker geordert werden. Sein Mehrgewicht von fast 1 t hat ihn aber zu einer Randerscheinung im Programm werden lassen. Ähnlich den heutzutage angebotenen Fahrzeugen mit Motorleistungen um 600 PS, bleibt der K 832 mit 83 produzierten Einheiten lediglich das prestigeträchtige Flaggschiff im Programm.

Nach dem Erscheinen des 180 PS-starken GO 130 s verliert der Achtzylinder seine Berechtigung im Angebot der Straßenfahrzeuge von Kaelble. Bei den schweren Muldenkippern und Zugmaschinen wird der GN 130 a und sein Nachfolger der GO 130 a noch bis Mitte der sechziger Jahre erfolgreich eingesetzt.

Typ	**K 631**			**K 832**		
Motor	GN 130 s ab 1953 GO 130 s			GN 130 a		
Leistung	GN 130 s: 150 PS bei 1400 1/min GO 130 s: 180 PS bei 1600 1/min			200 PS bei 1400 1/min		
Weitere Daten	6-Zylinder-Reihen-Viertakt-Dieselmotor Hubraum 14,3 l			8-Zylinder-V-Viertakt-Dieselmotor Hubraum 19,1 l		
	Bohrung 130 mm, Hub 180 mm wassergekühlt, Druckumlaufschmierung, elektr. Anlasser					
Lenkung	ZF-Rosslenkung (Spindelgetriebe)					
Kupplung	Zweischeibenkupplung					
Getriebe	ZF 5-Gang-Getriebe FAK S 55, ZF 6-Gang-Getriebe AK 6-75, ein Rückwärtsgang Hinterachsgetriebe mit Differential					
Antriebsformel	4x2					
Bremse	Druckluftbremse auf beide Achsen wirkend Mech. Feststellbremse mit Federspeicherbremszylinder auf Hinterachse wirkend					
Geschwindigkeiten	5 Gänge: 6,5 / 13 / 24 / 42 / 60 km/h 6 Gänge: 7,3 / 11,5 / 17,5 / 27 / 42 / 65 km/h					
Fahrerhaus	Fahrerhaus für vier Personen, Frontlenker: drei Personen					
Radstand	Z: 3500 mm	S: 4400 mm	K: 4900 mm	L: 5400 mm	ZF: 3500 mm	LF: 4900 mm
Aufbau (LxBxH) z.B. Z: K: L: LF:	Pritsche 3200 x 2420 x 500 mm Dreiseiten-Kipper 4500 x 2400 x 450 mm Pritsche 5500 x 2420 x 600 mm Pritsche 6800 x 2410 x 600 mm					
Bereifung	6-fach 12.00-20 oder 12.00-22					
Abmessungen (LxBxH) z.B. Z: K: L: LF:	6600 x 2500 x 2600 mm 8050 x 2470 x 2640 mm 8950 x 2470 x 2640 mm 9750 x 2470 x 2750 mm					
Leergewicht K 631 mit Aufbau (K 832 ca. 1000 kg mehr)	ca. 7000 kg	ca. 6000 kg	ca. 8000 kg	ca. 7680 kg	ca. 6800 kg	ca. 7500 kg
zul. Gesamtgewicht	16000 kg					
wichtiges Zubehör	Anhängerkupplung, Pendelwinker und Positionslampen Drucklufthorn, Zentralschmierung, Seilwinde 8 t Zugkraft					

Dreiachser

Sowohl auf der Basis des K 631 als auch des K 832 bietet Kaelble Dreiachsfahrzeuge an. Üblicherweise sind alle Fahrzeuge mit zwei angetriebenen Hinterachsen ausgestattet.

Die Ausnahme bilden zwei für die Heidelberger Zement AG hergestellte Dreiachser des Typs K 631 K 3A, die bereits ab Werk mit einer einfach bereiften Nachlaufachse versehen wurden. Speziell bei der Zementindustrie waren die Dreiachsfahrgestelle aus Backnang sehr beliebt. Die Frontlenker KD 631 LF und KD 832 LF wurden gerne mit Siloaufbauten für den Zementtransport ausgestattet. Eine Besonderheit war dabei die Einzelbereifung an den Hinterachsen.

Der Großteil der Dreiachser findet als Allradfahrzeuge seine Verwendung im Schwertransport. Größter Einzelkunde ist das französische Militär. Allein 191 Frontlenker-Sattelzugmaschinen des Typs KDV 631 SF und zwanzig KDV 832 SF werden zwischen 1951 und 1955 für den Panzertransport nach Frankreich geliefert. Hinter dem Frontlenkerfahrerhaus ist eine kleine, mit einer Plane bespannte, Pritsche aufgebaut, die mit ihren Klappsitzen noch zusätzlichen Platz für zahlreiche Soldaten bietet. Eine Seilwinde mit 10 t Zugkraft und eine Sattelkupplung er-

KD 832 Z

KDV 631 Z/180 mit Vorbau-Seilwinde und Schwalbennest-Schlafkabine für die Berliner Spedition Conny Barth

KDV 631 SF der französischen Armee

gänzen die Fahrzeugausstattung. Die Pritsche und die zugehörigen Sattelauflieger liefert Tapper aus Ratingen. Ebenfalls für die Verwendung bei den alliierten Armeen in Deutschland werden, wie schon von der Baureihe K 630, auch von den nachfolgenden Baureihen Baggerfahrgestelle zum Aufbau eines O&K Kran- bzw. Baggeraufbaus vom Typ L 201 hergestellt. Es handelt sich hierbei um die Typen KD 631 BF, KDV 631 BF und KDV 832 BFÜ. Das „überschwere" Fahrgestell des KDV 832 BF ist mit einer verstärkten Hinterachsausführung ausgestattet.

KD 631 F/180 mit Haller Zementsiloaufbauten Foto: Haller Werksarchiv

Typ	**KD(V) 631**	**KD(V) 832**
Motor	GN 130 s ab 1953 GO 130 s	GN 130 a
Leistung	GN 130 s: 150 PS bei 1400 1/min GO 130 s: 180 PS bei 1600 1/min	200 PS bei 1400 1/min
Weitere Daten	6-Zylinder-Reihen-Viertakt-Dieselmotor Hubraum 14,3 l	8-Zylinder-V-Viertakt-Dieselmotor Hubraum 19,1 l
	Bohrung 130 mm, Hub 180 mm wassergekühlt, Druckumlaufschmierung, elektr. Anlasser	
Lenkung	ZF-Rosslenkung (Spindelgetriebe)	
Kupplung	Zweischeibenkupplung	
Getriebe	ZF 5-Gang-Getriebe FAK S 55, ZF 6-Gang-Getriebe AK 6-75, Kaelble 6-Gang-Getriebe SK 112 ein Rückwärtsgang Achsgetriebe mit Differential Mit Allradantrieb: 2-Gang Verteilergetriebe Vorderachsantrieb zuschaltbar:	
Antriebsformel	6x4 (6x6)	
Bremse	Druckluftbremse auf alle Achsen wirkend Mech. Feststellbremse mit Federspeicherbremszylinder auf Hinterachsen wirkend	
Geschwindigkeiten z.B.		
KDV 631 SF	5 / 8 / 12 / 19 / 30 / 46 km/h	
KDV 832 Z Stufe 1:	2,8 / 4,4 / 7 / 11 / 18 / 25 km/h	
Stufe 2:	6,2 / 9,7 / 15,3 / 24 / 40 / 56 km/h	
KDV 832 L Stufe 2:	6,9 / 10,8 / 17 / 26,7 / 44,3 / 61,5 km/h	
Fahrerhaus	Fahrerhaus für vier Personen, Frontlenker: drei Personen, Baggerfahrgestell: eine Person	
Radstände (1.-2. Achse; 2.-3. Achse)	3500; 1420 mm auch 4200; 1420 mm	
Abmessungen (LxBxH) z.B. KDV 631 SF:		7950 x 2470 x 2900 mm
Bereifung	10-fach 12.00-22 auch 12.00-24 EM	
zul. Gesamtgewicht	24000 kg	

Neue wendige Zugmaschinen und Lastkraftwagen

Mit 80 PS im Stadtverkehr

Nach dem Ende des Krieges ist Deutschland stärker als je zuvor auf den LKW als Transportmittel angewiesen. Neben den beschädigten Schienentrassen hat die Bahn vor allem mit den Beschränkungen durch die Spaltung des Landes in die westlichen Besatzungszonen und die von der Sowjetunion kontrollierte, spätere DDR zu leiden. Die Hauptfernverkehrslinien der Deutschen Reichsbahn waren hauptsächlich in Ost-West-Richtung aufgebaut. Nach Beginn des kalten Krieges und der sich abzeichnenden Teilung Deutschlands bestand in den westlichen Besatzungszonen aber ein hoher Transportbedarf in Nord-Süd-Richtung. Bis die hierfür notwendigen neuen Schienenverbindungen geschaffen waren, war der LKW plötzlich ein sehr wichtiges Transportmittel für den Ferntrans-

K 410 Z im Baustofftransport

K 410 Z mit Kranaufbau

port. Es liegt daher nahe, daß Kaelble zuerst mit einem leistungsfähigen Fernverkehrsfahrzeug wie dem S 6 GN 125 und seinen Weiterentwicklungen auf den Markt kam. Leichtere Fahrzeuge für den Verteiler- und Nahverkehr wurden daher erst später ins Programm aufgenommen.

Nach der sich abzeichnenden Normalisierung der Verhältnisse bringt Kaelble ab Juli 1949 mit der K 410 Z eine kleine, wendige und für damalige Verhältnisse komfortable Zugmaschine auf den Markt.

Die K 410 reiht sich nahtlos in die Ahnengalerie um die Schnellzugmaschine Z 4 GN 110 und ihrer größeren Schwester, der Z 6 GN 110, ein. Die Hauptaufgabe der K 410 Z ist der Nahverkehr. Im innerbetrieblichen Transport kann die mit einem Wendekreis von nur 10 m glänzende Zugmaschine gewinnbringend eingesetzt werden. Speziell Brauereien, Kohle- und Baustoffhändler greifen auf die 70 PS-Maschine aus Backnang zurück.

Ihre Stärke liegt bei der Verteilung von Gütern im Stadtverkehr. Selbstverständlich nutzen auch die Möbelspediteure und die bahnamtlichen Rollfuhrunternehmer, die für die Verteilung der von der Bahn im Fernverkehr transportierten Güter zuständig waren, das maximal 45 km/h schnelle Gefährt.

Der schon in der Z 4 GN 110 eingebaute Vierzylinder-Dieselmotor vom Typ GN 110 v erbringt seine Spitzenleistung von 70 PS bei einer Drehzahl von 1500 Umdrehungen pro Minute. Im Frühjahr 1950 wurde die Motordrehzahl auf 1600 1/min gesteigert. Der Motor leistet nun 80 PS.

Das Gmeinder-Getriebe FG 32 und die als Zubehör erhältliche 3 t-Seilwinde sind aus den Baugruppen der Vorkriegsmaschinen entwickelt worden. Ab 1951 wird die Zugkraft der Winde auf 4 t gesteigert.

Ähnlich wie die ab 1934 entstandenen Fahrzeuge muß sich die K 410 Z gegen vom Traktor abgewandelte Straßenzugmaschinen behaupten. Ihr Konstruktionsprinzip macht ihr das jedoch besonders leicht. Neben der geräumigen Fahrerkabine für drei Personen bietet das Fahrgestell zusätzlich Platz für eine kleine Ballastpritsche. Für Zubehör oder Waren weist sie immerhin eine Tragfähigkeit von drei Tonnen auf. Andererseits besteht die Möglichkeit, durch den Aufbau einer zweireihigen Kabine bis zu sechs Personen zu befördern.

Für die Bayerische Staatsoper in München baut Kögel in Ulm sogar eine dreireihige Fahrerkabine auf das Zugmaschinenfahrgestell. Das Fahrzeug wirkt so eher wie ein Bus als wie eine Zugmaschine.

K 410 Z auf dem Flughafen Hamburg

Eine ganz besondere, als Flugzeugschlepper ausgeführte K 410 Z erhält im April 1953 der Hamburger Flughafen. Bei dieser Zugmaschine wird zugunsten einer geringeren Bauhöhe auf eine geschlossene Fahrerkabine verzichtet.

Kaelble ist Anfang der fünfziger Jahre durch den Erfolg des K 631 L und seiner Varianten mit einem so starken Auftragseingang gesegnet, daß Teile der Montage sogar ins Gmeinder-Werk nach Mosbach verlagert wurden.

Da die K 410 Z neben einem Lastzuggesamtgewicht von 26 t für eine Tragfähigkeit von cirka 3 t ausgelegt ist, versucht man bei Kaelble durch die Verlängerung des Radstandes von 2,5 m auf 3,7 m in den erfolgreichen LKW-Markt der 3-Tonner einzusteigen. Das so entstandene Kipperfahrgestell erlaubt bei einem zulässigen Gesamtgewicht von 8,4 t eine Nutzlast von 3,3 t. Es war damit über eine Tonne schwerer als der vergleichbare S 3500 von Magirus. Demzufolge

KV 410 LF noch ohne angetriebene Vorderachse. Die Tankaufbauten sind vom Gerätebau Salzkotten

hatte der Kaelble K 410 K auch keine nennenswerten Verkaufszahlen aufzuweisen. Zwischen 1950 und 1954 fanden lediglich elf Fahrzeuge in einigen Bauunternehmen, ehedem Stammkunden des Hauses Kaelble, dankbare Abnehmer.

Trotzdem war die Konstruktion des langen Fahrgestells für Kaelble nicht vergebens. In insgesamt 100 Exemplaren ging ein allradgetriebenes Frontlenker-Fahrgestell vom Typ KV 410 LF an die Bezirksfeststellungsbehörde in Hannover. Es basiert mit einem Radstand von 3,7 m auf dem des K 410 K. Der Antriebsstrang wird durch ein Verteilergetriebe und die angetriebene Vorderachse ergänzt. Mit einem Tankaufbau der Firma Gerätebau-Salzkotten waren diese Fahrzeuge zur Flugzeugbetankung eingesetzt. Genutzt wurden die Tankwagen von den in Deutschland stationierten alliierten Truppen. Da zum Zeitpunkt der Auslieferung der ersten zehn Fahrzeuge noch keine angetriebenen Vorderachsen verfügbar waren, wurden die Fahrzeuge mit einer Achse der K 410 Z ausgerüstet. Die Maschinen hat man später zu den bestellten allradgetriebenen Fahrzeugen umgebaut. Nach der Gründung der Bundeswehr im Jahr 1956 haben die alliierten Streitkräfte mehrere Flugplätze an die neue Luftwaffe übergeben. Als Starthilfe hat man ihnen gleichzeitig auch Teile des Fahrzeugparks überlassen. Auf diese Weise ist die Bundeswehr in den Besitz zahlreicher KV 410 LF gelangt.

Zwischen 1949 und 1954 wurden bei Kaelble 324 Fahrzeuge des Typs K 410, davon allein 102 Frontlenker hergestellt.

Typ		**K 410**		
Motor		GN 110 v		
	Leistung	70 PS bei 1500 1/min ab 1950: 80 PS bei 1600 1/min		
	Weitere Daten	4-Zylinder-Reihen-Viertakt-Dieselmotor Bohrung 110 mm, Hub 170 mm Hubraum 6,45 l wassergekühlt, Druckumlaufschmierung, elektr. Anlasser		
Lenkung		ZF-Rosslenkung (Spindelgetriebe)		
Kupplung		Einscheiben-Trockenkupplung		
Getriebe		Gmeinder 5-Gang-Getriebe FG 32, ein Rückwärtsgang Hinterachsgetriebe mit Differential		
Antriebsformel		4x2		
Bremse		Druckluftbremse auf beide Achsen wirkend Mech. Feststellbremse auf Hinterachse wirkend		
Geschwindigkeiten	K 410 Z: K 410 K: KV 410 LF:	5 / 9 / 18 / 28 / 45 km/h 5,5 / 10 / 19 / 30 / 48 km/h 6,5 / 10 / 14,5 / 23 / 35 / 55 km/h		
Fahrerhaus		Fahrerhaus für drei Personen		
Radstand		K 410 Z: 2500 mm	K 410 K: 3700 mm	KV 410 LF: 3700 mm
Aufbau (LxBxH) z.B.	K 410 Z: K 410 K:	Pritsche 1750 x 1900 x 400 mm Dreiseiten-Kipper 3000 x 2000 x 450 mm		
Bereifung		6-fach 7.5-20 oder 8.25-20;		10.0-20 (1. Baulos) 11.00-20 (2. Baulos)
Abmessungen (LxBxH) z.B.	K 410 Z: K 410 K: KV 410 LF:	4500 x 2000 x 2260 mm 5400 x 2000 x 2260 mm 6150 x 2430 x 2655 mm		
Leergewicht mit Aufbau		ca. 4200 kg	ca. 5100 kg	ca. 8300 kg (1. Baulos)
				ca. 8600 kg (2. Baulos)
zul. Gesamtgewicht		7200 kg	8400 kg	12000 kg (1. Baulos) 13800 tkg(2: Baulos)
wichtiges Zubehör		Anhängerkupplung, Zentralschmierung, Seilwinde 3 t ab 1950: 4 t		

Relikte aus frühen Tagen

Kaelble plant neben der K 410 eine noch kleinere Zugmaschine, nämlich die lediglich 35 PS leistende K 210 Z auf den Markt zu bringen. Sie sollte ursprünglich ähnlich wie die K 410 aufgebaut sein. Das Herzstück bildet der Zweizylindermotor GN 110 z. Das Fahrzeug erinnert sehr stark an die Expresszugmaschinen der dreißiger Jahre. Anfänglich war zwar geplant, das Fahrzeug rundum mit gleich großer Bereifung auszustatten, tatsächlich sind aber hinten deutlich größere Reifen montiert worden. Die geschlossene Fahrerkabine befindet sich über der Hinterachse. Neben dem Fahrer können links und rechts auf den Kotflügeln je zwei Mann mitgenommen werden.

Abweichend von den bekannten Expresszugmaschinen ist das Fahrzeug nicht mehr in Block-, sondern in Rahmenbauweise aufgebaut. Es zeichnet sich sehr schnell ab, daß das dem Traktorbau entliehene Konzept nicht mehr dem üblichen Stand des Zugmaschinenbaus entspricht. Die K 410 Z aus eigenem Hause ist hier das deutlich modernere Fahrzeug. Die zwei gebauten K 210 Z werden an Straßenbaubetriebe in Stuttgart und Berlin, den beiden Hauptabsatzgebieten für Kaelble-Fahrzeuge in der neuen Bundesrepublik, abgegeben.

K 210 Z

Mittelschwere Fahrzeuge

Zwischen der kleinen K 410 Z mit 80 PS und der 150 PS-starken K 630 Z klafft eine Lücke von 70 PS im Kaelble-Programm. Es handelt sich dabei um Fahrzeuge im Nutzlastbereich um 5,5 t. Mit der K 610 Z und dem längeren Kipperfahrgestell K 610 K ergänzt Kaelble deshalb ab 1950 sein Fahrzeugprogramm mit einer Motorleistung von 120 PS. Selbstverständlich ist diese Baureihe ein Nachkomme der Z/S 6 GN 110. Kennzeichnend für die K 610 ist ihr besonders tief liegender Fahrzeugrahmen. Um der Hinterachse ausreichend Raum zu bieten, ist deshalb der Rahmen in diesem Bereich nach oben geschwungen. Auch als 5,5-Tonner kann der K 610 K seine Herkunft als Zugmaschine nicht verleugnen. Wie schon der K 410 K muß er mit einem für LKW überdimensionierten Fahrgestell auskommen. Sein Mehrgewicht, verglichen mit seinen Wettbewerbern, beträgt demzufolge ebenfalls über eine Tonne. Seine stabile Bauweise macht den K 610 K aber bei Bauunternehmern trotzdem beliebt. Der Besitzer einer K 610 muß nicht mit der Angst, einen Achs- oder Federbruch zu riskieren, am Bagger haltmachen. Das Fahrgestell nimmt eine Schaufel weiter auf der Pritsche nicht gleich krumm.

Auch die K 610 Z wird vornehmlich im Baugewerbe eingesetzt. Bauunternehmen schätzen dabei das mittelschwere Kaelble-Fahrgestell vor allem wegen der hohen Zugkräfte, die es ermöglichen, auch schwerere Baumaschinen ohne die Hilfe einer teuren Spezialzugmaschine von einer Baustelle auf die andere zu transportieren. Da solche Transporte für die meisten Betriebe jedoch nicht zum Alltag gehören, kann die handliche K 610 Z mit einer Geschwindigkeit von 60 km/h in der übrigen Zeit zum wirtschaftlichen Transport von Baustoffen eingesetzt werden.

Das begrenzte Einsatzspektrum der wendigen, aber stabilen K 610 läßt bei den Händlern keine rechte Freude aufkommen. Nach nur 52 gebauten Fahrzeugen beider Fahrgestellvarianten verschwindet die K 610 bereits Anfang 1952 wieder aus dem Angebot.

K 610 K

K 610 Z auf Auslieferungsfahrt mit einer PR 125

Typ		**K 610**	
Motor		GN 110 s	
	Leistung	120 PS bei 1600 1/min	
	Weitere Daten	6-Zylinder-Reihen-Viertakt-Dieselmotor Bohrung 110 mm, Hub 170 mm Hubraum 9,7 l wassergekühlt, Druckumlaufschmierung, elektr. Anlasser	
Lenkung		ZF-Rosslenkung (Spindelgetriebe)	
Kupplung		Zweischeiben-Trockenkupplung	
Getriebe		Gmeinder 5-Gang-Getriebe FG 40, ein Rückwärtsgang Hinterachsgetriebe mit Differential	
Antriebsformel		4x2	
Bremse		Druckluftbremse auf beide Achsen wirkend Mech. Feststellbremse auf Hinterachse wirkend	
Geschwindigkeiten		6,5 / 11,5 / 23 / 40 / 60 km/h	
Fahrerhaus		Fahrerhaus für drei Personen	
Radstand		K 610 Z: 2970 mm	K 610 K: 3900 mm
Aufbau (LxBxH)	K 610 Z: K 610 K:	Pritsche 2340 x 2360 x 600 mm Dreiseiten-Kipper 3200 x 2360 x 450 mm	
Bereifung		6-fach 10.00-20	
Abmessungen (LxBxH)	K 610 Z: K 610 K:	5720 x 2440 x 2400 mm 6650 x 2440 x 2400 mm	
Leergewicht mit Aufbau		ca. 6000 kg	ca. 6500 kg
zul. Gesamtgewicht		12000 kg	
wichtiges Zubehör		Anhängerkupplung, Drucklufthorn, Zentralschmierung, Seilwinde 4 t	

K 612 LL mit Schwalbennest der Spedition Barth aus Berlin

Der im Spätsommer 1952 erhältliche K 612 ersetzt den bisherigen Typ K 610 im Programm. Er hat mit seinem Vorgänger nur noch den Motor gemein und ist eigentlich eine völlige Neukonstruktion. Dies dokumentiert Kaelble im Typencode mit der Endziffer „2“. Als Weiterentwicklung des K 610 hätte die Typenbezeichnung eigentlich K 611 lauten müssen.

Durch die Anhebung des Gesamtgewichtes vom K 630 L zum K 631 L von 14 auf 16 t besteht im Kaelble-Programm wieder eine Lücke in der Fahrzeugklasse um 14 t. Genau auf dieses Marktsegment zielt der neue K 612 L. Angetrieben wird das Fahrzeug von dem bekannten Sechszylinder-Dieselmotor GN 110 s. Seine Motorleistung von 120 PS überträgt er auf ein Sechsganggetriebe aus dem Hause ZF. Die Höchstgeschwindigkeit des Fahrzeugs beträgt 60 km/h. Unabhängig von der Ausführung als Lastwagen, Zugmaschine oder Kipper ist das Fahrzeug auf der Ebene in der Lage, ein Gesamtzuggewicht von 270 t zu bewegen. Bei einer Steigung von 10 Prozent reduziert sich dieser Wert im ersten Gang auf 36 t.

Für besonders schwere Einsatzfälle wird das ZF-Getriebe in Berggang-Ausführung eingebaut. Die Fahrgeschwindigkeit reduziert sich dann zwar auf 54 km/h, die Zugleistung aber steigt im gleichen Verhältnis an.

Durch den Einbau einer verstärkten Bereifung besteht die Möglichkeit, das zulässige Gesamtgewicht des K 612 von 13,8 auf 14,7 t zu steigern. So erhöht sich bei fast unverändertem Leergewicht die Nutzlast um 900 kg.

Um für alle Kundenwünsche das passende Fahrzeug anbieten zu können, sind bereits serienmäßig drei Radstände lieferbar. Zu ihnen gehört die Zugmaschine mit 3400 mm, der LKW und der Dreiseitenkipper mit 4870 mm und das verlängerte Lastwagenfahrgestell des Typs K 612 LL mit 5700 mm. Trotz der Vielfalt werden auf Sonderwunsch auch Radstände von 5200, 4500, 4050 und 3900 mm realisiert. Der neue Rahmen ist im Vergleich zur K 610 Z höher angeordnet und ergibt so ein besonders aufbaufreundliches Fahrgestell.

KV 612 KF beim Langholztransport im Schwarzwald

K 612 L/145 wird an seiner Geburtsstätte mit Stahlteilen beladen

Neben dem neuen Rahmen und Antriebsstrang haben die Kaelble-Ingenieure auch ein neues Fahrerhaus konstruiert. Es bietet nun für max. vier Personen Platz. Ausführungen mit Schlafkabine oder als Doppelkabiner sind lieferbar. Die Motorhaube erhält, anstelle der bei der K 610 verwendeten senkrechten Schlitze, seitliche Abdeckungen mit Lüftungsgittern. Die Stoßstange wird vorne abgerundet und verschließt den Raum zu den Kotflügeln durch eine Trittplatte. Frühe Fahrzeuge des Typs K 612 besitzen an der vorderen Stoßstange auf Rahmenbreite zwei eingelassene Abschleppösen. In späteren Jahren wird diese aufwendige und für den Schubbetrieb von

K 612 Z/145

Anhängern ungeeignete Bauweise zugunsten einer in Fahrzeugmitte angebrachten Abschleppkupplung aufgegeben.

Ab 1953 sind auch Frontlenker-Fahrgestelle, teilweise sogar mit Allradantrieb, lieferbar. Neben dem auch für die „Normallenker"-Fahrzeuge erhältlichen Allradantrieb führt Kaelble mit den Frontlenkern auch für die anderen Typen eine neue Hinterachsübersetzung für eine Endgeschwindigkeit von 70 km/h ein.

Ab Oktober 1955 sind alle Fahrzeuge mit dem neuen Dieselmotor GN 115 s ausgestattet. Durch seine um 5 mm vergrößerte Bohrung und die dadurch entstandenen Hubraumsteigerung auf 10,5 l beträgt die Motorleistung nun 145 PS. Der Zusatz /145 in der Typenbezeichnung weist auf den neuen Motor hin.

Auch ein Sattelschlepperfahrgestell mit einem Radstand von 4500 mm findet sich nun im Programm. Neben vereinzelten Zugmaschinen, die zumeist zusammen mit Scheuerle-Tiefladern über Scheuerle ins Ausland exportiert wurden, kann Kaelble über ein Hamburger Exportbüro allein 87 Fahrzeuge der Typen K 612 L/145, K 612 LL/145 nach Syrien, Jordanien und in den Irak liefern. Die Fahrzeuge verfügen fast ausnahmslos über einen veränderten und verstärkten Rahmen.

Zusammen mit einem Werkstattaufbau von Matra werden weitere 22 Fahrzeuge des Typs K 612 L/145 mit einer Rotzler Vorbau-Seilwinde nach Kolumbien geliefert.

Zwischen 1952 und 1956 gelingt es Kaelble, 333 Fahrzeuge vom Typ K 612 abzusetzen.

Typ	**K 612**			**K 612/145**	
Motor	GN 110 s			GN 115 s	
Leistung	120 PS bei 1600 1/min			145 PS bei 1600 1/min	
Weitere Daten	6-Zylinder-Reihen-Viertakt-Dieselmotor Bohrung 110 mm, Hub 170 mm Hubraum 9,7 l			6-Zylinder-Reihen-Viertakt-Dieselmotor Bohrung 115 mm, Hub 170 mm Hubraum 10,5 l	
	wassergekühlt, Druckumlaufschmierung, elektr. Anlasser				
Lenkung	ZF-Rosslenkung (Spindelgetriebe)				
Kupplung	Zweischeibenkupplung				
Getriebe	ZF 6-Gang-Getriebe AK 6-75, ein Rückwärtsgang Hinterachsgetriebe mit Differential				
Antriebsformel	4x2				
Bremse	Druckluftbremse auf beide Achsen wirkend Mech. Feststellbremse mit Federspeicherbremszylinder auf Hinterachse wirkend				
Geschwindigkeiten	6 Gänge: 6,6 / 10,5 / 16 / 24,5 / 38 / 60 km/h auf Wunsch: max. 54 oder 70 km/h				
Fahrerhaus	Fahrerhaus für vier Personen, Frontlenker: drei Personen				
Radstand	Z: 3400 mm	S: 4500 mm	K: 4870 mm	L: 4870 mm	LL: 5700 mm
Aufbau (LxBxH) z.B. Z:	Pritsche 2800 x 2350 x 600 mm				
K:	Dreiseiten-Kipper 4500 x 2350 x 450 mm				
L:	Pritsche 5000 x 2350 x 600 mm				
LL:	Pritsche 6000 x 2350 x 600 mm				
Bereifung	6-fach 11.00-20, auch 11.00-20 eHD verstärkt oder 12.00-20 K 612 Z: 10.00-20				
Abmessungen (LxBxH) z.B. Z:	6100 x 2480 x 2650 mm				
K:	8570 x 2480 x 2700 mm				
L:	8220 x 2480 x 2700 mm				
LL:	9210 x 2480 x 2700 mm				
Leergewicht mit Aufbau	ca. 6200 kg		ca. 7800 kg	ca. 7720 kg	ca. 7400 kg
zul. Gesamtgewicht	12000 kg	13800 kg			
mit verstärkter Bereifung		14700 kg			
wichtiges Zubehör	Anhängerkupplung, Drucklufthorn, Zentralschmierung, Seilwinde 4 t Zugkraft				

Die Bundesbahn und Kaelble – eine alte Tradition wird fortgesetzt

Die Anfangsjahre

Nach dem Krieg und der Aufteilung Deutschlands in die vier Besatzungszonen der alliierten Siegermächte hat man sich sehr schnell zur Wiederaufnahme des Bahnverkehrs geeinigt. Anfänglich sollte der Bahnverkehr einheitlich gesteuert werden. Dies scheiterte jedoch am Einspruch Frankreichs, so daß in allen vier Besatzungszonen eigenständige Bahnverwaltungen eingerichtet wurden.

Durch den Zusammenschluß der amerikanischen und britischen Besatzungszone zur Bizone im September 1946 ist ab Oktober die erste gemeinsame Bahnverwaltung geschaffen worden. Die Bahn wurde Deutsche Reichsbahn im vereinigten Wirtschaftsgebiet genannt.

Neben dem normalen Zugverkehr mußten von der Reichsbahn natürlich auch Straßentransporte durchgeführt werden. Bahnstrekken, die durch Kriegsschäden vom restlichen Streckennetz abgetrennt

Zwei Z 6 R 2A 130 von 1948 mit einer Lokomotive im Fuldatal

Foto: Bildsammlung Horvay

waren, mußten mit Lokomotiven und Wagen versorgt werden. Aber auch der normale „Haus-zu-Haus-Verkehr" wurde wieder aufgenommen. Für solche Schwertransporte waren die bekannten Culemeyer-Roller ein ideales Werkzeug.

Mit diesen Rollern hatte die Reichsbahn natürlich wieder einen großen Bedarf an Schwerlastzugmaschinen. Glücklicherweise konnte die Bahnverwaltung in der Bizone auf 82 Kaelble-Zugmaschinen aus dem Bestand der ehemaligen Reichsbahn und der „Wehrmacht" zurückgreifen. Es handelte sich dabei um ein kunterbuntes Sammelsurium von Maschinen der Typen Z 4 GR, Z 6 R, Z 6 R 2A 100 und Z 6 W 2A 130. Sogar die als Jumbo bekannte Z 6 R 3A befindet sich im Fahrzeugbestand. 75 Zugmaschinen nimmt die Reichsbahn in Betrieb, die übrigen sieben Maschinen dienen als Ersatzteilspender.

Speziell die starken, an die „Wehrmacht" gelieferten Zugmaschinen Z 6 W 2A 130 bewähren sich bei zahlreichen Transporten. Die Reichsbahn, wie auch die spätere Bundesbahn, hält an diesen Maschinen fest. Kaelble liefert neben neuen Seilwinden und Motoren selbst zu Anfang der fünfziger Jahre noch neue Fahrerhäuser für die inzwischen recht betagten Zugmaschinen.

1948 erhält die Reichsbahn von Kaelble noch einmal fünf neue „Wehrmacht"-Zugmaschinen, die nun auf die Typenbezeichnung Z 6 R 2A 130 hören. Erstaunlich ist dabei vor allem, daß diese Maschinen nicht mehr aus alten, von der Kriegsproduktion zurückgebliebenen Teilen produziert wurden. Die Schlüsselbaugruppen wie Motor, Getriebe und Achsen waren neu gefertigt. Im Gegensatz zu den aus den Beständen der „Wehrmacht" stammenden Zugmaschinen besitzen die fünf neuen Fahrzeuge eine Ballastpritsche mit abklappbaren Bordwänden aus Holz und keinen Blechaufbau mehr.

Nach der Gründung der Bundesrepublik Deutschland im Mai 1949 wird aus der Deutschen Reichsbahn im Vereinigten Wirtschaftsgebiet am 7. September 1949 die Deutsche Bundesbahn. Neben der Bahnverwaltung aus der Bizone ist nun auch die bisher französisch kontrollierte Bahnverwaltung in die Deutsche Bundesbahn eingegliedert.

K 625 Z Foto: Lichtbildstelle der Bundesbahndirektion Nürnberg

K 630 ZR beim Schwertransport durchs Schwabenländle

Foto: Bildsammlung Horvay

Ein neuer Zugmaschinentyp

Mit der K 625 Z erhält die Deutsche Reichsbahn im Frühjahr 1949 eine neue, speziell auf ihre Verhältnisse zugeschnittene Schwerlastzugmaschine. Das zweiachsige Fahrzeug ist bedeutend wendiger als die bisherigen Dreiachser.

Kaelble greift für die Konstruktion auf den Lastkraftwagen K 625 L zurück. Das Fahrgestell wird verkürzt. Unter der kurzen Ballastpritsche ermöglicht eine 5 t Seilwinde das selbsttätige Umsetzen von Wagen auf den Straßenroller.

Den großen Zuggewichten Rechnung tragend, verstärkt Kaelble die Hinterachsaufhängung des Fahrzeugs. Das Gmeinder Sechsgang-Getriebe SG 60 S sorgt für eine ausreichende Abstufung der Fahrgeschwindigkeit des maximal 40 km/h schnellen Gefährts.

Diese, eigentlich für den Straßenrollerbetrieb beschafften Zugmaschinen, werden von der Bundesbahn auch für Rangierarbeiten eingesetzt. Hierzu werden einige Zugmaschinen zur Aufnahme von Drehgestellen umgerüstet, die das so entstandene Zweiwege-Fahrzeug auf dem Gleis halten. Vorne wird die Zugmaschine so weit angehoben, bis die Vorderachse keinen Kontakt zur Fahrbahn mehr hat. Die Hinterräder stehen auf dem Gleis und sorgen so für den Antrieb des einfachen Schienenfahrzeuges. Die Verbindung zu den zu transportierenden Lasten werden durch Kuppelstangen hergestellt. Auf Pufferbohlen wird bewußt verzichtet.

Mit dem Modellwechsel des K 625 L zum K 630 L und der Steigerung der Motorleistung auf 150 PS wird aus der K 625 Z die K 630 ZR. Durch die Ergänzung „R" in der Typenbezeichnung soll die Sonderausführung für die Reichs-/Bundesbahn dokumentiert werden.

Äußerlich unterscheidet sich die 150 PS-Maschine von ihren

Typ		K 625 Z	K 630 ZR
Motor		GN 125 s	GN 130 s
	Leistung	130 PS bei 1400 1/min	150 PS bei 1400 1/min
	Weitere Daten	6-Zylinder-Reihen-Viertakt-Dieselmotor	
		Bohrung 125 mm, Hub 180 mm Hubraum 13,2 l	Bohrung 130 mm, Hub 180 mm Hubraum 14,3 l
		wassergekühlt, Druckumlaufschmierung, elektr. Anlasser	
Lenkung		ZF-Rosslenkung (Spindelgetriebe)	
Kupplung		Zweischeibenkupplung	
Getriebe		Gmeinder 6-Gang-Getriebe SG 60 S, ein Rückwärtsgang Hinterachsgetriebe mit Differential	
Antriebsformel		4x2	
Bremse		Druckluftbremse auf beide Achsen wirkend Mech. Feststellbremse auf Hinterachse wirkend	
Geschwindigkeiten		3,3 / 5,5 / 10,5 / 20 / 28 / 40 km/h	
Fahrerhaus		Fahrerhaus für vier Personen	
Radstand		3500 mm	
Aufbau (LxBxH)	K 625 Z: K 630 ZR:	Ballastpritsche 2900 x 2400 x 250 mm Ballastpritsche 2500 x 2400 x 500 mm	
Bereifung		6-fach 12.00-20	
Abmessungen (LxBxH)	K 625 Z: K 630 ZR:	5575 x 2500 x 2540 mm 5175 x 2500 x 2540 mm	
zul. Gesamtgewicht		13400 kg	14000 kg
wichtiges Zubehör		Anhängerkupplung, Stoßvorrichtung an vord. Stoßstange, Pendelwinker, Peilstangen ausziehbar bis 3000 mm, Seilwinde 5 t; 75 m Stahlseil Sandstreuer für Antriebsachsen	

Vorgängern durch die erstmalig eingesetzte Rahmenverkleidung unterhalb der Ballastpritsche. Auf ihr findet auch der Sandvorrat Platz, der zur Steigerung der Traktion vor der Hinterachse auf die Fahrbahn rieseln kann.

Mit dem Baujahr 1952 findet auch eine auf dem LKW K 631 L basierende Zugmaschine Einzug in den Fuhrpark der Bundesbahn. Eigens für die Schwerlastzugmaschinen der Bahn hat man bei Kaelble ein neues Sechsganggetriebe, das SK 112, entwickelt. Als Besonderheit bietet es neben sechs Vorwärts- auch vier Rückwärtsgänge. Obwohl in Backnang entwickelt, werden die Getriebe bei Gmeinder in Mosbach gefertigt. Dort hat man ehedem eine jahrzehntelange Erfahrung mit der Herstellung von Zahnrädern und Getrieben.

K 630 ZR mit einer Diesellokomotive V 200 für eine Ausstellung in München 1953

Die Fahrzeuge des Baujahres 1952 sind mit dem vom Lastkraftwagen bekannten, modernisierten Fahrerhaus ausgestattet. Unter der vollverkleideten Ballastpritsche befindet sich am Fahrzeugheck eine neu konstruierte Seilwinde mit einer Zugkraft von 8 t. Wie schon die alte 5 t Seilwinde wird das neue Aggregat über eine Gelenkwelle vom Nebenabtrieb des Getriebes angetrieben. Eine automatische Seilführung sorgt dafür, daß sich das Stahlseil beim Aufwickeln nebeneinanderlegt und auf der Seiltrommel nicht überkreuzt.

Für die zunehmenden Spezialtransporte mit stetig steigender Last wünscht man sich bei der

K 631 ZR, Baujahr 1952; Für Rangierarbeiten bei Schwertransporten gab es bei einigen Zugmaschinen die Möglichkeit, mit Hilfe von Drehgestellen auf Schienen zu fahren Foto: Bildsammlung Horvay

Bundesbahn eine Zugmaschine mit noch größerer Zugkraft. Mit allradgetriebenen Fahrzeugen vom Typ KV 631 ZRF erfüllt Kaelble im Jahr 1952 diesen Wunsch. Bei den zweiachsigen Frontlenkern handelt es sich um eine Mischung aus der typischen Bundesbahnzugmaschine und den für das französische Militär hergestellten Frontlenker-Sattelschleppern. Die Bahn erhält nur zwei Fahrzeuge des Typs KV 631 ZRF, die für zahlreiche spektakuläre Schwertransporte eingesetzt werden.

Der Bedarf an Schwerlastzugmaschinen ist bei der noch jungen Bundesbahn sehr groß. Allein zwischen den Jahren 1952 und 1953 liefert Kaelble 82 Zugmaschinen aus. Mit dem Baujahr 1953 verändert sich das äußere Erscheinungsbild der Fahrzeuge. Die seitlichen Motorverkleidungen an der breiteren Motorhaube sind nun mit Lüftungsgittern, anstelle der bisherigen senkrechten Schlitze, ausgestattet. Die vordere Stoßstange ist an den Ecken abgerundet, reicht bis zu den Kotflügeln und dient somit als zusätzliche Trittplatte.

Wie schon bei den früheren Fahrzeugen sind die in der Stoßstange eingelassenen Peilstangen auf eine Breite von 3,6 m ausziehbar. Die Fahrzeugrahmen sind so stabil dimensioniert, daß die Möglichkeit besteht, bis zu drei Zugmaschinen im Verbund zum Ziehen

KV 631 ZRF beim Transport einer Bessemer-Birne Foto: Bildsammlung Horvay

KV 631 ZRF im Auslieferungszustand

oder Schieben schwerer Lasten einzusetzen. Will man mehrere Zugmaschinen aneinanderkuppeln, so muß an der vorderen Stoßstange eine zusätzliche Anhängerkupplung montiert werden. Diese wird nur angebaut, wenn sie wirklich benötigt wird.

Die im Schwertransport besonders hohen Antriebskräfte werden vom Achskörper mittels eines stabilen Stützarmes auf den Rahmen übertragen. Die Fahrzeugfedern werden so, im Gegensatz zu anderen Fahrzeugen, nicht mit den Schubkräften belastet.

Mit dem Baujahr 1953 werden erstmals zehn allradgetriebene Zugmaschinen in Normallenker-Ausführung an die Bahn geliefert. Diese sind hauptsächlich für den Einsatz im Schwertransport gedacht. Durch den über ein Verteilergetriebe während der Fahrt zuschaltbaren Vorderradantrieb werden die Motorhaube und das Fahrerhaus der KV 631 ZR/53 deutlich höher, als bei der lediglich mit Hinterradantrieb versehenen K 631 ZR/53. Dadurch wirken die allradgetriebenen Fahrzeuge bulliger als die übrigen Zugmaschinen. Der Allradantrieb ist nur auf schwierigem Untergrund zu benutzen. Das fehlende Längsdifferential zwischen Vorder- und Hinterachse hätte auf griffigen Fahrbahnen Verspannungen im Antriebsstrang zur Folge, die einen erhöhten Reifenverschleiß mit sich bringen.

Während die Fahrzeuge des Baujahres 1952 noch mit einer Endgeschwindigkeit von 58 km/h glänzen konnten, bestellt die Bundesbahn ab dem Lieferjahr 1953 ihre Fahrzeuge mit einer größeren Achsübersetzung, die die Geschwindigkeit auf schwertransporttaugliche 50 km/h begrenzt.

Um Schäden an den Straßenrollern vorzubeugen, sind alle Zugmaschinen mit Warneinrichtungen ausgestattet, die sowohl mit einer Kontrollampe als auch mit einem Summton den Fahrer vom Erreichen des maximalen Lenkeinschlages am Anhänger informiert.

Im Juli 1954 transportiert die K 631 ZR/53 Teile für den Bau der Neckarschleuse in Marbach

Eine K 631 ZR/53 mit einem gedeckten Güterwagen im Haus-zu-Haus-Verkehr

Gefälligere Karosserien

Mit dem Baujahr 1956 verändert sich das Design der technisch nahezu unveränderten Zugmaschinen. Das Fahrerhaus erhält die bei den übrigen Straßenfahrzeugen bereits eingeführten Panoramascheiben. Neben der äußeren Veränderung der Kabine ändert sich aber auch unter dem Blechkleid einiges. Bisher bestanden die Fahrerhäuser aus einem mit Blech beplanktem Holzgerippe. Dieses wurde mit dem Baujahr 1956 durch ein Stahlgerippe ersetzt. Die Ganzstahlkabinen waren deutlich stabiler und besser vor Verrottung zu schützen als ihre Vorgänger. Gleichzeitig werden die Außenkanten der Kühlerverkleidung mit gefälligen Radien versehen. Die 1956 gelieferten KV 631 ZR/56 sind ausnahmslos mit zweireihigen Fahrerkabinen ausgestattet. Sie bieten Platz für maximal acht Personen. Die Bordwände der Ballastpritsche sind im Gegensatz zu den bisher gelieferten Fahrzeugen aus Stahlblech hergestellt und an der Seite nicht abklappbar.

KV 631 ZR/56 mit Scheuerle-Tieflader Foto: Scheuerle Werksarchiv

Zur Schonung der Brücke fährt die nagelneue KV 631 ZR/58 voraus und zieht ihre Last mit der Seilwinde herüber Foto: Bildsammlung Horvay

Bei der KV 631 ZR/56 ist erstmals das erweiterte Getriebe SKV 112 im Einsatz. Es ist den allradgetriebenen Zugmaschinen vorbehalten. Seine Vorschaltgruppe schafft aus dem bekannten SK 112 zwölf Vorwärts- und acht Rückwärtsgänge. Speziell für Rangierarbeiten sind so minimale Fahrgeschwindigkeiten um zwei km/h realisierbar. Da jedoch der Antriebsstrang nicht auf die hohen, in der kleinen Fahrstufe möglichen, Drehmomente ausgelegt ist, darf in den Kriechgängen nur mit max. 50 % Motorleistung gefahren werden.

Die Baujahre 1958, 1960 und 1961 unterscheiden sich kaum von den Fahrzeugen von 1956. Lediglich die Rückspiegel sind von den Peilstangen an den vorderen Kabinenholm verlegt worden. Seit dem Baujahr 1960 wird auf die ausziehbaren Peilstangen verzichtet. Die Fahrzeuge vom Typ KV 631 ZR/58 und /60 sind genau wie die K 631 ZR/58 ,/60 und /61 mit einreihigen Fahrerkabinen ausgestattet. Damit die Bordwand der Allradmaschinen ebenfalls bis an die Fensterunterkante des Fahrerhauses reicht, ist sie 650 anstelle 450 mm hoch.

Um auch auf glattem Untergrund ausreichend Traktion zu haben, sind seit 1958 alle Fahrzeuge mit Splittstreuern versehen.

Die in die Ballastpritsche eingebauten Splittbehälter sind in der Lage, bis zu 1100 kg Splitt aufzunehmen. Während die Allradfahrzeuge mit Tellerstreuern ausgestattet sind, besitzen die Fahrzeuge mit nur einer angetriebenen Hinterachse Spurstreuer. Diese Besonderheit hat Aufbauten mit unterschiedlicher Anordnung der Kraftstofftanks zur Folge. Um bei beiden Fahrzeuggattungen die Aufbauten einheitlich zu gestalten, ist ab dem Baujahr 1963 nur noch der Tellerstreuer eingebaut.

Typ	K 631 ZR	KV 631 ZR(F)
Motor	GN 130 s	
Leistung	150 PS bei 1400 1/min	
Weitere Daten	6-Zylinder-Reihen-Viertakt-Dieselmotor Bohrung 130 mm, Hub 180 mm, Hubraum 14,3 l wassergekühlt, Druckumlaufschmierung, elektr. Anlasser	
Lenkung	ZF-Rosslenkung (Spindelgetriebe)	
Kupplung	Zweischeibenkupplung	
Getriebe	Gmeinder 6-Gang-Getriebe SK 112 N, vier Rückwärtsgänge zwei Nebenantriebe Hinterachsgetriebe mit Differential	Gmeinder 6-Gang-Getriebe SKV 112 N mit Vorschaltgruppe, zwölf Vorwärts-, acht Rückwärtsgänge, zwei Nebenantriebe bis 1956: SK 112 N Verteilergetriebe ohne Differential Achsgetriebe mit Differentialen
Antriebsformel	4x2	4x4
Bremse	Westinghouse-Druckluftbremse auf beide Achsen wirkend Mech. Feststellbremse mit Federspeicherbremszylinder auf Hinterachse wirkend	
Geschwindigkeiten K 631 ZR, KV 631 ZRF: K(V) 631 ZR/53 - K(V) 631 ZR/61: KV 631 ZR in Vorschaltstufe:	 4,4 / 7,6 / 13 / 23,5 / 42 / 58 km/h 3,8 / 6,5 / 11 / 20 / 36 / 50 km/h 1,9 / 3,25 / 5,5 / 10 / 18 / 25 km/h	
Fahrerhaus	Fahrerhaus für vier Personen, Frontlenker drei Personen, Doppelkabine acht Personen	
Radstand	3500 mm	
Aufbau (LxBxH) z.B. KV 631 ZRF: K 631 ZR: KV 631 ZR:	Ballastpritsche 3440 x 2420 x 450 mm Ballastpritsche 2750 x 2420 x 450 mm Ballastpritsche 2750 x 2420 x 650 mm	
Bereifung ab 1956:	6-fach 12.00-20 6-fach 12.00-20 eHD	
Abmessungen (LxBxH) z.B. KV 631 ZRF: K 631 ZR/53: KV 631 ZR/53: K 631 ZR/60: KV 631 ZR/60:	6560 x 2480 x 2900 mm 6750 x 2480 x 2700 mm 6750 x 2480 x 2870 mm 6300 x 2480 x 2800 mm 6300 x 2480 x 3000 mm	
zul. Gesamtgewicht	14600 kg*	KV 631 ZRF: 15000 kg 15500 kg*
	* Aufgrund gesetzlicher Einschränkungen betrug zwischen 1956 und 1960 das zul. Gesamtgewicht der Fahrzeuge 12 t (siehe hierzu auch Kap. 12). Die angegebenen Werte waren mit Ausnahmegenehmigung möglich.	
max. Zuggewicht im 1. Gang	285 t (auf der Ebene) 100 t (bei 5 % Steigung)	325 t (auf der Ebene) 115 t (bei 5 % Steigung)
wichtiges Zubehör	100 t Anhängerkupplung Rockinger Typ 56, Peilstangen ausziehbar bis 3600 mm Seilwinde 8 t; 50 m Stahlseil ab 1953: Zentralschmierung ab 1958: Splittstreuer für Antriebsachsen	

Mit gesteigerter Motorleistung

Erstaunlicherweise spiegelt sich die Umbenennung der Reichsbahn in Deutsche Bundesbahn lange Zeit nicht in den Typenbezeichnungen der an die Bahn gelieferten Kaelble-Zugmaschinen wieder. Erst mit dem Baujahr 1962, bei der Einführung der K 632 ZB, ändert sich bei Kaelble diese Besonderheit.

Obwohl im normalen Programm der 150 PS starke GN 130 s bereits 1953 durch den 30 PS stärkeren GO 130 s ergänzt wurde, hat die Bundesbahn lange am bewährten GN-Motor festgehalten.

Stetig steigende Transportgeschwindigkeiten hatten jedoch zur Folge, daß die nur 50 km/h schnellen Maschinen speziell bei der Leerfahrt nicht mehr zeitgemäß waren. Eine höhere Fahrgeschwindigkeit bedarf jedoch einer größeren Motorleistung.

Die K(V) 632 ZB/62 wird mit einer Endgeschwindigkeit von 75 km/h und einer Leistung von 230 PS beiden Forderungen gerecht. Der Turbolader verhilft dem normal nur 192 PS starken Motor zu seiner hohen Leistung.

Im Gegensatz zu den Vorgängern findet eine neu entwickelte Motorbaureihe Verwendung. Der M 130 sT schöpft seine Kraft aus einem auf 11,9 l reduzierten Hubraum bei einer bei Kaelble bisher ungewöhnlichen Motordrehzahl von 2100 1/min. Mit der neuen Baureihe betritt Kaelble Neuland. Die noch nicht vollständig ausgereiften Motoren machen den Backnangern große Probleme. Sie fallen vor allem durch gerissene Zylinderköpfe auf. Der allgemein als modern geltende Einsatz von Dreifach-Zylinderköpfen macht sich hier besonders negativ bemerkbar. Auch die Bundesbahn bleibt von diesen Ausfällen nicht verschont, was sich in den sich häufenden Bestellungen von Ersatzmotoren bemerkbar macht. Ab 1964 findet der mit Einzelzylinderköpfen ausgestattete M 230 sT in den Zugmaschinen Verwendung. Mit den Einfach-Zylinderköpfen umgeht man das Risiko der Spannungsrisse durch unterschiedliche Wärmeausdehnung am Zylinderkopf.

Seit 1962 ist in der vorderen Stoßstange ein stabiles Zugmaul eingebaut. Bei Verbundfahrten mit mehreren Maschinen kann deshalb auf den Anbau einer separaten Anhängerkupplung verzichtet werden.

Zwei Fahrzeuge des Typs KV 632 ZB/62 werden für Langstreckentransporte mit einem verlängerten Fahrerhaus mit Schlafkabine ausgestattet.

Die seit 1953 übliche Nennung des Lieferjahres in der Typenbezeichnung ändert sich im Jahr

K 632 ZB/62 und KV 631 ZR/56 mit einem Glättezylinder auf dem Voith-Werksgelände Foto: Voith Werksarchiv

KV 632 ZB/62 mit einem 209 t schweren Transformator Foto: Bildsammlung Horvay

1963. Rückwirkend zu den ersten Lieferungen an die Bundesbahn werden die Fahrzeuge nun nach ihren Bauserien benannt. Die Zugmaschinen des Baujahres 1963 entstammen der elften Serie. Demzufolge lautet die Typenbezeichnung K(V) 632 ZB/11.

Der Wunsch nach immer größeren Motorleistungen führt 1964 zu einem besonderen Einzelstück. Aus einer Lieferung von acht Zugmaschinen des Typs KV 632 ZB/12 wird ein Fahrzeug versuchsweise mit einem 300 PS-leistenden Achtzylinder-V-Motor vom Typ M 140 a ausgestattet. Aufgrund des gewaltigen Hubraumes von 18,8 l kann auf den Einbau eines Turboladers verzichtet werden. Äußerlich ist dieses Fahrzeug, neben dem 300-PS-Schild am Kühlergrill, an den beiden Luftansaugstutzen auf der Motorhaube und der Super-Single-Bereifung an der Hinterachse zu erkennen. Anscheinend hat sich das Fahrzeug aber nicht bewährt, da

Einzelstück mit 300 PS-Motor: KV 632 ZB/12/300

K 632 ZB/14

KV 632 ZB/14

KV 632 ZB/62 mit Schlafkabine

KV 632 ZB/13 mit Hiab-Ladekran

die Bundesbahn in den ab 1968 folgenden Bestellungen lieber den 270 PS-starken Sechszylindermotor vom Typ MD 230 sT ordert. Dieser, nun als Direkteinspritzer arbeitende Motor ist eine Weiterentwicklung des M 230 sT.

Neben den in der bekannten Ausführung gelieferten Maschinen des Typs K 632 ZB, sie dienen hauptsächlich für den Straßenrollerverkehr, werden zwischen 1968 und 1971 von der KV 632 ZB immer wieder Sonderausführungen geliefert. Zu ihnen gehören neben den zweireihigen Fahrerhäusern auch zwei Fahrzeuge mit einem Ladekran am Fahrzeugheck. Speziell für den Antrieb des über der Seilwinde montierten Hiab-Kranes lohnt sich der bisher ungenutzte zweite Nebenabtrieb am Getriebe. Seit der Einführung des SK 112 befindet sich am Getriebe ein speziell für den Antrieb einer Hydraulikpumpe gedachter, zuschaltbarer Abtrieb.

Typ	K 632 ZB		KV 632 ZB
Motor	ab 1962: M 130 sT	ab 1964: M 230 sT	ab 1968: MD 230 sT
Leistung	230 PS bei 2100 1/min		270 PS bei 2100 1/min
Weitere Daten	Vorkammer-		Direkteinspritzer-
	6-Zylinder-Reihen-Viertakt-Dieselmotor mit Turbolader		
	Dreifach-Zylinderköpfe	Einfach-Zylinderköpfe	
	Bohrung 130 mm, Hub 150 mm, Hubraum 11,9 l wassergekühlt, Druckumlaufschmierung, elektr. Anlasser		
Lenkung	ZF-Spindel-Hydrolenkung		
Kupplung	Zweischeibenkupplung		
Getriebe	Gmeinder 6-Gang-Getriebe SK 112 N, vier Rückwärtsgänge zwei Nebenantriebe Hinterachsgetriebe mit Differential		Gmeinder 6-Gang-Getriebe SKV 112 N mit Vorschaltgruppe, zwölf Vorwärts-, acht Rückwärtsgänge, zwei Nebenantriebe Verteilergetriebe ohne Differential Achsgetriebe mit Differentialen
ab 1971	ZF 5 S-110 GP acht Vorwärts-, zwei Rückwärtsgänge, ein Kriechgang		ZF 5 S-110 GP acht Vorwärts-, zwei Rückwärtsgänge, ein Kriechgang 2-Gang Verteilergetriebe ZF GA 800
Antriebsformel	4x2		4x4
Bremse	Westinghouse-Druckluftbremse auf beide Achsen wirkend Mech. Feststellbremse mit Federspeicherbremszylinder auf Hinterachse wirkend		
Geschwindigkeiten			
K(V) 632 ZB:	5,6 / 9,6 / 16,4 / 30 / 54 / 75 km/h		
KV 632 ZB in Vorschaltstufe:	2,8 / 4,8 / 8,2 / 15 / 27 / 37,5 km/h		
ab 1971: K 632 ZB/15:	5 / 7,7 / 10,5 / 14,3 / 19,5 / 26,4 / 35,9 / 49 / 67 km/h		
KV 632 ZB/15 in Fahrstufe 2:	2,6 / 4 / 5,5 / 7,5 / 10,2 / 13,8 / 18,8 / 25,7 / 35 km/h		
Fahrerhaus	Fahrerhaus für vier Personen, Doppelkabine acht Personen		
Radstand	3500 mm		
Aufbau (LxBxH) z.B. K 632 ZB/13:	Ballastpritsche 2510 x 2330 x 460 mm		
KV 632 ZB/13:	Ballastpritsche 2680 x 2330 x 650 mm		
Bereifung	6-fach 12.00 R 20 PR 16		
Abmessungen (LxBxH) z.B. K 632 ZB/13:	6435 x 2500 x 3120 mm		
KV 632 ZB/13:	6435 x 2500 x 3210 mm		
zul. Gesamtgewicht	14400 kg		15400 kg
max. Zuggewicht im 1. Gang	285 t (auf der Ebene) 100 t (bei 5 % Steigung)		325 t (auf der Ebene) 115 t (bei 5 % Steigung)
wichtiges Zubehör	100 t Anhängerkupplung Rockinger Typ 56, Seilwinde 8 t; 50 m Stahlseil Splittstreuer für Antriebsachsen Zentralschmierung		

Am Ende einer langen Zusammenarbeit

Im Jahr 1971 verlassen die letzten Fahrzeuge vom Typ K(V) 632 ZB/15 die Backnanger Werkshallen. Verglichen mit den Vorgängern sind erstmals Getriebe von der Zahnradfabrik Friedrichshafen in den Bundesbahnzugmaschinen eingebaut. Durch das sich abzeichnende Ende des Motorenbaus bei Kaelble hat jedoch auch die letzte Stunde für den Kaelble-Motor MD 230 sT geschlagen. Er wird 1971 zum letzten Mal verbaut.

Doch nicht nur bei Kaelble geht eine erfolgreiche Zeit zu Ende. Die Deutsche Bundesbahn stellt den Regelverkehr mit den Straßenrollern ein. Nach Ansicht der Hauptverwaltung der Bahn macht die aus Amerika stammende Erfindung des Containers den Haus-zu-Haus-Verkehr von ganzen Güterwagen überflüssig. Der Container kann sowohl auf dem Schiff, dem Güterwagen und dem Lastkraftwagen befördert werden. Dabei glänzt er vor allem mit einem besonders geringen Eigengewicht.

1972 bestellt die Bundesbahn ein letztes Mal zweiachsige Zugmaschinen bei Kaelble. Die 17 Maschinen des Typs K(V) 633 ZB/16 werden im Frühjahr 1973 geliefert. Als Antriebsquelle greift man auf den 320 PS-starken Zehnzylindermotor OM 403 aus dem Hause Daimler-Benz zurück.

Um den neuen Motor im Fahrzeug unterzubringen, wird die Motorhaube im Vergleich zur K(V) 632 ZB/15 etwas breiter, fällt aber steiler nach vorne ab.

Ebenfalls geändert hat man bei der KV 633 die bisher für Kaelble-Zugmaschinen charakteristische Form der Außenplaneten an der angetriebenen Vorderachse.

Ansonsten ist das Fahrzeug baugleich mit den im Jahr 1971 gelieferten Maschinen.

Mit der K(V) 633 ZB/16 endet die lange und erfolgreiche Zusammenarbeit zwischen der Deutschen Bundesbahn und Kaelble. Immerhin wurden zwischen 1948 und 1973 437 Zugmaschinen an die Bundesbahn geliefert.

Die speziell für die Bundesbahn entwickelten Fahrzeuge waren nicht ausschließlich der Bahn vorbehalten. Selbstverständlich konnte jeder Privatunternehmer eine „Bundesbahnzugmaschine" bei Kaelble bestellen. Üblicherweise waren die wenigen, an Privatkunden gelieferten Zugmaschinen, ohne eine Vollverkleidung der Ballastpritsche ausgestattet.

K 633 ZB/16 Foto: Günther Krämer

KV 633 ZB/16

KV 633 ZB/16 – eine der wenigen Zugmaschinen für die Bundesbahn, die ab Werk mit einer Plane versehen waren

Diese KV 631/180 ZR wurde im Dezember 1956 an die schwedische Staatsbahn geliefert

Größter ausländischer Kunde war die schwedische Staatsbahn. Sie erhielt zwischen 1955 und 1959 13 Zugmaschinen vom Typ KV 631/180 ZR, die abgesehen vom 180 PS-starken Motor GO 130 s in ihrer Ausführung ungefähr den in diesen Jahren an die DB gelieferten Fahrzeugen entsprachen.

Selbst Ende der siebziger Jahre hat man noch Fahrzeuge des Typs KV 633 ZB der Privatindustrie angeboten. Bei einem Stückpreis von 262.000,-- DM ist es jedoch nicht verwunderlich, daß kein Auftrag zustande kam. Ein mit dem gleichen Motor ausgestattetes allradgetriebenes Dreiachsfahrgestell von Mercedes-Benz bekommt man bereits für knapp 70 % dieses Preises.

Diese KV 632 ZB ging nach der IAA 1963 an die Firma August Alborn in Dortmund

Typ	K 633 ZB/16	KV 633 ZB/16
Motor	Daimler-Benz OM 403	
Leistung	320 PS bei 2500 1/min	
Weitere Daten	10-Zylinder-V-Viertakt-Direkteinspritzer-Dieselmotor Bohrung 125 mm, Hub 130 mm, Hubraum 15,9 l wassergekühlt, Druckumlaufschmierung, elektr. Anlasser	
Lenkung	ZF-Spindel-Hydrolenkung	
Kupplung	Zweischeibenkupplung	
Getriebe	ZF 5 S-110 GP acht Vorwärts-, zwei Rückwärtsgänge, ein Kriechgang	ZF 5 S-110 GP acht Vorwärts-, zwei Rückwärtsgänge, ein Kriechgang 2-Gang Verteilergetriebe ZF VG 800-4
Antriebsformel	4x2	4x4
Bremse	Westinghouse-Druckluftbremse auf beide Achsen wirkend Mech. Feststellbremse mit Federspeicherbremszylinder auf Hinterachse wirkend	
Geschwindigkeiten		
K 633 ZB/16:	5,6 / 8,5 7 11,5 7 15,8 / 21,4 / 29 / 39,4 / 54 / 74 km/h	
KV 633 ZB/16 in Fahrstufe 1:	5,2 / 7,9 / 10,8 / 14,7 / 20 / 27,1 / 36,9 / 50,4 / 69 km/h	
KV 633 ZB/16 in Fahrstufe 2:	2,7 / 4,1 / 5,6 / 7,7 / 10,5 / 14,2 / 19,3 / 26,4 / 36 km/h	

Fahrerhaus	Fahrerhaus für max. vier Personen	
Radstand	3500 mm	
Aufbau (LxBxH) K 633 ZB/16: KV 633 ZB/16:	Ballastpritsche 2500 x 2330 x 450 mm Ballastpritsche 2680 x 2330 x 650 mm	
Bereifung	6-fach 12.00 R 20 / 16 PR	
Abmessungen (LxBxH)	6435 x 2500 x 3120 mm	6435 x 2500 x 3210 mm
Leergewicht:	10600 kg	10200 kg
zul. Gesamtgewicht	14400 kg	16000 kg
wichtiges Zubehör	100 t Anhängerkupplung Rockinger Typ 56, Seilwinde 8 t; 50 m Stahlseil Splittstreuer für Antriebsachsen Zentralschmierung	

Serie	Zulassungsnummer	Typ	Baujahr	Motor	Bemerkungen
	DB 47-006 - DB 47-007	Z 6 R 2A 130	1948	GN 125 s (130 PS)	
	DB 47-057 - DB 47-059	Z 6 R 2A 130	1948	GN 125 s (130 PS)	
1	DB 47-074 - DB 47-078	K 625 Z	1949	GN 125 s (130 PS)	
2	DB 47-093 - DB 47-102	K 630 ZR	1949	GN 130 s (150 PS)	
3	DB 47-121 - DB 47-152	K 631 ZR	1952	GN 130 s (150 PS)	
	DB 47-153 - DB 47-154	KV 631 ZRF	1952	GN 130 s (150 PS)	Frontlenker, Schlafkabine
4	DB 47-171 - DB 47-225	K 631 ZR/53	1953/54	GN 130 s (150 PS)	
	DB 47-226 - DB 47-235	KV 631 ZR/53	1953/54	GN 130 s (150 PS)	
5	DB 47-247 - DB 47-256	K 631 ZR/56	1956	GN 130 s (150 PS)	
	DB 47-257 - DB 47-271	KV 631 ZR/56	1956/57	GN 130 s (150 PS)	Fahrerhaus zweireihig
6	DB 47-272 - DB 47-305	K 631 ZR/58	1958	GN 130 s (150 PS)	
	DB 47-306 - DB 47-323	KV 631 ZR/58	1958	GN 130 s (150 PS)	
7	DB 47-324 - DB 47 331	K 631 ZR/60	1960	GN 130 s (150 PS)	
	DB 47-332 - DB 47-333	KV 631 ZR/60	1960	GN 130 s (150 PS)	
8	DB 47-334 - DB 47-350	K 631 ZR/61	1961	GN 130 s (150 PS)	
9	DB 47-351 - DB 47-359	K 632 ZB/62	1962	M 130 sT (230 PS)	
	DB 47-360 - DB 47-368	KV 632 ZB/62	1962	M 130 sT (230 PS)	
10	DB 47-369 - DB 47-391	K 632 ZB/62	1962/63	M 130 sT (230 PS)	
	DB 47-392 - DB 47-406 DB 47-393 - DB 47-394	KV 632 ZB/62	1963	M 130 sT (230 PS)	 mit Schlafkabine
11	DB 47-407 - DB 47-420	K 632 ZB/11	1963/64	M 130 sT (230 PS)	
	DB 47-421 - DB 47-427	KV 632 ZB/11	1963/64	M 130 sT (230 PS)	
12	DB 47-428 - DB 47-458	K 632 ZB/12	1964/65	M 230 sT (230 PS)	
	DB 47-459 - DB 47-465	KV 632 ZB/12	1964/65	M 230 sT (230 PS)	
	DB 47-466	KV 632 ZB/12-300	1965	M 140 a (300 PS)	Hinterachse einfachbereift
13	DB 47-467 - DB 47-471	K 632 ZB/13	1968	MD 230 sT (270 PS)	
	DB 47-472 - DB 47-479	KV 632 ZB/13	1968	MD 230 sT (270 PS)	
	DB 47-480	KV 632 ZB/13	1969	MD 230 sT (270 PS)	Hiab-Ladekran Typ 174
	DB 47-481 - DB 47-482	KV 632 ZB/13	1968/69	MD 230 sT (270 PS)	mit Retarder
	DB 47-483 - DB 47-486	KV 632 ZB/13	1968/69	MD 230 sT (270 PS)	Fahrerhaus zweireihig
14	DB 47-487 - DB 47-499	K 632 ZB/14	1970	MD 230 sT (270 PS)	
	DB 47-500 - DB 47-510	KV 632 ZB/14	1970	MD 230 sT (270 PS)	
15	DB 47-511 - DB 47-537	K 632 ZB/15	1971	MD 230 sT (270 PS)	
	DB 47-600 - DB 47-608	KV 632 ZB/15	1971	MD 230 sT (270 PS)	
	DB 47-609	KV 632 ZB/15	1971	MD 230 sT (270 PS)	Hiab-Ladekran Typ 174
16	DB 47-691 - DB 47-695	K 633 ZB/16	1973	DB OM 403 (320 PS)	
	DB 47-732 - DB 47-743 DB 47-733 - DB 47-737	KV 633 ZB/16	1973	DB OM 403 (320 PS)	 mit Plane
	DB 47-744	KDVW 421 ZB	1980	DB OM 404 (420 PS)	siehe Kap. 14

Panoramascheiben bestimmen das Programm

Der wendige Alleskönner

Im Jahr 1954 beginnt man bei Kaelble mit einer grundlegenden Modellpflegeaktion. Hierdurch sollte das gesamte Straßenfahrzeugprogramm optisch und technisch modernisiert werden.

Den Anfang macht die kleine, speziell für Transporte im Nahbereich konzipierte K 410 Z. Sie wird durch die neue K 415 Z ersetzt. Neben der Baugröße und dem Motor hat dieses Fahrzeug nicht mehr viel mit seinem erfolgreichen Vorgänger gemein.

Das auffälligste Unterscheidungsmerkmal sind die gerundeten Karosserieformen. Neben der Kühlerverkleidung macht sich dies vor allem am Fahrerhaus bemerkbar. Die weiterhin zweigeteilte Frontscheibe wird nun an den Außenkanten abgerundet. Die neuen Panoramascheiben sind im Gegensatz zu den planen Vorgängern nicht mehr ausstellbar. Die Ausstellfenster waren bei den Fahrern sehr beliebt, um im Sommer etwas Frischluft in die Kabine eindringen zu lassen. Durch die stetig steigenden Tranportgeschwindigkeiten wurde jedoch aus einem angenehmen Luftzug ein unangenehmer Windstoß. Kaelble hat, wie auch andere Hersteller, deshalb sehr gerne zugunsten einer einfacheren und trotzdem besseren Abdichtung auf dieses Zubehör verzichtet.

Die Fahrerhäuser sind serienmäßig mit einer Heizung ausgestattet. Hierzu wird in die Frischluftzuführung der Kabine ein kleiner vom Kühlwasser des Motors durchströmter Wärmetauscher eingebaut. Kaelble bezeichnet seine Fahrerhausbelüftung und Heizung sogar sehr werbewirksam als Klimaanlage. Fahrerhausheizungen ebnen sich in den frühen fünfziger Jahren nur langsam ihren Weg in die Grundausstattung eines Lastkraftwagens.

Familientreffen: K 415 Z, K 680 L

Die K 415 Z sorgt für warme Stuben

Mit der K 415 Z waren erstmals Fahrerhäuser in Ganzstahlbauweise ins Kaelble-Programm eingezogen. Bisher waren die Kabinen aus Holzgerippen aufgebaut. Diese müssen sehr aufwendig gegen Feuchtigkeit und damit Fäulnis geschützt werden. Um eine den neuen Stahlgerippen ähnliche Stabilität zu erhalten, mußten die Holzstärken deutlich erhöht werden. Bei gleichen Außenmaßen würde so der verfügbare Platz für das Fahrpersonal merklich eingeschränkt.

Wie schon bei der K 410 Z sind bei der neuen Kleinzugmaschine aus dem Hause Kaelble zahlreiche Fahrerhausvarianten lieferbar. Neben der einreihigen Kabine mit Platz bis zu drei Personen wird auch ein zweireihiges Fahrerhaus für sechs Personen angeboten. Die große Kabine ist sowohl mit drei als auch mit vier Türen lieferbar. Beliebt sind diese Großraumfahrerhäuser vor allem bei den Kunden, die besonders personalintensive Tätigkeiten ausführen. Neben Möbelspediteuren sind Bauunternehmer oder auch Brennstoffhändler dankbare Abnehmer für diese Fahrerhäuser.

Zusätzlich zu den äußeren Veränderungen wird aber auch das Herzstück der neuen Zugmaschine grundlegend überarbeitet. Der bekannte Vierzylindermotor GN 110 v wird durch Anheben der Motordrehzahl und Vergrößerung des Hubraumes als GN 115 v auf eine Leistung von 95 PS gebracht. Auf besonderen Wunsch hätte der GN 115 v aber auch mit einer auf 80 PS gedrosselten Motorleistung geliefert werden können. Gebaut wurde eine solche Zugmaschine nie.

Das bisher verbaute Gmeinder-Getriebe FG 30 konnte die gesteigerten Leistungen des Motors nicht mehr verkraften. Die aus der Z 4 GR von 1934 stammende Konstruktion mußte dringend ersetzt werden. Da das kleine Getriebe jedoch nur in der K 415 Verwendung finden sollte, kam eine eigene Entwicklung aus wirtschaftlichen Überlegungen nicht in Frage. Die Konstrukteure haben deshalb auf das 6-Gang-Getriebe AK 6-55 der Zahnradfabrik Friedrichshafen zurückgegriffen. Um sowohl dem Kunden, der Schwertransporte durchführt, als auch dem Eiltransporteur das passende Fahrzeug zu bieten, ist das Getriebe in zwei

Ausführungen lieferbar. Serienmäßig wird die K 415 Z mit dem AK 6-55 in der Berggangversion geliefert. Dies bedeutet ein max. Zug-gewicht von 220 t im ersten Gang. Die Höchstgeschwindigkeit beträgt 50 km/h. In der als Sonderausführung lieferbaren Schnellgangversion kann die Maschine im ersten Gang immerhin noch 150 t bewegen. Die Höchstgeschwindigkeit beträgt jedoch 70 km/h.

Kaelble hat sein Fahrzeug auf ein Gesamtzuggewicht von 40 t ausgelegt. Hierzu passend befindet sich am Heck eine Rockinger-Kupplung für 35 t Anhängelast. Neben der kleinen Ballastpritsche rundet, wie bei Kaelble üblich, eine Seilwinde mit einer Zugkraft von 4 t das Zubehörpaket für die K 415 Z ab.

Wie schon von der K 410 Z hat man bei Kaelble auf Basis der K 415 Z auch wieder Flugzeugschlepper gebaut. Zwei dieser lediglich mit einer abklappbaren Windschutzscheibe ausgestatteten Fahrzeuge wurden nach Italien geliefert.

Auch von der K 415 Z bietet man ein Kipper-Fahrgestell mit einem auf 3700 m verlängerten Radstand an. Durch den so entstandenen K 415 K sollte, wie schon beim Vorgänger, ein Fahrzeug in der Nutzlastklasse um 3,5 t zur Verfügung stehen. Aufgrund der hohen Leergewichte der Fahrzeuge konnte Kaelble aber zwischen 1955 und 1957 nur drei Kipper-Fahrgestelle absetzen.

Mit dem letzten K 415 K vom Januar 1957 hat sich das Backnanger Stadtbauamt einen wahren Exoten in den städtischen Fuhrpark geholt. Bisher hatte man dort keinen Lastkraftwagen aus heimi-

Engagierte Kaelble-Mitarbeiter verhalfen dieser K 415 Z von 1961 zu neuem Glanz
Foto: Alexander Luig

K 415 Z mit schwerer Last im norddeutschen Flachland

K 415 K/3900 im Dienste der Stadt Backnang

scher Produktion im Einsatz. Mit der Beschaffung eines neuen Müllsammelfahrzeugs sollte dies jedoch geändert werden. Speziell für die Aufnahme eines 6 m³ Haller Müllsammelaufbaus hat man bei Kaelble ein Sonderfahrgestell geschaffen mit einem Radstand von 3900 mm und einem auf 915 mm erhöhten hinteren Überhang.

Neben den, auch bei der Stadtverwaltung obligatorischen, Kaelble-Straßenwalzen hat die, in grauer Farbgebung gelieferte, K 415 K/3900 das Backnanger Straßenbild in den ausgehenden fünfziger und frühen sechziger Jahren bereichert.

Die K 415 Z war durch ihr ausgewogenes Design und ihre hervorragenden Leistungsdaten sehr beliebt. Bis zur Einstellung der Produktion im Jahr 1961 wurden immerhin 291 Einheiten gebaut. Zahlreiche dieser wendigen Fahrzeuge sind bis heute bei kleinen Schaustellerbetrieben im Einsatz. Erstaunlich ist dabei vor allem, daß kein Schausteller in den Bestellunterlagen bei Kaelble erscheint. Alle dort bis heute erhaltenen Geräte sind wohl als Gebrauchtmaschinen in deren Besitz gekommen. Besonders beliebt waren dabei die von der Deutschen Bundespost ausgemusterten Fahrzeuge. Speziell bei den Fahrzeugen der Post konnte man davon ausgehen, daß während der regulären Einsatzdauer keine übermäßige Beanspruchung durch Schwertransporte aufgetreten war. Die Post hat die Zugmaschinen hauptsächlich zum Transport von Paketanhängern und Anhängern der Fernmeldeeinheiten genutzt.

Typ	**K 415**	
Motor	GN 115 v	
Leistung	95 PS bei 1700 1/min	
Weitere Daten	4-Zylinder-Reihen-Viertakt-Dieselmotor Bohrung 115 mm, Hub 170 mm Hubraum 7,05 l wassergekühlt, Druckumlaufschmierung, elektr. Anlasser	
Lenkung	ZF-Rosslenkung (Spindelgetriebe)	
Kupplung	Einscheiben-Trockenkupplung	
Getriebe	ZF Sechsganggetriebe AK 6-55 wahlweise in Berggang- oder Schnellgangausführung	
Antriebsformel	4x2	
Bremse	Druckluftbremse auf beide Achsen wirkend Mech. Feststellbremse auf Hinterachse wirkend	
Geschwindigkeiten	Berggangausführung (Serie) 5,3 / 9 / 13,2 / 20,5 / 31,2 / 50 km/h Schnellgangausführung (auf Wunsch) 7,4 / 12,8 / 20,4 / 32 / 50 / 70 km/h	
Fahrerhaus	1-reihiges Fahrerhaus für drei Personen 2-reihiges Fahrerhaus für sechs Personen	
Radstand K 415 Z: K 415 K:	2500 mm 3700 mm	
Aufbau (LxBxH)	Einfachkabine: Pritsche 1630 x 1960 x 550 mm	Doppelkabine: Pritsche 1020 x 1960 x 550 mm
Bereifung	6-fach 7.5-20 eHD oder 8.25-20 eHD	
Abmessungen (LxBxH) K 415 K/3900:	4580 x 2070 x 2465 mm 6500 x 2250 x 2835 mm	4670 x 2070 x 2465 mm
Leergewicht ohne Seilwinde: mit Seilwinde: K 415 K/3900:	4800 kg 5000 kg 6600 kg	4950 kg 5150 kg
zul. Gesamtgewicht mit Bereifung: 7,5-20 eHD: mit Bereifung 8,25-20 eHD: K 415 K/3900:	 7000 kg 8000 kg 9800 kg	 7000 kg 7800 kg
max. Zuggewicht im 1. Gang	Normalausführung: 220 t auf der Ebene, 38 t bei 10 % Steigung Schnellverkehrsausführung: 150 t auf der Ebene, 27 t bei 10 % Steigung	
wichtiges Zubehör	Anhängerkupplung für 35 t Anhängelast, Seilwinde 4 t Zugkraft mit 50 m Stahlseil	

Mittelschwere Fahrzeuge

Nach Fertigstellung der K 415 begann man bei Kaelble mit den Arbeiten am Nachfolger des K 612. Das neue mittelschwere Fahrzeug soll, wie die kleine K 415 Z, mit einer Ganzstahlkabine und mit Panoramascheiben ausgestattet sein. Auf der IAA im Herbst 1955 debütiert der K 645 erstmals vor größerem Publikum.

Das Fahrzeug wird anfänglich in drei Fahrgestellvarianten angeboten. Der klassische, mit Haubenfahrerhaus ausgeführte Kipper K 645 K, der als Frontlenker erscheinende Lastkraftwagen K 645 LF und die Sattelschleppervariante K 645 SF bilden den Grundstock der neuen Baureihe. Das Frontlenkerfahrerhaus ist serienmäßig mit einer Schlafkabine ausgestattet. Im Gegensatz zum K 612 gibt es vom K 645 keinen Lastkraftwagen in Haubenausführung.

Die von Verkehrsminister Seebohm eingeleiteten restriktiven Gesetze für den Straßengüterverkehr lassen den Haubenlastwagen aufgrund der eingeschränkten Lastzuglängen unrentabel werden.

Nur kurz nach Erscheinen des K 645 schlägt der gefürchtete Verkehrsminister wieder zu. In der Hoffnung, den Güterfernverkehr zwangsweise an die Bundesbahn zu binden, werden ab März 1956 die zulässigen Gesamtgewichte eines Lastzuges von 40 t auf 24 t begrenzt. Das zulässige Gesamtgewicht eines zweiachsigen Fahrzeugs wird auf 12 t beschränkt. Wie für die anderen deutschen Hersteller ist dies für Kaelble ein herber Rückschlag. Ist doch die neue Baureihe mit 15 t Gesamtgewicht bereits zu schwer ausgefallen, um als Fuhrunternehmer die Fahrzeuge sinnvoll einsetzen zu können. Bei Kaelble startet man zwar sofort mit der Entwicklung eines gesetzeskonformen Fahrzeuges, man ist aber gezwungen, bis dahin den K 645 LF, SF und den K 645 K zu verkaufen.

Einzig als Zugmaschine besteht für Kaelble eine Chance, den K 645 längere Zeit der deutschen Kundschaft anzubieten. Ab Sommer 1956 ist deshalb eine Zugmaschine des Typs K 645 Z mit einem zulässigen Gesamtgewicht von 12 t lieferbar. Alle Fahrzeuge der Baureihe K 645 besitzen den Sechszylindermotor GN 115 s, der bei 1700 Mo-

K 645 LF von Kässbohrer veredelt

Die K 645 K liefert 1959 Baumaterial für das neue Werk 2, den heutigen Stammsitz von Kaelble

torumdrehungen eine Motorleistung von 145 PS abgibt. Das ZF-Sechsgang-Getriebe AK 6-55 kann sowohl in Berg- als auch in Schnellgangausführung geliefert werden. Es lassen sich so Endgeschwindigkeiten von 60 bzw. 68 km/h realisieren.

Ab Juli 1957 besteht die Möglichkeit, durch den Einbau eines Abgasturboladers die Motorleistung auf 180 PS zu erhöhen. Als Einzelstück wurde ein Sattelschlepperfahrgestell mit einer Motorleistung von 192 PS gebaut. Viele Kunden nutzen die höhere Motorleistung zum Einbau einer kleineren Hinterachsübersetzung. Die Endgeschwindigkeit beträgt dann 80 km/h.

Bereits im Jahr 1958 verschwinden die Lastkraftwagen des

Für den SL 600 wurde der erste Radlader-Vorführzug mit einer K 645 SF-Tbl. beschafft

K 645 wieder aus dem Programm bei Kaelble. Von den 80 produzierten Einheiten wurden 65 % bis zum Jahr 1956 ausgeliefert. Die K 645 Z war bis 1960 im Lieferprogramm. Von ihr konnten immerhin 44 Fahrzeuge abgesetzt werden. Wie fast schon üblich, bestand bei der Zugmaschine neben der Getriebeausführung auch die Wahlmöglichkeit zwischen dem ein- oder zweireihigen Fahrerhaus und der Verwendung einer Seilwinde mit 4 t Zugkraft.

K 645 Z

Typ	K 645			
Motor	GN 115 s		GN 115 sT	
Leistung	145 PS bei 1700 1/min		180 PS bei 1700 1/min mit Turbolader	
Weitere Daten	6-Zylinder-Reihen-Viertakt-Dieselmotor Bohrung 115 mm, Hub 170 mm, Hubraum 10,5 l wassergekühlt, Druckumlaufschmierung, elektr. Anlasser			
Lenkung	ZF-Rosslenkung (Spindelgetriebe)			
Kupplung	Einscheiben-Trockenkupplung			
Getriebe	ZF 6-Gang-Getriebe AK 6-55, ein Rückwärtsgang wahlweise in Berggang- oder Schnellgangausführung Hinterachsgetriebe mit Differential			
Antriebsformel	4x2			
Bremse	Druckluftbremse auf beide Achsen wirkend Mech. Feststellbremse mit Federspeicherbremszylinder auf Hinterachse wirkend			
Geschwindigkeiten Bergganggetriebe: Schnellganggetriebe: Turbomotor mit Schnellgang:	 6,4 / 11 / 17,6 / 27,6 / 42,8 / 60 km/h 7,2 / 12,4 / 18,1 / 28,2 / 42,8 / 68 km/h 8,5 / 14,6 / 21,3 / 33,2 / 50,3 / 80 km/h			
Fahrerhaus	einreihiges Fahrerhaus für vier Personen, Frontlenker: zwei Personen			
Radstand	Z: 2850 mm	K: 4550 mm	LF: 4450 mm	SF: 3200 mm
Aufbau (LxBxH) z.B. K: LF:	Dreiseiten-Kipper 4500 x 2320 x 450 mm Pritsche 6000 x 2350 x 600 mm			
Bereifung	6-fach 11.00-20 eHD verstärkt K 645 Z: 6-fach 10.00-20 eHD			
Abmessungen (LxBxH) z.B. Z (Doppelkabine): K: LF: SF:	 5600 x 2500 x 2730 mm 7700 x 2480 x 2700 mm 8025 x 2480 x 2885 mm 5490 x 2480 x 2885 mm			
Leergewicht mit Aufbau	ca. 6200 kg	ca. 7750 kg	ca. 7000 kg	ca. 5950 kg
zul. Gesamtgewicht	12000 kg	15000 kg		
techn. mögl. Gesamtgewicht		16300 kg		
max. Zuggewicht im 1. Gang	Berggangausführung: 270 t auf der Ebene, 47 t bei 10 % Steigung			
wichtiges Zubehör	Anhängerkupplung für 35 t Anhängelast, Seilwinde 4 t Zugkraft mit 50 m Stahlseil			

Schwere Fahrzeuge

Der K 631 L, das erfolgreichste Fahrzeug im Lieferprogramm, wird nur kurz nach der K 410 Z durch eine neue Baureihe ersetzt. Mit dem K 680 L wird das schwere Fernverkehrsfahrgestell auf das neue Design umgestellt. Wie die kleineren Fahrzeuge ist das Fahrerhaus jetzt in Ganzstahlbauweise ausgeführt. Neben den obligatorischen Panoramascheiben und der stark abgerundeten Motorhaube waren die technischen Unterschiede des K 680 zu seinem Vorgänger lange nicht so groß wie bei den kleineren Baureihen. Der Motor GO 130 s wurde genau wie das ZF-Getriebe AK 6-75 schon im K 631 eingesetzt. Bis Mitte 1955 war mit dem K 680 L/150 sogar eine lediglich 150 PS-starke Variante lieferbar. Herzstück dieser Fahrzeuge ist der seit langem bewährte Motor vom Typ GN 130 s. Spätestens seit Mitte 1955 werden jedoch nur noch Fahrzeuge mit dem 180 PS-Motor gebaut. Durch zwei lieferbare Hinterachsübersetzungen lassen sich Endgeschwindigkeiten zwischen 60 und 67 km/h erreichen.

K 680 L für die Kölner Spedition Oepen

Zu den zwei Fahrgestellvarianten als Lastkraftwagen und Kipper sind im Laufe des Jahres 1955 noch das Sattelschlepper- und das Zugmaschinenfahrgestell hinzugekommen. Es sind so wieder Radstände zwischen 3000 mm und 5500 mm lieferbar. Auch ein Frontlenkerfahrgestell wird angeboten. Es werden jedoch in den Jahren 56/57 nur zwei Fahrzeuge vom Typ K 680 LF gebaut. Neben dem einreihigen Fahrerhaus sind für die Haubenfahrgestelle auch zweireihige Kabinen sowie solche mit Schlafabteil lieferbar.

Wie bei den mittleren Baureihen, verläßt eine nicht unerhebliche Anzahl von Fahrgestellen das Backnanger Werk ohne Kabine. Die meisten dieser Maschinen werden durch den Ulmer Fahrzeughersteller Kässbohrer mit Fahrerhaus und Aufbau versehen.

Speziell für Schwertransporte hat man die K 680 Z mit einem zusätzlichen 2-Stufengetriebe ausgestattet. Dadurch hat sich die Anzahl der möglichen Fahrstufen auf zwölf erhöht. Es sind so bei Maximaldrehzahl des Motors besonders fein abgestufte Geschwindigkeiten zwischen 3,6 und 72 km/h realisierbar. Selbstverständlich war das Zusatzgetriebe auch für die anderen Fahrgestellvarianten lieferbar, so daß z.B. ein Bauunternehmer seinen Kipper auch schwertransporttauglich machen konnte.

Für die Zugmaschine können die Kunden die von den kleineren Fahrzeugen bekannte 4 t Seilwinde ordern. Im Gegensatz zu der auf Sonderwunsch ebenfalls erhältlichen 8 t Seilwinde der Bundesbahnzugmaschinen ist dieses Aggregat unter dem Rahmen am Fahrzeugheck angebracht. Der Bauraum für Aufbauten wird dadurch nicht beeinträchtigt.

Mit dem Baujahr 1955 haben die Kunden endlich die Möglichkeit, anstelle der rein mechanischen ZF-Lenkung eine ZF-Gemmer-Hydrolenkung zu erhalten. Speziell im Rangierbetrieb eine lohnende Investition, die die Fahrer ihrem Chef bei solch schweren Fahrzeugen nicht hoch genug danken konnten.

K 680 S/SW als Zugmaschine für die Beton- & Monierbau in Braunschweig

Dieses K 680 L-Chassis mit vergrößerten Kraftstofftanks ging zu Kässbohrer in Ulm

Schwertransporttauglich: KV 680 K-Tbl. mit Dreiseitenkipper

Mit Inkrafttreten der neuen Längen- und Gewichtsgrenzen für Lastzüge war dem K 680 L mit einem Schlag der deutsche Markt verwehrt. Sein hohes Eigengewicht, ausgelegt auf ein technisches Gesamtgewicht von 18,75 t, hätte unter Einhaltung der neuen 12 t-Grenze eine verbleibende Nutzlast von 4 t zur Folge gehabt.

Die wenigen noch verkauften Exemplare gingen entweder in den Export oder wurden von solchen Unternehmern geordert, die auf eine schnelle Aufhebung der Vorschriften hofften oder aber abseits öffentlicher Straßen größere Lasten zu befördern hatten.

Trotz rapide zurückgehender Absatzzahlen hat man bei Kaelble dem K 680 L die Treue gehalten. Hilfreich war hier sicherlich ein beachtlicher Exportauftrag. Zwischen 1958 und 1961 wurden 84 K 680 L/Export in die Türkei geliefert. Bei diesen Fahrzeugen handelt es sich um Fahrgestelle ohne Pritschenaufbau, die mit Fahrerhaus, jedoch ohne Heizung, vom Backnanger Bahnhof aus zu ihren Einsatzorten verschickt wurden.

Um die Fahrzeuge auch in Deutschland verkaufen zu können, hat man versucht, die Fahrzeuge für Spezialanwendungen tauglich zu machen.

Ein Produkt dieser Bestrebungen ist der K 680 SE. Es handelt sich dabei um einen, auf dem Sattelschlepperfahrgestell basierenden, straßentauglichen Muldenkipper. Ausgestattet mit einer Bereifung der Größe 12.00-24 EM Spezial und dem von der Zugmaschine bekannten Verteilergetriebe, war dieses Fahrzeug auf ein Gesamtgewicht von knapp 21 t ausgelegt. Man kann hier schnell erkennen, mit welchen Nutzlastreserven die Fahrgestelle des K 680 ausgestattet waren.

Seit September 1958 besteht die Möglichkeit, den K 680 auch mit einer Motorleistung von 225 PS zu ordern. Hierfür ist der Motor GO 130 sT mit einem Abgasturbolader versehen. Zusammen mit dem stärkeren Motor kann der K 680 L mit einem schneller übersetzten sechsten Gang bestellt werden. Es ist so eine autobahnfreundliche Endgeschwindigkeit von 77 km/h realisierbar.

Im Juli 1960 wurden die Zulassungsbedingungen für Schwerfahrzeuge etwas gelockert. Ein zweiachsiges Fahrzeug durfte wieder 16 t wiegen, der Lastzug 32 t. Es war nun wieder einfacher, den K 680 L in Deutschland zu verkaufen. Kaelble hatte jedoch mit dem K 680 L große Schwierigkeiten, war doch vom Flaggschiff der Straßen-Lkw kein Frontlenker verfügbar. Die Zeit der langen Motorhauben war auch nach der Lockerung der Beschränkungen für immer vorbei. Bei Kaelble hat man fortan mit Hochdruck an der Entwicklung eines neuen Frontlenkers für 16 t Gesamtgewicht gearbeitet. Die Baureihe K 680 wurde in Deutschland bis Ende 1961 hauptsächlich als Kipper verkauft. Die Produktion des K 680 fand im Januar 1963 mit der Lieferung des letzten Fahrzeuges in die Türkei ihr Ende.

Typ	K 680				
Motor	GO 130 s		GO 130 sT		
Leistung	180 PS bei 1600 1/min		225 PS bei 1600 1/min mit Turbolader		
Weitere Daten	6-Zylinder-Reihen-Viertakt-Dieselmotor Bohrung 130 mm, Hub 180 mm, Hubraum 14,3 l wassergekühlt, Druckumlaufschmierung, elektr. Anlasser				
Lenkung	ZF-Rosslenkung (Spindelgetriebe); ab 1955 wahlweise ZF-Gemmer-Hydrolenkung				
Kupplung	Mehrscheiben-Trockenkupplung				
Getriebe	ZF 6-Gang-Getriebe AK 6-75, ein Rückwärtsgang Auf Sonderwunsch Kaelble 2-Gang-Verteilergetriebe ZA 703 Hinterachsgetriebe mit Differential wahlweise zwei Übersetzungen				
Antriebsformel	4x2 ; KV 680 K: 4x4				
Bremse	Druckluftbremse auf beide Achsen wirkend Mech. Feststellbremse mit Federspeicherbremszylinder auf Hinterachse wirkend				
Geschwindigkeiten					
Hinterachse 1:7:	7,5 / 11,8 / 18,5 / 29 / 48 / 67 km/h				
Turbomotor mit Schnellgang:	8,4 / 13 / 20 / 31 / 48,4 / 77 km/h				
Hinterachse 1:8:	6,6 / 10,4 / 16,2 / 25,6 / 42,5 / 60 km/h				
mit 2-Gang-Verteilergetriebe					
Stufe 1:	3,6 / 5,6 / 8,9 / 14,3 / 23,2 / 32,2 km/h				
Stufe 2:	7,9 / 12,5 / 19,6 / 31,6 / 51,2 / 72 km/h				
Fahrerhaus	einreihiges Fahrerhaus für vier Personen, Frontlenker: zwei Personen				
Radstand	Z: 3000 mm	S: 4215 mm	K: 5000 mm	L: 5500 mm	LF: 4900 mm
Aufbau (LxBxH) z.B. K:	Dreiseiten-Kipper 4800 x 2320 x 500 mm				
L:	Pritsche 6000 x 2350 x 600 mm				
LF:	Pritsche 6500 x 2350 x 600 mm				
	Auf Wunsch: Bordwandhöhe 800 mm				
Bereifung	vorne 12.00-22 eHD verstärkt, hinten 4-fach 12.00-22 eHD K 680 SE: 6-fach 12.00-24 EM Spezial				
Abmessungen (LxBxH) z.B. Z:	6025 x 2480 x 2850 mm				
S:	6890 x 2480 x 2850 mm				
K:	8350 x 2480 x 2850 mm				
L:	9470 x 2480 x 2850 mm				
LF:	8950 x 2500 x 2750 mm				
Leergewicht mit Aufbau	ca. 7300 kg	ca. 7100 kg	ca. 8000 kg	ca. 7900 kg	8490 kg
K 680 SE:		ca.10400 kg			
zul. Gesamtgewicht	14750 kg	16000 kg			
techn. mögl. Gesamtgewicht	18200 kg		18750 kg		
K 680 SE:		20900 kg			
max. Zuggewicht im 1. Gang	330 t auf der Ebene, 57 t bei 10% Steigung (Hinterachse 1:8)				
wichtiges Zubehör	Anhängerkupplung für 35 t Anhängelast, Seilwinde 4 t oder 8 t Zugkraft				

Der Gesetzgeber fordert neue Konzepte

Der K 645 war das einzige Fahrzeug, das den ab März 1956 geltenden Zulassungsbeschränkungen am ehesten entsprach. Die Konstrukteure haben deshalb versucht, diese Baureihe schnellstmöglich an die neuen Vorschriften anzupassen. Die wichtigste Aufgabe war dabei sicherlich die Senkung des Leergewichtes. Das größte Einsparungspotential brachte hierbei der Motor GN 115 s. Er ist in der guten alten Kaelble-Motorentradition als langhubiger Langsamläufer gebaut. Diese Motoren erbringen ihre Motorleistung aus einem relativ großen Hubraum. Der große Hubraum ist jedoch die Ursache für das hohe Motorgewicht. Für die neu entstehende Baureihe K 650 kommt deshalb eine Neuentwicklung aus der M-Baureihe zum Einsatz. Bei gleichem Bohrungsdurchmesser wie sein Vorgänger erbringt der M 115 s seine Leistung von 150 PS aus nur 8,1 l Hubraum.

K 650 LF

Es ist jedoch hierfür eine auf 2400 1/min erhöhte Motordrehzahl erforderlich. Allein der Einsatz des neuen Motors erbrachte so einen Nutzlastgewinn von 360 kg. Ähnlich den größeren M-Motoren (siehe Kapitel 11) gibt es Schwierigkeiten mit dem M 115 s. Auch der kleine Sechszylinder hat Probleme mit gerissenen Zylinderköpfen. Schon im Oktober 1959 ersetzt man deshalb den Motor durch den weiterentwickelten, mit Einfachzylinderköpfen ausgestatteten M 215 s.

Weitere gewichtssenkende Maßnahmen wurden am Fahrerhaus und dem Fahrgestell unternommen. Das Frontlenkerfahrerhaus wird verkürzt, die Schlafkabine gehört nicht mehr zum Lieferumfang des Serienfahrzeuges. Sowohl beim Frontlenker- als auch dem Haubenfahrerhaus der Zugmaschine werden die Dachpartien flacher gestaltet. Hauptunterscheidungsmerkmal der Kabinen zum K 645 sind die an der Unterkante der Frontscheiben angebrachten Scheibenwischer. Beim „Normallenker"-K 645 sind diese an der

K 650 SF für die Brauerei Schultheiss, Berlin

K 650 Z

Dachpartie befestigt. Auch die Verkürzung der Fahrzeuglänge spart noch einmal Gewicht ein. Vergleicht man nun die Leergewichte des K 645 LF mit dem des K 650 LF, so ergibt sich ein Nutzlastvorteil von 1200 kg. Bei einem Gesamtgewicht von 12 t verbleibt beim K 650 LF eine Nutzlast von 6,4 t.

Neben den Frontlenkervarianten als Lastkraftwagen und Sattelzugmaschine werden ein Normallenker-Dreiseitenkipper mit Allradantrieb und eine Zugmaschine angeboten. Während beim Frontlenker das ZF-Getriebe S 6-55 Verwendung findet, werden in der Zugmaschine und dem Kipper KV 650 K das vom K 645 bekannte ZF AK 6-55 eingebaut. Das Zweistufen-Verteilergetriebe des Kippers verdop-

K 650 /3150 mit verlängertem Radstand und MIAG 5 t-Kran

Typ	K 650 LF, SF		K 650 Z, KV 650 K	
Motor	M 115 s ab 1959 M 215 s			
Leistung	150 PS bei 2400 1/min			
Weitere Daten	6-Zylinder-Reihen-Viertakt-Dieselmotor Bohrung 115 mm, Hub 130 mm, Hubraum 8,1 l wassergekühlt, Druckumlaufschmierung, elektr. Anlasser			
Lenkung	ZF-Gemmer-Lenkung			
Kupplung	Einscheiben-Trockenkupplung			
Getriebe	ZF 6-Gang-Synchromat-Getriebe S 6-55, ein Rückwärtsgang		ZF 6-Gang-Getriebe AK 6-55, Berggangausführung, ein Rückwärtsgang KV 650 K: 2-Stufen-Verteilergetriebe ZF VG 500	
Antriebsformel	4x2, KV 650 K: 4x4			
Bremse	Druckluftbremse auf beide Achsen wirkend Mech. Feststellbremse mit Federspeicherbremszylinder auf Hinterachse wirkend			
Geschwindigkeiten				
K 650 L(S)F, KV 650 K:	8,3 / 14,2 / 20,8 / 32,2 / 49 / 80 km/h			
KV 650 K im Geländegang:	4,5 / 7,7 / 11,2 / 17,4 / 26,5 / 42,2 km/h			
K 650 Z Schnellverkehrsausf.:	7,6 / 13 / 19,1 / 29,5 / 45 / 72 km/h			
K 650 Z Schwertransportausf.:	8 / 13,8 / 20,2 / 31,2 / 47,5 / 76 km/h			
Fahrerhaus	einreihiges Fahrerhaus für drei Personen, Frontlenker: zwei Personen			
Radstand	SF: 3000 mm	LF: 3650 mm	KV 650 K: 4150 mm	Z: 2850 mm
Aufbau (LxBxH) z.B. KV 650 K:	Dreiseiten-Kipper 4000 x 2320 x 400 mm			
K 650 LF:	Pritsche 5200 x 2350 x 500 mm			
Bereifung	6-fach 10.00-20 eHD K 650 Z Schnellverkehrsausführung: 6-fach 8.25-20 eHD K 650 Z Schwertransportausführung: 6-fach 9.00-20 eHD			
Abmessungen (LxBxH) z.B. K 650 Z:	5390 x 2490 x 2505 mm			
KV 650 K:	7250 x 2480 x 2770 mm			
K 650 LF:	7100 x 2480 x 2800 mm			
K 650 SF:	5100 x 2480 x 2800 mm			
Leergewicht mit Aufbau	ca. 5150 kg	ca. 5600 kg	ca. 6200 kg	ca. 5300 kg
zul. Gesamtgewicht	12000 kg	12000 kg	12000 kg	6000 kg Schnellv. 10000 kg Schwertr.
max. Zuggewicht im 1. Gang	225 t auf der Ebene, 24 t bei 17 % Steigung (K 650 Z Schwertransportausführung)			
wichtiges Zubehör	Anhängerkupplung, Seilwinde 4 t Zugkraft mit 50 m Stahlseil			

pelt die Anzahl der Fahrstufen. Im Geländegang kann ein auf vorschriftsmäßige 24 t ausgeladener Lastzug eine Steigung von 33 % erklimmen.

Bei der Zugmaschine gibt es eine Schnellverkehrs- und eine Schwertransportausführung. In der Schnellverkehrsausführung darf die Zugmaschine keine eigenen Lasten befördern. Sie ist dadurch steuerlich begünstigt. Die zulässige Anhängelast beträgt 18 t. In der Schwertransportversion kann die Zugmaschine aufgrund ihrer verstärkten Bereifung Lasten um 4 t befördern. Dadurch erhöht sich die Anhängelast auf 32 t.

Nach der Lockerung der Zulassungsbeschränkungen im Juli 1960 verliert der K 650 LF (SF) seine Berechtigung. Auch die Auflastung auf 14,2 t Gesamtgewicht durch den Einbau verstärkter Federpakete und die Möglichkeit, durch einen Abgasturbolader die Motorleistung auf 195 PS zu steigern, verhindern nicht mehr die Produktionseinstellung. Er verschwindet nach lediglich 16 gebauten Fahrzeugen wieder aus dem Kaelble-Programm. Vom Kipper KV 650 K wurde sogar nur ein Fahrzeug gebaut. Einzig die K 650 Z bleibt bis 1961 im Programm und bringt es immerhin auf 38 Einheiten.

Auf ein gänzlich neues Gebiet, nämlich den Leichtbau, wagt sich Kaelble im Auftrag der Deutschen Bundesbahn. Um bei den neuen Gewichtsgrenzen eine möglichst große Nutzlast befördern zu können, entsteht 1958, nach einjähriger Entwicklungszeit, mit der Frontlenker-Sattelzugmaschine K 651 SF ein wahres Leichtgewicht. Zugunsten eines Leergewichts von nur 3,2 t verzichtet man bei Kaelble auf den Einbau eines Motors aus eigener Fertigung. Als Antriebsquelle wählt man einen BMW V8-Vergasermotor, der mit seinen 150 PS normalerweise den BMW 507 antreibt. Vorder- und Hinterachse stammen vom K 650. Die Achsgewichte werden durch Leichtmetall-Bremstrommeln und eine Luftfederung an der Hinterachse reduziert. Neben den Felgen bestehen auch zahlreiche andere Bauteile, wie z. B. das Kupplungsgehäuse, aus Leichtmetall. Um die hohen Motordrehzahlen des Benzinmotors auf ein LKW-übliches Maß zu reduzieren, ist nach dem ZF Getriebe AK 5-33 ein Zusatzgetriebe angeflanscht. Das weit vor der Vorderachse angebrachte Frontlenker-Fahrerhaus liefert die Fa. Trutz aus Coburg. Seine Beplankung aus nur 2,5 mm starkem Polyester trägt maßgeblich zur Gewichtseinsparung bei.

Die Bundesbahn setzt die K 651 SF zusammen mit einem Ackermann-Spurläufer-Sattelauflieger ein. Dieser hat die besondere Eigenschaft, mit seinem Doppelachsaggregat in der Spur der Sattelzugmaschine zu laufen. An der Ladefläche sind vier Stützen angebracht. Mit ihnen kann der Auflieger angehoben werden. Sowohl die Zugmaschine als auch das Achsaggregat des Aufliegers kann man so von der Ladefläche trennen. Es bleibt ein besonders leichter Behälter zurück, der beim Transport auf der Bahn mit einem niedrigen Leergewicht glänzt.

Die Eignung als LKW-Motor haben anscheinend die Verantwortlichen der Bundesbahn und die Ingenieure bei Kaelble dem BMW-Motor nicht voll zugetraut. Parallel zur Entwicklung der K 651 SF mit BMW-Motor ging man deshalb daran, ein Fahrzeug mit einem Kaelble-Dieselmotor aufzubauen. Der luftgekühlte Sechszylinder LM 115 sT mit Abgasturbolader und das ZF-Getriebe AK 6-55 sind die Hauptursache für das auf 3,6 t angestiegene Leergewicht der Sattelzugmaschine. Ihr Radstand erhöht sich um 300 auf 2700 mm.

Der K 651 SF mit Kaelble-Motor ging im Juli 1959 an die Bundesbahn. Die sehr aufwendig hergestellten, mit großen Kompromissen lebenden Fahrzeuge konnten sich nicht durchsetzen. Es blieb bei insgesamt nur zwei hergestellten Einheiten.

K 651 SF mit BMW-Motor und Ackermann-Sattelauflieger

K 651 SF, BMW- (oben) und Kaelble-Motor (unten) im Vergleich

Dreiachser

Die Panoramascheiben-Baureihen bilden, wie schon die Vorgänger, die Basis schwerer Dreiachsfahrgestelle. Diese sind mit und ohne Allradantrieb lieferbar.

Nahtlos an die Kran- und Baggerfahrgestelle vom Typ KDV 631 BF anschließend werden 1954 äußerlich fast baugleiche Fahrzeuge des Typs KDV 680 BF-Ü gebaut. Auftraggeber ist nun nicht mehr O&K, sondern Krupp. Die Fahrgestelle wurden verstärkt. Bei Kaelble werden sie als überschwer bezeichnet. Die verstärkte Ausführung erlaubt das Verfahren des Kranfahrzeuges mit anhängender Last. Hierfür sind an der Fahrzeugfront Betonklötze mit einem Gewicht von 2 t angebracht. Die vor dem Fahrerhaus angebrachte 10 t Seilwinde erhöht zusätzlich das Kontergewicht für den Kranbetrieb.

Im Jahr 1955 bestellt die Fa. Wilhag für die US-Armee die ersten 18 von insgesamt 35 Kranfahrgestellen. Die Haubenfahrzeuge des Typs KDV 680 (Wilhag) sind mit der 8 t-„Bundesbahn-Seilwinde" und einer 10 t Frontwinde ausgestattet. Das Zweigang-Verteilergetriebe besitzt einen Schnellgang. Das Fahrzeug erreicht so eine Endgeschwindigkeit von 80 km/h. Bei Wilhag werden die KDV 680 mit einem hydraulisch angetriebenen Bergekran vervollständigt. Die Hauptaufgabe der KDV 680 ist das Abschleppen liegengebliebener Militärfahrzeuge. Durch den Allradantrieb und die Geländebereifung ist das Fahrzeug auch in der Lage, in schwierigem Gelände seine Aufgabe zu erfüllen. Der Kran hilft auch beim Materialumschlag und bei Reparaturarbeiten.

Die 1956 neu gegründete Bundeswehr hat einen riesigen Bedarf an Fahrzeugen. Neben der Vorstellung einer Sattelzugmaschine vom Typ KDV 832 S beteiligt sich Kaelble zusammen mit Wilhag an der Ausschreibung für Bergefahrzeuge. Speziell an die Wünsche der Bundeswehr angepaßt, werden die allradgetriebenen Fahrgestelle mit

KDV 680 BF-Ü für Krupp-Ardelt

Nach ihrem „Militärdienst" war die KDV 680 (Wilhag) ein beliebtes Fahrzeug für Abschleppunternehmer
Foto: Leonhard Fuchs

KDV 680 Z für die österreichische Mineralölverwaltung

luftgekühlten Dieselmotoren von Deutz ausgestattet. Wilhag ordert bei Kaelble drei Dreiachser des Typs KDV 680 BF(DL) und zwei zweiachsige KV 625 B(DL). Die bei den Fahrzeugen mit Panoramascheiben übliche Verschlüsselung der Motorleistung im Typencode verschleiert die Verwandtschaft zur Baureihe K 650. Bei den Kranfahrgestellen handelt es sich eigentlich um verstärkte KV 650 K mit einem 125 PS-leistenden Deutz-Motor.

Seit dem März 1956 dürfen Dreiachsfahrzeuge in Deutschland nur noch 18 t wiegen. Das zulässige Gesamtgewicht reduziert sich damit um 6 t.

Durch solche Einschränkungen verwundert es auch nicht, daß die Dreiachser des K 680 nur für Spezialeinsätze und Exportaufträge gebaut werden. Neben den Kranfahrgestellen ist die deutsche und österreichische Mineralöl- und Bergwerksindustrie der größte Abnehmer des KDV 680. Für deren Anwendungen werden die Zugmaschinen in den unterschiedlichsten Ausführungen gebaut. Frontlenker- und Haubenfahrerhäuser als Einfach- oder Doppelkabiner verlassen die Backnanger Werkshallen. Für die Spezialaufbauten und die Frontlenkerfahrerhäuser wird mehrfach auf die Unterstützung der Bremer Fa. Thiele zurückgegriffen.

Das einzige, reine Straßenfahrzeug der 180-PS-Klasse ist das im Kapitel 1 bereits erläuterte Drehleiterfahrgestell KD 680 LF. Es wurde 1957 mit einem verlängerten Radstand von 5160/1420 mm und einem Frontlenkerfahrerhaus für sechs Personen zu Metz nach Karlsruhe geliefert. Von dort ging das Fahrzeug, ausgestattet mit der größten Drehleiter der Welt, nach China.

Nach 66 gebauten Fahrzeugen endet die Produktion im Juni 1961 mit einer 225 PS-starken KDV 680 Z-T für die Preußische Bergwerks- und Hütten-AG in Hannover.

Typ	**KDV 680**	
Motor	GO 130 s	GO 130 sT
Leistung	180 PS bei 1600 1/min	225 PS bei 1600 1/min mit Turbolader
Weitere Daten	6-Zylinder-Reihen-Viertakt-Dieselmotor Bohrung 130 mm, Hub 180 mm, Hubraum 14,3 l wassergekühlt, Druckumlaufschmierung, elektr. Anlasser	
Lenkung	ZF-Rosslenkung (Spindelgetriebe); wahlweise ZF-Gemmer oder RMW Hydrolenkung	
Kupplung	Mehrscheiben-Trockenkupplung	
Getriebe	ZF 6-Gang-Getriebe AK 6-75, ein Rückwärtsgang Achsgetriebe mit Differential Kaelble 2-Gang Verteilergetriebe z.B. ZAA 700 oder ZA 702 oder ZA 713 Vorderachsantrieb zuschaltbar	
Antriebsformel	6x6	
Bremse	Druckluftbremse auf alle Achsen wirkend Mech. Feststellbremse mit Federspeicherbremszylinder auf Hinterachsen wirkend	
Geschwindigkeiten z.B. mit Getriebe, Stufe 1: ZAA 700, Stufe 2: ZA 713, Stufe 2:	 3,6 / 5,7 / 8,6 / 13,5 / 20,9 / 32,7 km/h 8,9 / 14 / 21,2 / 33,1 / 51,4 / 80,3 km/h; für KDV 680 (Wilhag) 7,3 / 11,5 / 17,5 / 27 / 42 / 65 km/h	
Fahrerhaus	einreihiges Fahrerhaus für vier Personen, Frontlenker: drei Personen, Baggerfahrgestell: eine Person	
Radstände (1.-2. Achse; 2.-3.Achse)	3500; 1420 mm	
Abmessungen (LxBxH) z.B. KD(V) 680 Z: KDV 680 (Wilhag):	7270 x 2470 x 2850 mm 8700 x 2470 x 2900 mm	
Bereifung z.B.	10-fach 12.00-20 eHD	
zul. Gesamtgewicht	22000 kg	
techn. mögl. Gesamtgewicht	27800 kg	
wichtiges Zubehör	Anhängerkupplung, Seilwinde 10 t Zugkraft (Frontanbau) 8 t Zugkraft (Heckanbau)	

KDV 650 E mit P&H-Gittermastkran TC 105

Den geänderten Zulassungsbedingungen Rechnung tragend, wird 1959 ein dreiachsiges Allradfahrgestell des K 650 im Markt platziert. In erster Linie spricht der KDV 650 E die Bauindustrie an. Ausgerüstet mit einer 7,5 m³ Meiller-Hinterkippmulde entsteht so ein Fahrzeug, das zwar hauptsächlich in kleineren und mittleren Steinbrüchen eingesetzt wird, aber aufgrund seiner Fahrzeuggröße auch auf öffentlichen Straßen bewegt werden darf. Technisch kann das Fahrgestell bis zu einem Gesamtgewicht von 24 t belastet werden. Die Nutzlast des Muldenkippers beträgt dabei knapp 12 t. Auf der Straße reduziert sich die Nutzlast auf 6 t.

KDV 650 EK

Mit der Anhebung des zulässigen Gesamtgewichts auf 22 t ist der KDV 650 E ab Juli 1960 ein ideales Fahrzeug für den kombinierten Einsatz auf Baustelle und Straße. Sein Zweigang-Verteilergetriebe schafft einerseits, mit einer max. Steigfähigkeit von 36 %, ausreichend Sicherheit in schwierigem Gelände und sorgt andererseits, mit einer Höchstgeschwindigkeit von knapp 60 km/h, auch noch für eine ausreichende Transportgeschwindigkeit im Nahverkehr.

Bauunternehmer, die die KDV 650 als kombinierten Kipper und Zugmaschine einsetzen, erhalten mit dem KDV 650 EK einen Meiller-Dreiseitenkipper und eine 100 t Anhängerkupplung.

Für einen Exportauftrag nach Indien baut man aber auch klassische Zugmaschinen mit einer

KDV 650 E/Z-T

KD 12 E 6 und zwei Radlader SL 2651 im Steinbruch

festen Ballastpritsche. Drei mit einem Turbolader versehene KDV 650 E/Z-T sind dort zum Ziehen von Scheuerle-Tiefladeanhängern eingesetzt.

Die Produktion des KDV 650 endet offiziell im Sommer 1962. Er wird nahtlos von dem neuen KDV 12 abgelöst. Technisch ist der KDV 12 E 6 mit seinem Vorgänger identisch. Die neue Ziffernfolge in der Typenbezeichnung weist, wie bei Zugmaschinen und Muldenkippern von Kaelble zwischenzeitlich üblich, auf die Nutzlastklasse des Fahrzeugs hin.

Äußerlich verändert wird die Kühlerverkleidung und die Dachpartie des Fahrerhauses. Die für Kaelble-Fahrzeuge bisher charakteristischen Rundungen müssen eckigeren Bauformen weichen. Sieht man von den 20, an die Deutsche Bundespost gelieferten, Zugmaschinen ab, so sind fast ausschließlich Muldenkipper hergestellt worden. Der KDV 12 bleibt nur bis 1963 im Programm. Eines der letzten ausgelieferten Fahrzeuge ist ein Muldenkipper KD 12 E 6 an einen Steinbruchbetrieb. Der Kunde hat sein Fahrzeug ohne angetriebene Vorderachse bestellt. Bei Kaelble erfüllt man diesen Wunsch einfach durch Weglassen des Achsgetriebes und der Gelenkwelle zur Vorderachse. Bei Bedarf kann so jederzeit der Vorderradantrieb nachgerüstet werden.

Typ	**KDV 650, KDV 12**	
Motor	M 215 s	M 215 sT
Leistung	150 PS bei 2400 1/min	195 PS bei 2400 1/min mit Turbolader
Weitere Daten	6-Zylinder-Reihen-Viertakt-Dieselmotor Bohrung 115 mm, Hub 130 mm, Hubraum 8,1 l wassergekühlt, Druckumlaufschmierung, elektr. Anlasser	
Lenkung	ZF-Gemmer-Hydrolenkung	
Kupplung	Einscheiben-Trockenkupplung	
Getriebe	ZF 6-Gang-Getriebe AK 6-55, ein Rückwärtsgang Achsgetriebe mit Differential 2-Gang Verteilergetriebe KDV 650 K: ZF VG-275 KDV 12 Z 6: ZF VG 500 Vorderachsantrieb zuschaltbar	
Antriebsformel	6x6	
Bremse	Druckluftbremse auf alle Achsen wirkend Mech. Feststellbremse mit Federspeicherbremszylinder auf Hinterachsen wirkend	
Geschwindigkeiten z.B. KDV 650 E, Stufe 1: Stufe 2: KDV 12 Z 6, Stufe 1: Stufe 2:	 4,5 / 7,6 / 12,2 / 19,3 / 29,7 / 41,8 km/h 6,3 / 10,9 / 17,3 / 27,2 / 42,2 / 59,4 km/h 4 / 6,8 / 11 / 17,3 / 26,7 / 37,6 km/h 7,9 / 13,7 / 21,8 / 34,2 / 53,7 / 75 km/h	
Fahrerhaus	einreihiges Fahrerhaus für vier Personen, zweireihiges Fahrerhaus für acht Personen	
Radstände z.B. KDV 650 E: KDV 12 Z 6: (1.-2. Achse; 2.-3.Achse)	3785; 1250 mm 3760; 1300 mm	
Abmessungen (LxBxH) z.B. KDV 650 E: KDV 12 Z 6:	7910 x 2500 x 3080 mm 7900 x 2500 x 3100 mm	
Bereifung z.B. KDV 650 E: KDV 12 Z 6:	10-fach 10.00-20 EM Spezial 10-fach 10.00-20 XB	
zul. Gesamtgewicht: KDV 650 E: KDV 12 Z 6:	22000 kg 14000 kg	
techn. mögl. Gesamtgewicht: KDV 650 E	 24000 kg	
wichtiges Zubehör	100 t Anhängerkupplung, Seilwinde 8 t Zugkraft, Splittstreuer	

Fahrzeuge für die Bundespost

Die Deutsche Bundespost hat nach dem Ende des zweiten Weltkrieges durch die Übernahme einiger Zugmaschinen des Typs Z 6 Wa und Z 6 W 2A 130 aus Beständen der „Wehrmacht" erstmals Fahrzeuge von Kaelble in ihren Fuhrpark bekommen.

Hauptsächlich für den Einsatz im Fernmeldedienst hat die Post auch neue Fahrzeuge bei Kaelble beschafft. Im Gegensatz zu den Fahrzeugen für die Bundesbahn hat die Post immer Standardzugmaschinen aus dem Serienprogramm von Kaelble bestellt. Aufgrund der relativ geringen Zuglasten beschränkt sich dabei der Bedarf auf kleine und mittlere Baugrößen. Die Bundespost ordert zahlreiche Zugmaschinen der Typen K 410, K 415, K 612, K 645 und K 650. Einzig eine K 631 Z mit Doppelkabine ist ein Vertreter einer größeren Fahrzeugklasse.

Bis zum Jahr 1961 werden von Kaelble 59 Zugmaschinen in den Postdienst übergeben.

Der letzte und gleichzeitig größte Einzelauftrag der Post geht bei Kaelble im Januar 1963 ein. Bis Ende desselben Jahres verlassen zwanzig Zugmaschinen vom Typ KDV 12 Z 6 die Backnanger Werkshallen. In der zweireihigen, mit drei Türen ausgestatteten Fahrerkabine haben bis zu acht Personen Platz. Obwohl als Dreiachser geliefert, beträgt das Gesamtgewicht der 150 PS-starken Zugmaschine nur 14 t. Ähnlich den Zugmaschinen der Bundesbahn hat die Post ihre neuen Zugmaschinen mit einer 8 t Seilwinde und Splittstreuern für die Hinterachse ausrüsten lassen. Die Ballastpritsche bietet reichlich Platz für Werkzeug und Zubehör. Als Witterungs- und Diebstahlschutz ist bereits ab Werk eine Plane auf der Pritsche aufgebaut.

Eine von zwanzig KDV 12 Z 6

Die Z 6 W 2A 130 aus Beständen der „Wehrmacht" war der erste Kaelble-Dreiachser bei der Post

Der letzte Lastkraftwagen aus Backnang

Nach der Neuregelung der Fahrzeuggewichte in der StVZO im Juli 1960 fehlt im Bauprogramm von Kaelble ein geeigneter Fernverkehrslastwagen. Der aus der Not geborene K 650 LF war zu leicht, der K 680 L zu betagt, um am sich wieder erholenden Nutzfahrzeugmarkt entscheidende Marktanteile zurückerobern zu können. Nachdem bekannt wurde, wie die neuen Vorschriften aussehen, hat man sofort begonnen, ein völlig neues Fahrzeug zu konzeptionieren. Der K 652 LF sollte ein typischer, moderner Frontlenker-Fernverkehrslastwagen werden. Serienmäßig ist das Fahrzeug nun wieder mit einer Schlafkabine für zwei Personen ausgestattet. Auch ein Kleiderschrank soll helfen, daß sich die Besatzung auf längeren Strecken wohl fühlt.

Um die vom Gesetzgeber vorgegebene spezifische Motorleistung von 6 PS/t einzuhalten, benötigt man für die jetzt wieder zulässigen 32 t Zuggewicht einen Motor mit einer Leistung von 192 PS. Für das neue Fahrzeug plant man deshalb, den vom K 650 LF-T bekannten Turbomotor M 215 sT einzusetzen. Obwohl der M 130 s mit seinem um knapp 4 l größeren Hubraum auch ca. 300 kg mehr Gewicht auf die Waage bringt, entscheidet man sich im Laufe der Entwicklung für den Einbau des größeren Motors. Beide Aggregate bieten nahezu die gleiche Motorleistung. Der M 130 s ist jedoch deutlich im Vorteil. Die noch immer in den Kinderschuhen steckende Entwicklung des Turboladers schafft es nicht, bei niedrigeren Drehzahlen ähnlich hohe Drehmomente an den Antriebsstrang abzugeben, wie dies von einem hubraumstärkeren, nicht aufgeladenen Motor geleistet wird. Mit dem M 130 s kann der Kundschaft deshalb ein Motor mit besserem Spurt- und Durchzugsverhalten geboten werden.

Der Triebstrang des Fahrzeugs wird, neben dem Motor aus eigener Fertigung, von Produkten der Zahnradfabrik Friedrichshafen beherrscht. Die zwölf Fahrstufen werden durch das Sechsganggetriebe und die ebenfalls von ZF stammende 2-Gang-Hinterachse erreicht. Die Höchstgeschwindigkeit des K 652 LF beträgt autobahnfreundliche 83 km/h. Ebenfalls zum Lieferanteil der Zahnradfabrik Friedrichshafen gehört die Spindel-Hydrolenkung, die mithilft, die Lenkkräfte zu minimieren und dadurch den Bedienkomfort zu steigern.

Der Ende 1960 gebaute Prototyp erinnert sehr stark an den K 650 LF. In Kombination mit der Schlafkabine wirkt sich das flache Dach recht negativ auf das Erscheinungsbild des Fahrzeuges aus. In Zeiten, in denen nur noch selten Fahrerhäuser auf Kundenwunsch beim Aufbauhersteller entstehen, kein glücklicher Umstand für Kaelble. Bis zum Serienstart wird deshalb die Dachpartie in großen gefälligen Radien angehoben. Die planen, monoton wirkenden Flächen der Karosserie werden durch den gezielten Einsatz von Chromleisten freundlicher gestaltet.

Obwohl schon 1960 angekündigt, verzögert sich der Serienstart des neuen Fahrzeugs bis November 1961. Mit annehmbaren Lieferzeiten kann man sogar erst im Laufe des Jahres 1962 aufwarten. Vielen bisher treuen Kunden war die Wartezeit einfach zu lang. Sie sind zwischenzeitlich auf andere Produkte des in Großserie herstellenden Wettbewerbs umgestiegen. Kael-

K 652 LF, für eine Berliner Spedition bestimmt

Fototermin mit beiden K 652 SF Radlader-Vorführzügen

ble hat mit seinen geringen Fertigungskapazitäten und seinem kleinen Händlernetz zunehmend Schwierigkeiten, sich im Markt zu behaupten. Kleinserienprodukte, selbst wenn sie von höchster Qualität sind, können preislich nur schwer gegen solche aus der Großserie ankommen. Der Druck, mit einer kleinen Mannschaft eine fast unüberschaubare Produktpalette aus Motoren, Bau- und Straßenfahrzeugen den aktuellen Marktbedürfnissen anzupassen, wirkt sich auch auf den K 652 LF aus.

Eine KV 652 K verdiente sich ihr Brot einige Jahre im Kaelble-Ersatzteilwerk

Die ersten, an die lange wartenden Kunden gehenden Fahrzeuge lassen die von Kaelble bisher immer gelieferte Produktreife schmerzlich vermissen. Neben den bereits mehrfach erwähnten Schwierigkeiten mit den M-Motoren machen den Technikern vor allem thermische Probleme am Fahrerhaus großen Kummer. Die Fahrer klagen neben dem hohen Geräuschpegel immer wieder über abschmelzende Schuhsohlen. Bei langer Autobahnfahrt wird das Gaspedal des Fahrzeuges so heiß, daß sich die Fahrer damit helfen, die Hitzeentwicklung mit nassen Lappen zu bekämpfen. Die Ursache sind die Auspuffleitungen des weit in die Fahrerkabine hineinragenden Motors. Sie erhitzen, auf der linken Fahrzeugseite gelegen, speziell den Arbeitsplatz des Fahrers. Für die Konstrukteure bei Kaelble ein ernstes Problem, das sie im Laufe der Produktionszeit nur sehr schwer in den Griff bekommen.

Da sich abzeichnete, daß mit dem K 652 LF nicht mehr an die Verkaufserfolge der fünfziger Jahre angeknüpft werden kann, entschloß man sich, das Fahrzeug 1964 wieder vom Markt zu nehmen. Die letzten Maschinen wurden jedoch erst 1966 ausgeliefert.

Neben der Ausführung als klassischer Pritschen-LKW hat es ab 1964 auch eine Sattelschleppervariante K 652 SF gegeben. Allein zwei der drei gebauten Sattelzugmaschinen haben dabei den Fuhrpark der Firma Kaelble nicht verlassen. Sie dienten, zusammen mit Tiefladeaufliegern von Scheuerle, als Vorführzüge für die Radlader aus eigener Fertigung.

Insgesamt wurden zwischen 1961 und 1966 42 K 652 gebaut. Neben den fünf, im eigenen Fuhrpark eingesetzten Fahrzeugen, konnten die meisten LKW des K 652 LF nach Berlin verkauft werden Berlin war durch das Engagement des dortigen Händlers schon für den K 631 und den K 612 eine Hochburg von Kaelble-LKWs.

Mit dem K 652 LF verabschiedet sich Kaelble als kleinster deutscher Anbieter endgültig vom Markt der Lastkraftwagen.

Trotz der Verabschiedung von den Lastkraftwagen werden 1966 noch Versuchsreihen mit einem K 652 LF gefahren. Die Entwicklungsabteilung will den Vorkammer-Dieselmotor M 130 s mit dem Direkteinspritzer MD 230 s vergleichen. Die wichtigste Erkenntnis war dabei, daß der Direkteinspritzermotor bei gleicher Fahrleistung 15 Prozent Kraftstoff einspart. Mit viel Energie wird versucht, bei Schwerlastzugmaschinen weiter tonangebend zu sein. Schon 1962 hat man damit begonnen, auf Basis des K 652 einen allradgetriebenen Dreiseitenkipper zu entwickeln. Im Gegensatz zum Lastkraftwagen ist das Kipperfahrgestell KV 652 K mit einem Kurzhauber-Fahrerhaus ausgestattet. Wie seinen Bruder für den Fernverkehr, treibt der M 130 s zusammen mit einem ZF-6-Gang-Getriebe den Kipper an. Die zwölf Fahrstufen, die das Fahrzeug auf 61 km/h beschleunigen, werden durch das 2-Gang-Verteilergetriebe realisiert. Der Vorderradantrieb ist am Verteilergetriebe zuschaltbar.

Insgesamt werden zwischen 1963 und 1968 nur fünf KV 652 K gebaut. Unternehmer, die den Kipper im Test hatten, kritisierten mehrheitlich die Standsicherheit des Fahrzeugs. Der mit 1,72 m beachtliche hintere Überhang des Aufbaus sorgt für eine ungünstige Gewichtsverteilung beim Abkippen der beladenen Pritsche nach hinten. Ein nur knapp ein halbes Jahr bei einem hessischen Fuhrunternehmer eingesetzter KV 652 K wird von Kaelble im Februar 1968 zurückgenommen und noch einige Jahre im Werksverkehr eingesetzt.

Typ	K 652 LF, SF	KV 652 K
Motor	M 130 s, als Nachrüstmotor M 230 s mit Einzelzylinderköpfen	
Leistung	195 PS bei 2100 1/min	
Weitere Daten	6-Zylinder-Reihen-Viertakt-Dieselmotor Bohrung 130 mm, Hub 150 mm, Hubraum 11,9 l wassergekühlt, Druckumlaufschmierung, elektr. Anlasser	
Lenkung	ZF-Spindel-Hydrolenkung	
Kupplung	Einscheiben-Trockenkupplung	
Getriebe	ZF 6-Gang-Getriebe S 6-70-2 Schnellgang, ein Rückwärtsgang, ZF 2-Gang-Hinterachse	ZF 6-Gang-Getriebe S 6-70-2 Schnellgang, ein Rückwärtsgang ZF-2-Gang-Verteilergetriebe VG 500
Antriebsformel	4x2	4x4
Bremse	Druckluftbremse auf beide Achsen wirkend Mech. Feststellbremse mit Federspeicherbremszylinder auf Hinterachse wirkend	
Geschwindigkeiten K 652 L(S)F, 1. Stufe: 2. Stufe: KV 652 K, 1. Stufe: 2. Stufe:	 7,6 / 13 / 20,8 / 32,6 / 50,7 / 61,8 km/h 10,2 / 17,5 / 27,9 / 43,7 / 67,7 / 83 km/h 3,1 / 5,3 / 8,5 / 13,3 / 20,7 / 25,2 km/h 7,5 / 12,9 / 20,5 / 32,1 / 49,8 / 61 km/h	
Fahrerhaus	Fahrerhaus für zwei Personen	
Radstand	SF: 3500 mm LF: 4600 mm	3980 mm
Aufbau (LxBxH) K 652 LF: KV 652 K:	Pritsche 5600 x 2350 x 700 mm Dreiseiten-Kipper 4500 x 2300 x 500 mm	
Bereifung KV 652 K:	vorn 2-fach 12.00-20 verstärkt hinten 4-fach 12.00-20 6-fach 12.00-20 verstärkt	
Abmessungen (LxBxH) z.B. K 652 LF: KV 652 K:	8000 x 2500 x 2770 mm 7050 x 2440 x 2800 mm	
Leergewicht K 652 LF:	7300 kg	
zul. Gesamtgewicht	16000 kg	

Kipperfahrgestelle als Zugmaschinen

Europas größter Muldenkipper

Die große Zerstörung, die der zweite Weltkrieg über Europa brachte, hat den Bedarf an schwerem Baugerät angeheizt. Der 200 PS-starke Hinterkipper KDV 832 E von Kaelble ist 1952 das größte Fahrzeug seiner Art in Europa. Der allradgetriebene, dreiachsige Kipper wird von der Bauindustrie sehr schnell in großen Stückzahlen eingesetzt. Bis zum Jahr 1957 verlassen 146 KDV 832 E Backnang auf die Großbaustellen in Deutschland und die angrenzenden Länder.

Für einen bekannten Anbieter von Zugmaschinen liegt natürlich der Schluß nahe, das neue robuste Fahrzeug auch als Zugmaschine einzusetzen. Anfänglich ausgelegt auf eine Nutzlast von 18 t, später 22 t, ist das Fahrgestell des KDV 832 E auch für größere Zuglasten ausreichend dimensioniert. Verglichen mit den dreiachsigen Straßenfahrzeugen der Baureihen KD 631 oder KD 832 wirkt der KDV 832 E deutlich bulliger. Sein Fahrerhaus sitzt höher auf dem verstärkten Rahmen. Die in weitem Bogen geschwungenen vorderen Kotflügel schaffen Raum für die Geländebereifung der Größe 12.00-24 EM. Vom Kipperfahrgestell ist zwar

KDV 832 E/Z bei einer Vorführung in schwierigem Gelände

Diese KDV 833 E/S bildete das Herzstück des Raupen-Vorführzuges von Gmeinder in Mosbach

auch eine Variante ohne Vorderradantrieb lieferbar, jedoch der Bedarf, die Fahrzeuge in schwerem Gelände einzusetzen, lassen vom KD 832 E keine großen Stückzahlen entstehen.

Schwertransporte sind in Deutschland traditionsgemäß eine Domäne der Reichsbahn bzw. der neuen Deutschen Bundesbahn. Großraumtransporte, durchgeführt von Privatunternehmen, waren bisher eher selten. Es ist deshalb nicht verwunderlich, daß das neue geländetaugliche Fahrgestell nur zögerlich von der einheimischen Transportindustrie angenommen wird. Von den 16 gebauten Zugmaschinen des Typs KDV 832 E/Z geht ein nicht unerheblicher Teil in den Export.

Die Zugmaschinen sind sowohl mit einer festen Ballastpritsche als auch mit einer Sattelkupplung lieferbar. Die 8 t Seilwinde aus den Bundesbahnzugmaschinen kann ebenfalls auf der KDV 832 E/Z bzw. E/S montiert werden.

Nach Erscheinen des neuen Motors der Baureihe GO 130 a entsteht im Jahr 1956 aus dem KDV 832 der KDV 833. Neben der auf der Kühlerverkleidung stolz angegebenen, auf 240 PS gesteigerten Motorleistung, kann man das neue Fahrzeug an der geraden, nun nicht mehr gebogenen, vorderen Stoßstange erkennen. Obwohl schon früher auf Sonderwunsch erhältlich, ist die KDV 833 nun serienmäßig mit einem Fahrerhaus in Ganzstahlbauweise ausgestattet. Auf

KDV 833 E/W 1 in Wüstenausführung und Tapper Sattelauflieger für einen libyschen Kunden

KD 833 E/Z-SW

KDV 833 E/Z Foto: Spedition A. Scholpp, Stuttgart

KDV 833 E/Z-300 mit Zweiseitenkipper

Schwerer Brocken: GO 130 aT mit 300 PS

die bei den Straßenfahrzeugen eingeführten Panoramascheiben wird jedoch verzichtet. Im harten Baustellenbetrieb ist Funktionalität wichtiger als schönes Aussehen. Die planen Frontscheiben lassen sich zur Verbesserung der Kabinenbelüftung weiterhin ausstellen. Wichtiger ist jedoch die schnelle und günstige Austauschbarkeit im Reparaturfall.

Dem Zugmaschinenkunden läßt man, obwohl die schweren Fahrgestelle eigentlich für den Muldenkipper bestimmt sind, die Wahlmöglichkeit, verschiedenste Aufbauten zu erhalten. Einschließlich einer zweireihigen Kabine kann das Fahrzeug mit allem von den bisherigen Zugmaschinen bekannten Zubehör ausgestattet werden.

Sowohl die Besteller eines Muldenkippers als auch die einer Zugmaschine haben bei der Baureihe 833 die Möglichkeit, auf den Vorderradantrieb zu verzichten. Diese Alternative ist von Interesse, da sich dadurch das Leergewicht des Fahrgestells reduziert. Die Nutzlast steigt. Für die wenigen Kunden, die auf den Vorderradantrieb verzichten können, ist jedoch der geringere Verschleiß an Reifen sowie die minimierte innere Reibung und der damit gewonnene Leistungs- bzw. Verbrauchsvorteil entscheidend. Denn selbst bei abgeschaltetem Vorderradantrieb muß bei jeder Fahrzeugbewegung zumindest die Reibung im Vorderachsgetriebe überwunden werden.

Im Jahr 1960 baut Kaelble speziell für den Schwertransport bestimmte Varianten der KDV 833.

Die Stuttgarter Fa. Scholpp wünscht sich für ihre zwei neuen KDV 833 E/Z die von den Straßenfahrzeugen bekannten Panoramascheiben. Für Kaelble gehören Sonderanfertigungen schon immer zum täglichen Geschäft, weshalb diesem Wunsch selbstverständlich entsprochen werden kann. Die Panoramascheiben haben im Straßenverkehr den Vorteil, mehr Rundumsicht zu bieten.

Ebenfalls neu im Zugmaschinenbau ist eine gesteigerte Motorleistung. Der bekannte GO 130 a wird durch den Einbau zweier Turbolader auf eine, nur von wenigen Herstellern angebotene, Motorleistung von 300 PS gebracht. Die so entstandenen KDV 833 E/Z-300 (siehe Titelbild) sind, wie die für Scholpp gebauten schwächeren Maschinen, serienmäßig mit der Panoramaverglasung ausgestattet.

Schon 1958 hat man für einen japanischen Kunden zwei 22 t-Muldenkipper, ausgerüstet mit dem 300-PS-Motor und mit Panoramascheiben, als KDV 834 E hergestellt.

Die drei, bis Anfang 1961 gelieferten, Zugmaschinen sind gleichzeitig Höhepunkt und Ende der Entwicklung der Baureihe 833. Die KDV 833 E/Z mit 240 PS wird ab 1961, nach 23 gebauten Einheiten durch die neue KDV 22 abgelöst.

Typ	**KD(V) 832**	**KD(V) 833**
Motor	GN 130 a	GO 130 a
Leistung	200 PS bei 1400 1/min	240 PS bei 1600 1/min
Weitere Daten	8-Zylinder-V-Viertakt-Dieselmotor Bohrung 130 mm, Hub 180 mm, Hubraum 19,1 l wassergekühlt, Druckumlaufschmierung, elektr. Anlasser	
Lenkung	ZF-Gemmer-Hydrolenkung	
Kupplung	Mehrscheiben-Trockenkupplung	
Getriebe z. B.	ZF 6-Gang-Getriebe AK 6-75	ZF 5-Gang-Getriebe AK 5-140 ZF 6-Gang-Getriebe AK 6-75
	ein Rückwärtsgang Achsgetriebe mit Differential Mit Allradantrieb: Kaelble 2-Gang Verteilergetriebe ZA 711 oder 701 Vorderachsantrieb zuschaltbar:	
Antriebsformel	6x4 (6x6)	
Bremse	Druckluftbremse auf alle Achsen wirkend Mech. Feststellbremse mit Federspeicherbremszylinder auf Hinterachsen wirkend	
Geschwindigkeiten z.B. KD 832: KDV 833, AK 5-140, Stufe 1: Stufe 2:	 4,4 / 7 / 10,5 / 16 / 25 / 40 km/h 4,5 / 6,95 / 10,8 / 15,3 / 26,1 km/h 10 / 15,3 / 23,8 / 33,6 / 57 km/h	
Fahrerhaus	einreihiges Fahrerhaus für drei Personen	
Radstände (1.-2. Achse; 2.-3.Achse)	3500; 1420 mm	
Bereifung	10-fach 12.00-24 eHD verstärkt oder EM spezial	
Fahrgestellgewicht	ca. 10700 kg (ohne Aufbau)	
zul. Gesamtgewicht	22000 kg	
techn. mögl. Gesamtgewicht	37500 kg	
Abmessungen (LxBxH) z.B. KDV 833 E/Z:	ca. 7720 x 2495 x 2875 mm	
wichtiges Zubehör	100 t Anhängerkupplung, Ballastpritsche, Sattelplatte 25 t Aufliegelast, Seilwinde 8 t (Fahrzeugheck) oder 12,5 t Zugkraft (hinter Kabine)	

Zu groß für deutsche Straßen

Den Dieselmotor GO 130 aT hat man bei Kaelble schon seit 1957 im Angebot. Seine bis dahin sagenhaften 300 PS benötigt man als Antriebsquelle des schweren Muldenkippers KDV 836 E. Er bietet eine auf 30 t gesteigerte Nutzlast. Das auf drei Achsen verteilte Fahrzeuggesamtgewicht kann dadurch bis zu 53,6 t betragen. Damit der Fahrer bei einer Fahrzeugbreite von 3,1 m in seiner schmalen Kabine nicht in der Fahrzeugmitte sitzt und den linken Fahrbahnrand besser beobachten kann, verbreitert man diese auf der linken Seite. Dadurch entsteht ein für den KDV 836 E typischer Fahrerhausaufbau, sofort an den zwei unterschiedlich breiten Frontscheiben zu erkennen.

Bei einer zulässigen Fahrzeugbreite von 2,5 m und einem Gesamtgewicht von 22 t (zwischen 1956 und 1960 18 t) haben Schwerlastspediteure in Deutschland keinen Bedarf an dem überschweren Fahrgestell des KDV 836 E. Immerhin baut Kaelble für einen spanischen Kunden im Jahr 1960 eine KDV 836 E/S-SW. Das imposante Gefährt ist ab Werk mit einer Sattelkupplung für 34 t Aufliegelast und einer 100 t-Anhängerkupplung versehen. Im Anhängerbetrieb wird über der Sattelplatte eine Ballastpritsche angebracht. Eine hinter dem Fahrerhaus montierte Itag-Seilwinde mit 12,5 t Zugkraft und 75 m Stahlseil sowie ein schwenkbarer Arbeitsscheinwerfer runden das Ausstattungspaket des Fahrzeuges ab.

Angepaßt an die neuen Typencodes, die die Nutzlast eines Fahrzeuges angeben, wird der KDV 836 E ab 1962 als KDV 32 E 8 T bezeichnet. Der Muldenkipper bleibt bis 1964 unverändert im Programm. Danach folgt eine modernisierte Ausführung mit überarbeitetem Fahrerhaus.

Vor der Inbetriebnahme dieser KDV 836 E/S-SW mußte der spanische Kunde die Hinterachsen noch mit Doppelbereifung ausstatten

Typ	KDV 836/KDV 32	
Motor	GO 130 aT	auf Sonderwunsch: GO 130 a
Leistung	300 PS bei 1600 1/min mit zwei Turbolader	240 PS bei 1600 1/min
Weitere Daten	8-Zylinder-V-Viertakt-Dieselmotor Bohrung 130 mm, Hub 180 mm, Hubraum 19,1 l wassergekühlt, Druckumlaufschmierung, elektr. Anlasser	
Lenkung	ZF-Gemmer-Hydrolenkung	
Kupplung	Mehrscheiben-Trockenkupplung	
Getriebe	ZF 5-Gang-Getriebe AK 5-140 ein Rückwärtsgang Achsgetriebe mit Differential Kaelble 2-Gang Verteilergetriebe ZA 710 Vorderachsantrieb zuschaltbar:	
Antriebsformel	6x6	
Bremse	Druckluftbremse auf alle Achsen wirkend Feststellbremse mit zwei Federspeicherbremszylinder auf Hinterachsen wirkend	
Geschwindigkeiten z.B.: Stufe 1: Stufe 2:	4,2 / 6,4 / 9,9 / 14,2 / 24 km/h 7,85 / 12 / 18,5 / 26,3 / 45 km/h	
Fahrerhaus	einreihiges Fahrerhaus für drei Personen	
Radstände (1.-2. Achse; 2.-3. Achse)	3820; 1560 mm	
Bereifung	10-fach 14.00-24 EM spezial	
Fahrgestellgewicht	ca. 15600 kg (ohne Aufbau)	
techn. mögl. Gesamtgewicht	55000 kg	
Abmessungen (LxBxH)	ca. 8000 x 3100 x 3100 mm	
wichtiges Zubehör	100 t Anhängerkupplung, Ballastpritsche, Sattelplatte 34 t Aufliegelast, Seilwinde 12,5 t Zugkraft (hinter Kabine)	

Mit schweren Zugmaschinen erfolgreich

Der neue Muldenkipper KDV 22 E tritt nahtlos in die Fußstapfen seines Vorgängers KDV 833. Auch das neue Fahrzeug gehört zur beliebten 22 t-Nutzlastklasse. Das bereits vom KDV 836 bekannte und bewährte Prinzip des asymmetrischen Fahrerhauses findet nun auch in der kleineren Baureihe Verwendung. Kaelble schafft so einerseits mehr Raum und eine bessere Übersicht für den Fahrer, andererseits minimiert man die Teilevielfalt in der Fertigung.

Die neue Kabine ruht nicht mehr, wie bei ihrem Vorgänger und der großen Baureihe, auf einem Podest. Nachdem der Fahrer über die Ausstiegsleiter die Trittplatte neben der Kabine erklommen hat, kann er auf gleicher Ebene die Kabine betreten.

Das bisher verwendete, noch aus den Anfängen der fünfziger Jahre stammende Haubendesign wird den Straßenfahrzeugen angepaßt. Große Radien bestimmen sowohl die Kühlerverkleidung als auch die Motorumhüllung.

Für die KDV 22 bietet man eine bisher nicht bekannte Vielfalt an Motorleistungen an. Der Kunde kann vier Leistungen aus zwei Grundmotoren zwischen 200 und 300 PS auswählen. Der Sechszylinder M 130 s ist ohne oder mit Turbolader mit 200 oder 270 PS, der große Achtzylinder GO 130 a, ebenfalls wahlweise mit Turbolader, mit 240 oder 300 PS zu haben.

Speziell für den GO 130 aT wird die Motorhaube stark verbreitert. Dadurch ist das Flaggschiff der Baureihe auch ohne 300 PS-Schild am Kühler sofort zu erkennen. Während die Mehrheit der Bauunternehmen ihren Muldenkipper als KDV 22 E 8 mit dem bewährten 240 PS Dieselmotor ordern, ist den Spediteuren eine größere Motorleistung sehr willkommen. Die KDV 22 Z 6 T und Z 8 T führen daher die Zugmaschinenstatistik der Baureihe an. Besonders beliebt ist natürlich der GO 130 aT. Durch seine gewaltigen 19,1 l Hubraum bietet er bereits bei niedriger Drehzahl

KDV 22 Z 8 T mit Schwalbennest-Schlafkabine Foto: Scheuerle Werksarchiv

ein sehr hohes Drehmoment. Der 200 PS-Motor spielt keine besondere Rolle. Er wird nur von wenigen Kunden bestellt.

Beim KDV 22 erklärt ein Buchstabe in der Typenbezeichnung die genaue Verwendung des Fahrzeugs. Neben Muldenkippern (E), Zugmaschinen (Z) und Sattelschlepperfahrgestellen (S) ist die KDV 22 auch als Baggerfahrgestell (B) und wüstentaugliche Zugmaschine (W) im Programm. Nach der Angabe zum Fahrgestell folgt die Motorleistung, die man aus der Anzahl der Zylinder und der Anwesenheit des Turboladers ableiten kann.

Die KDV 22 W ist in Tropenausführung mit einem Führerhaus-Sonnenschutzdach und mit Sandreifen des Formats 14.00-20 SAHARA ausgestattet. Ein auf 500 l vergrößerter Kraftstofftank und eine verstärkte Kabinenbelüftung gehören ebenfalls zur Sonderausführung. Der gesamte Antriebsstrang ist auf die zu erwartenden höheren Umgebungsbedingungen vorbereitet.

Für die KDV 22 Z wird eine Vielzahl von Fahrerhausvarianten angeboten. Neben den, bei Zugmaschinen schon lange üblichen, klassischen ein- und zweireihigen Kabinen für maximal sechs Personen macht eine Schlafkabine, auf

KDV 22 S 8 mit 12,5 t ITAG-Seilwinde für die Bundeswehr

KDV 22 B 6 mit zwei Einmann-Kabinen und Coles-Gittermastkran

KDV 22 Z 8 T

Foto: Scheuerle Werksarchiv

Wunsch in Schwalbennest-Ausführung, das Fahrzeug auch fernverkehrstauglich.

Neben den vier Motorleistungen haben die Kunden auch für den restlichen Antriebsstrang die Qual der Wahl. Es stehen sowohl ein Fünf- als auch ein Sechsganggetriebe zur Verfügung. Mit dem Zweigang-Verteilergetriebe ergeben sich so zehn oder gar zwölf Fahrstufen. Der Vorderradantrieb ist während der Fahrt zu- und abschaltbar. Wer auf die angetriebene Vorderachse verzichten kann, der erhält auch eine KD 22. An der normalerweise angetriebenen Achse läßt man einfach die Getriebeteile weg. Ein späterer Umbau auf Allradantrieb ist jederzeit möglich.

Abhängig vom eingebauten Motor, des Getriebes und der Achsübersetzungen lassen sich mit einer KDV 22 Geschwindigkeiten zwischen 57 und 77 km/h erreichen. Üblicherweise wird die KDV 22 Z in Deutschland mit einer Höchstgeschwindigkeit von 62 km/h in den Verkehr gebracht. Damit erreicht man die geforderte Höchstgeschwindigkeit, die erlaubt, das Fahrzeug auf der Autobahn zu fahren.

Im April 1964 ergänzt man bei Kaelble den eigenen Fuhrpark um ein imposantes, wenngleich typisches Schwertransport-Gespann der sechziger Jahre. Eine KDV 22 Z 8 T und ein sechsachsiger Tiefladeanhänger sollen sowohl für den Transport zu Vorführungen als auch zur Neugeräteauslieferung der Baumaschinen aus eigener Produktion eingesetzt werden. Der Tiefladeanhänger von Scheuerle bietet bei einem zulässigen Gesamtgewicht von 72 t eine Nutzlast von 47 t. Speziell für den Anbau der im Transportzustand wegen ihrer Breite abmontierten, Schubschilder der Planierraupen ist die Zugmaschine mit einem hydraulischen Ladekran von Atlas ausgestattet.

Das Fahrzeug war lange Jahre für die vielfältigsten Transporte eingesetzt. An mancher Steigung im Backnanger Umfeld war der Zug fast schon gefürchtet. Voll ausgeladen hat der 19 l-Motor immer wieder die Erde zittern lassen. Mancher Anwohner ist auf die Straße gerannt, um die Ursache seiner klirrenden Fensterscheiben genauer zu untersuchen. Gegen Ende ihrer Laufbahn war die KDV 22 Z 8 T bei den Autofahrern nicht besonders beliebt. Mit 300 PS und einem Gesamtzuggewicht von 94 t war man in Zeiten stetig steigender Geschwindigkeiten langsam zum Verkehrshindernis geworden. Das Fahrzeug blieb 17 Jahre im Fuhrpark. Im Dezember 1981 wurde der komplette Tiefladerzug zusammen mit einer Planierraupe PR 15 nach Nigeria verkauft.

Mit 45 Einheiten ist die bis 1965 gebaute KDV 22, sieht man von den Zugmaschinen für die „Wehrmacht" und das französische Militär ab, die bis dahin erfolgreichste dreiachsige Schwerlastzugmaschine von Kaelble.

Die werkseigene KDV 22 Z 8 T befindet sich hier bei der Auslieferung einer Planierraupe PR 800 HT im September 1964

Typ	KD(V) 22			
Motor	M 130 s	M 130 sT	GO 130 a	GO 130 aT
Leistung	200 PS bei 2100 1/min	270 PS bei 2100 1/min	240 PS bei 1600 1/min	300 PS bei 1600 1/min
Weitere Daten	6-Zylinder-Reihen-Viertakt-Dieselmotor		8-Zylinder-V-Viertakt-Dieselmotor	
		ein Turbolader		zwei Turbolader
	Bohrung 130 mm, Hub 150 mm, Hubraum 11,9 l		Bohrung 130 mm, Hub 180 mm, Hubraum 19,1 l	
	wassergekühlt, Druckumlaufschmierung, elektr. Anlasser			
Lenkung	ZF-Gemmer-Hydrolenkung			
Kupplung	Mehrscheiben-Trockenkupplung			
Getriebe	ZF 5-Gang-Getriebe AK 5-140 oder ZF 6-Gang-Getriebe AK 6-75-3 ein Rückwärtsgang Achsgetriebe mit Differential Kaelble 2-Gang Verteilergetriebe Vorderachsantrieb zuschaltbar			
Antriebsformel	6x4 (6x6)			
Bremse	Druckluftbremse auf alle Achsen wirkend Feststellbremse mit Federspeicherbremszylinder auf Hinterachsen wirkend			
Geschwindigkeiten z.B.				
M 130 mit AK 5-140, Stufe 1:	4,9 / 7,6 / 11,9 / 16,8 / 28,8 km/h			
Stufe 2:	11 / 16,9 / 26,2 / 37 / 62,6 km/h			
GO 130 mit AK 6-75-3, Stufe 1:	2,8 / 4,3 / 6,7 / 10,4 / 15,1 / 25 km/h			
Stufe 2:	6,8 / 10,7 / 16,3 / 25,5 / 36,8 / 62 km/h			
Fahrerhaus	einreihiges Fahrerhaus für drei Personen			
Radstände (1.-2. Achse; 2.-3. Achse)	3600; 1420 mm			
Bereifung	10-fach 12.00-24 EM spezial oder eHD verst.			
Leergewicht z.B. KDV 22 Z 8-SW:	ca. 13800 kg			
KDV 22 Z 8 T-SW:	ca. 14300 kg			
zul. Gesamtgewicht	22000 kg			
techn. mögl. Gesamtgewicht	33000 kg			
Abmessungen (LxBxH) z.B.				
KDV 22 Z 8-SW:	ca. 8365 x 2480 x 2960 mm			
KD 22 S 8 T:	ca. 7950 x 2500 x 2960 mm			
wichtiges Zubehör	100 t Anhängerkupplung, Ballastpritsche, Sattelplatte 25 t Aufliegelast, Seilwinde 8 t (Fahrzeugheck) oder 12,5 t Zugkraft (hinter Kabine) wahlweise Dreiseitenkipper (mit 8 t-Winde: Zweiseitenkipper)			

Kantiges Design setzt sich durch

In den sechziger Jahren verändert sich in Deutschland das Design von Lastkraftwagen. Die Branche orientiert sich weg von sanften Bögen und Radien hin zu einem eckigen, bei Mercedes-Benz heißt es kubischen Design. Auch Kaelble schließt sich mit seinen Fahrzeugen recht früh diesem Trend an.

In den veränderten Fahrerhäusern spiegelt sich auch eine unternehmerische Neuorientierung wider. Schweren Herzens hat man sich dazu entschlossen, den LKW-Bau aufzugeben und sich fortan nur noch um den Bau von Baumaschinen und Spezialfahrzeugen zu kümmern.

Die bisherigen, in relativ geringer Stückzahl zum Großteil in Handarbeit produzierten Kabinen und Motorhauben boten reichlich Einsparpotential. Wen wundert es da, daß Kaelble den Wechsel zum kantigen Design sehr konsequent durchführt.

Den Anfang macht Ende 1964 das schwerste Fahrgestell, die KDV 32. Es verschwinden jegliche Rundungen an Fahrerhaus und Motorhaube. Die bisher zweigeteilte

Frontscheibe besteht nun aus einer breiteren, flachen Glasscheibe. Das weiterhin nach links versetzte Fahrerhaus bietet im Fußraum eine zusätzliche Scheibe, die den Blick nach vorne verbessern soll, an der gewaltigen Motorhaube vorbei.

Selbst das Firmenzeichen auf der Kühlerverkleidung bleibt von der Veränderung nicht verschont. Durch den Wegfall des Rahmens, der den Namen umschließt, wirkt das Logo ebenfalls kantiger. Bei gleicher Höhe wird der Schriftzug deutlich länger, er erscheint bulliger.

Fast zeitgleich mit der Einführung der neuen Fahrerhäuser kommt die KDV 32 nun auch in den Genuß eines 6-Gang-Getriebes. Es bietet zusammen mit dem 2-Gang-Verteilergetriebe nun zwölf Fahrstufen mit einer Höchstgeschwindigkeit von 52 km/h. Für Kunden, die hauptsächlich in ebenem und befestigten Gelände unterwegs sind, bietet man weiterhin einen nur 240 PS-starken KD 32 E 8 ohne angetriebene Vorderachse an.

Durch seine gewaltige Größe bleibt die KDV 32 in der Ausführung als Zugmaschine oder Sattelschlepper ein Spezialfahrzeug für den Einsatz abseits öffentlicher Straßen. Deshalb entstehen zwischen 1966 und 1968 auch nur zwei Zugmaschinen auf Basis des schweren Muldenkipper-Fahrgestells. Die 1966 gebaute KDV 32 Z 8 T wurde als klassische Zugmaschine mit fester Ballastpritsche und 8 t-Seilwinde von einem Energieunternehmen in Griechenland bestellt. Die 1968 entstandene Sattelzugmaschine KDV 32 S 8 T hat man, zusammen mit einer von Scheuerle gefertigten Langmaterialbrücke, nach Bulgarien geliefert.

KDV 32 S 8 T mit Scheuerle Nachläufer und Langmaterialbrücke

KDV 24 Z 8 T mit Doppelkabine und Stahlpritsche

Nach der Sattelzugmaschine findet im Sommer 1968 ein letzter KD 32 E 8 den Weg in ein Zementwerk. Danach wird die Produktion des schweren dreiachsigen Fahrgestells eingestellt.

Die Lücke im Kipperprogramm hat man schon 1967 mit einem zweiachsigen, 34 t tragenden Fahrzeug mit 425 PS geschlossen. Im Steinbruch sind zunehmend größere und zugleich kompaktere Muldenkipper gefragt. Ihre Bauweise ist nicht mehr für den Straßenverkehr geeignet. Kaelble kann sich diesem Trend nicht mehr entziehen, man ist gezwungen, eigenständige Kipper- und Zugmaschinenbaureihen anzubieten.

Nach dem Designwechsel bei der KDV 32 vollzieht man Ende 1965 auch für die KDV 22 die Wandlung zum Eckhauber. Das neu entstandene Fahrzeug heißt nun KDV 24. Trotz der Veränderung am Design werden weiterhin viele von der KDV 22 bekannte Aufbauvarianten angeboten. Neben den Fahrgestellausführungen als Muldenkipper, Sattel- oder klassischer Zugmaschine, kann der Kunde zwischen einem ein- oder zweireihi-

Typ	KDV 32	KD 32
Motor	GO 130 aT	auf Sonderwunsch: GO 130 a
Leistung	300 PS bei 1600 1/min mit zwei Turbolader	240 PS bei 1600 1/min
Weitere Daten	8-Zylinder-V-Viertakt-Dieselmotor Bohrung 130 mm, Hub 180 mm, Hubraum 19,1 l wassergekühlt, Druckumlaufschmierung, elektr. Anlasser	
Lenkung	ZF-Gemmer-Hydrolenkung	
Kupplung	Mehrscheiben-Trockenkupplung	
Getriebe	ZF 6-Gang-Getriebe AK 6-75-3 ein Rückwärtsgang Achsgetriebe mit Differential Kaelble 2-Gang Verteilergetriebe ZA 800 Vorderachsantrieb zuschaltbar:	
Antriebsformel	6x6	
Bremse	Druckluftbremse auf alle Achsen wirkend Feststellbremse mit zwei Federspeicherbremszylinder auf Hinterachsen wirkend	
Geschwindigkeiten: Stufe 1: Stufe 2:	2,6 /4,2 / 6,4 / 9,9 / 14,2 / 24 km/h 5,8 / 9 / 13,7 / 21,4 / 31 / 52 km/h	
Fahrerhaus	einreihiges Fahrerhaus für drei Personen	
Radstände (1.-2. Achse; 2.-3. Achse)	3820; 1560 mm	
Bereifung	10-fach 14.00-24 EM spezial	
Fahrgestellgewicht	ca. 16100 kg (ohne Aufbau)	
techn. mögl. Gesamtgewicht	57500 kg	
Abmessungen (LxBxH)	ca. 8000 x 3100 x 3100 mm	
wichtiges Zubehör	100 t Anhängerkupplung, Ballastpritsche, Sattelplatte 34 t Aufliegelast, Seilwinde 8 t	

gen Fahrerhaus wählen. Selbstverständlich ist auch wieder eine Schlafkabine mit einem mittellangen Fahrerhaus lieferbar.

Aufgrund der schlechten Nachfrage nach dem 200 PS-Motor in der KDV 22 bietet man im neuen Fahrzeug nur noch drei Leistungsklassen an. Der bekannte Achtzylinder GO 130 a bietet 240, mit Turbolader 300 PS. Zwischen beiden Stufen agiert der neue Direkteinspritzer-Dieselmotor MD 230 sT, der mit seinen 270 PS auch in Zugmaschinen der Bundesbahn eingebaut wird. Seit 1967 ist auch der große Achtzylinder bei beibehaltener Motorleistung als Direkteinspritzer mit der Bezeichnung GD 130 aT lieferbar.

Zwischen 1965 und 1969 werden 19 Zugmaschinen verkauft, wobei die Verkaufszahlen in den letzten beiden Jahren stark rückläufig waren. Es macht sich bei Kaelble zunehmend bemerkbar, daß die Großserienhersteller mit den Leistungsdaten ihrer Flaggschiffe bedrohlich nahe an die bisherigen Schwerlastzugmaschinen herankommen. Für viele Transportunternehmer lohnt es sich einfach

KDV 24 Z 8 T mit Scheuerle Plattformrollern im Iran

nicht mehr, ihre hauptsächlich mittelschweren Transporte mit teuren Einzelstücken durchzuführen. Für Kaelble bleibt, ähnlich wie für andere Hersteller, nur noch eine sehr kleine Nische von Zugmaschinen für schwerste Einsätze.

Der Muldenkipperversion der KDV 24 ergeht es ähnlich wie dem schweren KDV 32 E. Die Bauwirtschaft verlangt zunehmend nach wendigen, kompakten, möglichst zweiachsigen Muldenkippern.

Kaelble bietet in diesen Klassen längst eigenständige Baureihen an. Bis 1969 verlassen nur 15 KDV 24 E das Backnanger Werk. Erstmals werden sogar mehr dreiachsige Zugmaschinen, als Muldenkipper verkauft. Betrachtet man die Verkaufszahlen seit Erscheinen des KDV 832 E, so zeigt sich eindrucksvoll die einstige Übermacht der Muldenkipper. Zwischen 1952 und 1969 hat Kaelble 453 Hinterkipper verkaufen können. Basierend auf den Kipperfahrgestellen gingen in der gleichen Zeit nur 146 Zugmaschinen an die Kunden in aller Welt.

Typ	KD(V) 24		
Motor	MD 230 sT	GO 130 a	GO 130 aT
Leistung	270 PS bei 2100 1/min	240 PS bei 1600 1/min	300 PS bei 1600 1/min
Weitere Daten	6-Zylinder-Reihen-Direkteinspritzer-Dieselmotor ein Turbolader Bohrung 130 mm, Hub 150 mm, Hubraum 11,9 l	8-Zylinder-V-Viertakt-Dieselmotor ab 1967: GD 130 sT als Direkteinspritzer zwei Turbolader Bohrung 130 mm, Hub 180 mm, Hubraum 19,1 l	
	wassergekühlt, Druckumlaufschmierung, elektr. Anlasser		
Lenkung	ZF-Spindel-Hydrolenkung		
Kupplung	Zweischeiben-Trockenkupplung		
Getriebe	ZF 6-Gang-Getriebe AK 6-75-3 ein Rückwärtsgang Achsgetriebe mit Differential Kaelble 2-Gang Verteilergetriebe Vorderachsantrieb zuschaltbar:		
Antriebsformel	6x4 (6x6)		
Bremse	Druckluftbremse auf alle Achsen wirkend Feststellbremse mit Federspeicherbremszylinder auf Hinterachsen wirkend		
Geschwindigkeiten z.B.			
GO 130; AK 6-75-3, Stufe 1:	2,8 / 4,3 / 6,7 / 10,4 / 15,1 / 25 km/h		
Stufe 2:	6,8 / 10,7 / 16,3 / 25,5 / 36,8 / 62 km/h		
MD 230 sT; AK 6-75-3, Stufe 1:	3,7 / 5,7 / 8,8 / 13,6 / 19,8 / 32,5 km/h		
Stufe 2:	8 / 12,8 / 19,4 / 30,8 / 45 / 75 km/h		
Fahrerhaus	einreihiges Fahrerhaus für drei Personen		
Radstände (1.-2. Achse; 2.-3. Achse)	3600; 1420 mm		
Bereifung	10-fach 12.00-24 PR 18		
Leergewicht z.B. KDV 24 Z 8 T-SW:	ca. 15000 kg		
KDV 24 Z 8 T:	ca. 14200 kg		
KDV 24 S 8 T:	ca. 13000 kg		
zul. Gesamtgewicht	22000 kg		
techn. mögl. Gesamtgewicht	42500 kg		
Abmessungen (LxBxH) z.B.			
KDV 24 Z 8 T-SW:	ca. 8150 x 2500 x 3250 mm		
KDV 24 Z 8 T:	ca. 7770 x 2500 x 3250 mm		
KDV 24 S 8 T:	ca. 7155 x 2500 x 3250 mm		
max. Zuggewicht im 1. Gang	1100 t auf der Ebene, 115 t bei 20 % Steigung (35 t GG) 900 t auf der Ebene, 70 t bei 20 % Steigung (22 t GG)		
wichtiges Zubehör	100 t Anhängerkupplung, Ballastpritsche, Sattelplatte 22 t Aufliegelast, Seilwinde 8 t (Fahrzeugheck) oder 12,5 t Zugkraft (hinter Kabine) wahlweise Dreiseitenkipper (mit 8 t-Winde: Zweiseitenkipper)		

Schwerlastzugmaschinen in Kleinserie

Kurzhauber

1968 wird mit Baugruppen der KDV 24 Z die Baureihe KDV(W) 400 Z vorgestellt. Mit dem neuen Fahrzeug versucht sich Kaelble wieder stärker von den Spitzenmodellen der Großserienhersteller abzuheben. Das Fahrzeug soll für schwerste Transporte geeignet sein. Der neue, für die großen Muldenkipper gebaute Direkteinspritzer-Dieselmotor MD 140 aT bietet durch seine Turboaufladung eine Motorleistung von 400 bzw. 425 PS. Angeboten wird das Fahrzeug mit zwei verschiedenen Triebsträngen:

Die 400 PS starke KDV 400 Z ist mit dem von der KDV 24 Z bekannten ZF-Sechsgang- und dem Kaelble 2-Gang-Verteilergetriebe ausgestattet. Das Fahrzeug ist damit wie alle bisher bei Kaelble gebauten Zugmaschinen zu fahren. Am Berg heißt es für den Schwertransporteur rechtzeitig den passenden Gang zu wählen. Zumindest muß aber so schnell geschaltet werden, daß die Fuhre an einer Steigung

KDV 400 Z

KDV 400 Z mit 60 m Metz-Drehleiter für die Moskauer Feuerwehr Foto: Metz Werksarchiv

nicht zum Stillstand kommt. Wer mit schwerer Last und einer normalen Kupplung am Berg losfahren will, der riskiert zwangsläufig eine zerstörte Kupplung.

Die KDVW 400 Z sorgt hier für Abhilfe. Anstelle der Kupplung ist ein Drehmomentwandler mit einem Viergang-Lastschaltgetriebe des US-Herstellers Clark eingebaut. Im Wandler wird die Kraftübertragung hydraulisch und nicht mehr durch Reibbeläge eingeleitet. Erst wenn der Motor und die Getriebewelle mit gleicher Drehzahl drehen, wird ein mechanischer Kraftschluß hergestellt. Zwischen den vier Gängen kann ohne Zugkraftunterbrechung gewechselt werden. Um den Wirkungsgradverlust des Drehmomentwandlers aufzufangen, ist die KDW 400 Z mit 425 PS ausgestattet. Erreicht wird die größere Leistung in erster Linie durch Verändern des Ladedrucks der Turbolader und der Einstellung der Einspritzpumpe am Motor.

Obwohl dem Design der KDV 24 sehr stark ähnelnd, ist das Fahrerhaus der KDV(W) 400 Z eine eigenständige und eigenwillige Konstruktion. Um die Sicht nach vorne zu verbessern, hat man die Motorhaube stark verkürzt. Der Fahrer sitzt direkt über der Vorderachse neben dem Motor. Dieser ragt teilweise in die Fahrerkabine hinein. Eine Besonderheit stellt der Einstieg der KDV(W) 400 Z dar. Das optisch zweireihig aufgebaute Fahrerhaus hat nur hinten Türen. Damit der Fahrer seinen Arbeitsplatz überhaupt betreten oder verlassen kann, ist sein Sitz auf langen Schienen montiert, auf denen er nach hinten, Richtung Tür, verschoben wird. Der rechte Beifahrersitz befindet sich fest in der hinteren Position. Der Sitz für den dritten Mitfahrer ist neben der hinteren Ein- und Ausstiegsposition des Fahrersitzes montiert.

Speziell mit der KDVW 400 Z hatten die Konstrukteure keine

glückliche Hand. Beide gebauten Fahrzeuge glänzten mehr mit überhitzten Motoren als mit großer Transportleistung. Fast im gleichen Rhythmus wie die Motoren haben die Besitzer der Fahrzeuge getauscht. Ein Kunde hat an seiner Maschine den Kühlungsproblemen bei Kaelble auf besondere Art abgeholfen. Er ließ anstelle des Kaelble MD 140 aT einen 420 PS-Cummins-Dieselmotor einbauen.

Auch von der KDV 400 Z wurden zwei Fahrzeuge gebaut. Von beiden sind ähnliche Probleme nicht bekannt. Speziell bei einer dieser beiden Maschinen waren Überhitzungserscheinungen des Motors aufgrund der geringen Gesamtgewichte von Anfang an nicht zu erwarten. Dieses Fahrzeug wurde mit einem Sonderradstand von 5000 x 1420 mm zu Metz nach Karlsruhe geliefert. Dort hat man, wie schon 1957, die größte Drehleiter der Welt, dieses Mal für die Feuerwehr in Moskau, aufgebaut. Das mit dem Leiteraufbau, 29 t schwere Fahrzeug hat man zur Erreichung guter Beschleunigungswerte ebenfalls mit dem 425 PS-Motor ausgestattet. Um in der verlängerten Kabine fünf Personen unterzubringen, ist der Fahrersitz starr montiert. Der Fahrer hat nun seine eigene Tür. Er betritt seinen Arbeitsplatz über den Aufstieg zur vorderen Stoßstange.

Nach nur vier Fahrzeugen verschwindet die KDV(W) 400 Z bereits 1968 wieder aus dem Verkaufsprogramm.

Typ	**KDV 400 Z**	**KDVW 400 Z**
Motor	MD 140 aT	
Leistung	400 PS bei 2100 1/min	425 PS bei 2100 1/min
Weitere Daten	8-Zylinder-V-Direkteinspritzer-Dieselmotor zwei Turbolader Bohrung 140 mm, Hub 150 mm, Hubraum 18,5 l wassergekühlt, Druckumlaufschmierung, elektr. Anlasser	
Lenkung	ZF-Spindel-Hydrolenkung	
Kupplung	Zweischeiben-Trockenkupplung	Drehmomentwandler Clark CL 8612
Getriebe	ZF 6-Gang-Getriebe AK 6-75-3 ein Rückwärtsgang Achsgetriebe mit Differential Kaelble 2-Gang Verteilergetriebe	Clark Viergang-Lastschaltgetriebe 8540 vier Rückwärtsgänge Achsgetriebe mit Differential
Antriebsformel	6x6	
Bremse	Druckluftbremse auf alle Achsen wirkend Feststellbremse mit Federspeicherbremszylinder auf Hinterachsen wirkend Retarder (Strömungsbremse) pneumatisch betätigt	
Geschwindigkeiten z.B. KDV 400 Z Stufe 1: Stufe 2: KDVW 400Z:	 4,92 / 7,7 / 11,8 / 18,3 / 26,6 / 44,3 km/h 7,28 / 11,4 / 17,35 / 27,1 / 39,3 / 65,4 km/h 0-8 / 16 / 36 / 70 km/h	
Fahrerhaus	zweireihiges Fahrerhaus für drei (fünf*) Personen	
Radstände (1.-2. Achse; 2.-3. Achse)	3600 (5000*); 1420 mm	
Bereifung	10-fach 12.00-24 PR 18	
Leergewicht (mit Seilwinde)	15200 kg	16500 kg
zul. Gesamtgewicht techn. mögl. Gesamtgewicht	22000 kg 28000 kg (29000 kg*)	
Abmessungen (LxBxH)	ca. 8147 x 2490 x 3110 mm	
max. Zuggewicht im 1. Gang	1115 t auf der Ebene, 77 t bei 20 % Steigung (22 t GG)	1300 t auf der Ebene bei 5 km/h 1800 t auf der Ebene bei 2,5 km/h
wichtiges Zubehör	100 t Anhängerkupplung, Ballastpritsche Seilwinde 8 t (Fahrzeugheck) 5 t. Ladekran hinter Fahrerhaus wahlweise Dreiseitenkipper (mit 8 t-Winde: Zweiseitenkipper)	
	* Drehleiterfahrgestell für Moskau	

In geringen Stückzahlen

Auf der Suche nach neuen Kundenkreisen verstärkt man bei Kaelble das Engagement in Osteuropa, Nordafrika und dem Nahen Osten.

Für einen rumänischen Kunden baut man 1975 vier Dreiachs-Zugmaschinen mit der Typenbezeichnung KDV 24 Z-430 W. Das neue Fahrzeug basiert auf der schon 1969 eingestellten Baureihe KDV 24. Der Antrieb erfolgt jetzt über einen Zwölfzylinder-Dieselmotor von Daimler-Benz. Seine 430 PS werden über einen Wandler-Getriebeblock der Zahnradfabrik Friedrichshafen auf die drei Antriebsachsen übertragen.

Der hydrodynamische Drehmomentwandler hat sich in kürzester Zeit zur Standardausrüstung im Schwertransport entwickelt. Um den systembedingt schlechten Wirkungsgrad des Hydrauliksystems im Drehmomentwandler zu umgehen, schaltet dieser nach Erreichen von 2/3 der Motornenndrehzahl auf direkten Durchtrieb um. Die Antriebseinheit verhält sich dann wie mit einer normalen Reibbelagkupplung. Das Fünfganggetriebe beschleunigt das Fahrzeug auf eine Spitzengeschwindigkeit von 46 km/h.

Abgesehen vom Antriebsstrang unterscheidet sich das neue Fahrzeug auch optisch von seinen Vorgängern. Das zweireihige Fahrerhaus besitzt eine zweigeteilte Frontscheibe. Die zweite Sitzreihe im Fahrerhaus ist nur von der rechten, dem Verkehr abgewandten Seite zugänglich. Links hat man auf ein Seitenfenster verzichtet und einen Kleiderschrank für die Besatzung angebracht. Die hintere Sitzbank ist als Schlafstätte für zwei Personen ausgebildet.

Die neue Motorhaube fällt nach vorne hin steil ab. Auch die vordere Stoßstange befindet sich tiefer am Rahmen als bei den früheren KDV 24.

Der weitere Aufbau jedoch ist in bester Kaelble-Tradition gefertigt. Unter der Ballastpritsche befindet sich wie eh und je die 8 t-Seilwinde aus eigener Produktion. Auf der erstmals mit Aluminiumbordwänden versehenen Pritsche haben ein Staukasten für Zubehör, das Ersatzrad und ein kleiner hydraulischer Hilfskran Platz.

Noch im selben Jahr geht aus Bulgarien eine weitere Bestellung

KDV 24 Z-430 W für Rumänien

KDV 24 Z-430 W geliefert nach Bulgarien

ein. Drei KDV 24 Z-430 W werden von einer Importfirma aus Sofia bestellt. Der bulgarische Kunde wünscht leichte Änderungen an seinen Fahrzeugen. Neben einer Höchstgeschwindigkeit von 62 km/h, realisiert durch geänderte Achsübersetzungen, werden auch optische Veränderungen durchgeführt. Die vordere Stoßstange wird höher, sie wirkt stabiler. Die Ballastpritsche muß gänzlich ohne Bordwände auskommen, und für den Ersatzradwechsel können die Fahrer nicht auf den kleinen Hydraulikkran zurückgreifen. Sie müssen mit dem zerlegbaren Hilfskran mit Handwinde, der schon lange für die Bundesbahnzugmaschinen verwendet wird, vorlieb nehmen.

Die großen Anstrengungen auf dem Weltmarkt scheinen sich langsam auszuzahlen. 1977 verlassen zwei Zugmaschinen des Typs KDV 24 Z-450 W Backnang in Richtung Sibirien. Der dortige Kunde wünscht eine Betriebssicherheit der Fahrzeuge bis zu einer Umgebungstemperatur von minus 40°C. Die wichtigste Baugruppe für diesen Wunsch stellt der Motor dar. Kaelble setzt deshalb einen luftgekühlten Deutz 12-Zylindermotor

Beide KDV 24 Z-450 W bei Testfahrten vor der Auslieferung nach Sibirien. Als Ladegut dient ein SL 25

ein. Dieser erbringt aus 19,1 l Hubraum eine Leistung von 450 PS. Um das Fahrzeug auf seine Kältetauglichkeit zu überprüfen, unternimmt man ausgiebige Tests in der Klimakammer bei Magirus in Ulm.

Mit dem ZF-Achtganggetriebe und dem Drehmomentwandler sind auf der Ebene theoretisch Zuggewichte bis 1100 t möglich. Kaelble weist aber ausdrücklich darauf hin, daß Anhängelasten über 200 t nur bei idealen Bedingungen, d.h. auf ebener trockener Straße realisierbar sind. Größere Lasten beeinträchtigen sehr stark das Lenkverhalten und die Spurtreue der Zugmaschine.

Wieder einmal befindet sich unter der Ballastpritsche eine Seilwinde für Lade- und Bergeaktionen. Beide Fahrzeuge sind mit einer 16 t-Winde von Rotzler ausgestattet. Der Windenantrieb erfolgt hydraulisch und ist so im Vergleich zu den mechanisch angetriebenen Kaelble-Winden stufenlos steuerbar.

An das einreihige Fahrerhaus schließt eine abermals abgeänderte Motorhaube an. Zusätzliche seitliche Abschrägungen lassen die Motorumhüllung schlanker und gleichzeitig interessanter aussehen als bei den Fahrzeugen für Rumänien und Bulgarien.

Die KDV 24 Z-450 W ist eine der ersten Typen, die mit einem modernisierten Kaelble-Logo ausgestattet ist. Der neue Schriftzug wirkt mit seinen fülligen Buchstaben bulliger als der bisherige. Er paßt so viel besser zu den robusten Fahrzeugen. Das neue Logo hat in dieser Form bis heute Bestand. Es hat sowohl die Namensverschmelzung mit Gmeinder und den Konkurs im Jahr 1996 überlebt.

Typ	**KDV 24 Z-430 W**	**KDV 24 Z-450 W**
Motor	Daimler-Benz OM 404	KHD BF 12 L 413 F
Leistung	430 PS bei 2500 1/min	450 PS bei 2500 1/min
Weitere Daten	12-Zylinder-V-Direkteinspritzer-Dieselmotor	
	wassergekühlt Bohrung 125 mm, Hub 140 mm Hubraum 20,6 l	luftgekühlt, zwei Turbolader Bohrung 120 mm, Hub 125 mm Hubraum 19,1 l
Lenkung	ZF-Spindel-Hydrolenkung	
Kupplung	ZF/Fichtel & Sachs Wandlerschaltkupplung WSK 400/1	
Getriebe	ZF 5-Ganggetriebe S 5-150 ein Rückwärtsgang ZF-Verteilergetriebe A 600/3D mit sperrbarem Ausgleichsgetriebe zwischen den Achsen	ZF 8-Ganggetriebe 4S-150 GPA ein Rückwärtsgang ZF-Verteilergetriebe mit sperrbarem Längsdifferential
Antriebsformel	6x6	
Bremse	Druckluftbremse auf alle Achsen wirkend Feststellbremse mit Federspeicherbremszylinder auf Hinterachsen wirkend	
	hydr. Retarder	
Geschwindigkeiten		
KDV 24 Z-430 W (Rumänien):	0-8,2 / 0-12,7 / 0-19,7 / 0-29 9 / 0-46 km/h	
KDV 24 Z-430 W(Bulgarien):	0-11,1/ 0-17,2 / 0-26,6 / 0-40,5 / 0-62 km/h	
KDV 24 Z-450 W:	0-6 / 0-8,5 / 0-11,9 / 0-16,3 / 0-20,8 / 0-29,3 / 0-41,1 / 0-56 km/h	
Fahrerhaus	zweireihiges Fahrerhaus für drei Personen Schlafgelegenheit für zwei Personen	einreihiges Fahrerhaus für drei Personen
Radstände (1.-2. Achse; 2.-3. Achse)	3600; 1420 mm	
Bereifung	10-fach 12.00-24 PR 16	10-fach 12.00-24 PR 20
Leergewicht	17500 kg (Rumänien) 16250 kg (Bulgarien)	15000 kg
techn. mögl. Gesamtgewicht	26000 kg	32000 kg
Abmessungen (LxBxH)	ca. 8950 x 2500 x 3250 mm	ca. 8725 x 2500 x 3060
max. Zuggewicht im 1. Gang	1100 t auf der Ebene 180 t bei 10 % Steigung	
wichtiges Zubehör	100 t Anhängerkupplung, Ballastpritsche	
	Seilwinde 8 t, elektr. Splittstreuer, Splittvorrat 1000 kg	Seilwinde 16 t

Fluch oder Segen? – Der größte Auftrag in der Firmengeschichte

Im Laufe des Jahres 1977 glaubt man in Backnang, das große Los gezogen zu haben. Endlich bringen die verstärkten Verkaufsaktivitäten einen Großauftrag ein. Die libysche Armee bestellt bei Kaelble insgesamt 250 schwere dreiachsige Sattelzugmaschinen für den Panzertransport.

Bei Kaelble entsteht daraufhin der erste Prototyp der KDVW 400 S. Der geländetaugliche Frontlenker ist in seinen Abmaßen für normale Schwertransporte auf europäischen Straßen zu groß. Das zulässige Gesamtgewicht des 3 m breiten Ungetüms beträgt immerhin 45 t. In Deutschland sind selbst mit einer Sondergenehmigung nur Achslasten bis 12 t erlaubt. Abgesehen von den Achslasten orientiert sich die Konstruktion aber an den, auch in Nordeuropa üblichen Merkmalen militärisch eingesetzter Schwertransporter.

Das Fahrerhaus kann mit seinen sieben Sitzplätzen neben der eigenen auch noch die Besatzung des zu transportierenden Panzers aufnehmen.

Der 400 PS-starke Motor von Daimler-Benz sitzt als Mittelmotor hinter dem Fahrerhaus. Selbstverständlich sorgt ein Drehmomentwandler für ein sanftes und ruckfreies Anfahren ohne gefährliche Zugkraftunterbrechungen. Ein solcher Triebstrang ist besonders wichtig, da die Fahrzeuge auch in

Eine von 151 KDVW 400 S

Foto: Scheuerle Werksarchiv

KDVW 500 S

unwegsamem Gelände einsatzfähig sein sollen.

Ein abseits öffentlicher Straßen havarierter Panzer soll ohne fremde Hilfe geborgen werden können. Beladen wird das Fahrzeug in solchen Fällen mit der vor der Sattelkupplung montierten Doppeltrommelseilwinde. Diese bietet, den zu erwartenden Lasten angepaßt, eine Gesamtzugkraft von 40 t. Um das Bedienpersonal der Winde während des Betriebes zu schützen, ist am Bedienstand ein stabiles, nach hinten gerichtetes Schutzschild angebaut. Sollte unter Last ein Seil reißen, so würde es unweigerlich zu einer lebensbedrohlichen „Peitsche" werden.

Um das Gesamtzuggewicht eines Transportes möglichst gering zu halten, sind die Gespanne als Sattelzüge ausgebildet. Das für die Traktion der Zugmaschine erforderliche Ballastgewicht wird von einem Teil der Ladung aufgebracht.

Die Aufgabe, die Sattelauflieger beizusteuern, übernimmt mit Scheuerle ein Pionier des Tiefladerbaus. Willy Scheuerle hat in den fünfziger Jahren durch seine neuen Konzepte die Schwertransportbranche ähnlich stark beeinflußt wie zuvor Johann Culemeyer mit seinen Straßenrollern. Scheuerle-Tieflader zeichneten sich durch eine besondere Vielseitigkeit aus, deren größte Stärke ein einfaches, aber wirkungsvolles Achslastausgleichssystem war.

Für die KDVW 400 S baut Scheuerle zweiachsige, mit einer Rampe über das Heck befahrbare, Sattelauflieger. Die Nutzlast des fünfachsigen Gespanns beträgt 60 t. Die KDVW 400 S erreicht eine Höchstgeschwindigkeit von immerhin 50 km/h.

Die libysche Armee wünscht sich jedoch zusätzlich ein Fahrzeug, das eine höhere Marschgeschwindigkeit und die Möglichkeit bietet, mehrere Panzer zu befördern. Kaelble kommt diesen Wünschen mit einer leistungsstärkeren Version der bekannten Zugmaschine nach. Die KDVW 500 S bietet mit ihrer Motorleistung von 525 PS und einer veränderten Achsübersetzung eine Endgeschwindigkeit von 84 km/h. Äußerlich ist die stärkere Maschine an dem zusätzlichen, an der linken Fahrzeugseite montierten Kühler zu erkennen. Um Platz für den Kühler zu schaffen, hat man ein Ersatzrad nun liegend auf der Motorumhüllung untergebracht. Mit der Modellerweiterung führt man für beide Typen einige Verbesserungen ein. Die vordere Stoßstange beispielsweise ist nun so groß gestaltet, daß die bisher erhaben montierten Scheinwerfer nun im Stoßbalken versenkt werden können. Beschädigungen durch kleine Rempler sind so ausgeschlossen.

Der Forderung nach einer gesteigerten Nutzlast kommt man bei Scheuerle durch zwei neue Sattelaufliegertypen nach. Ein dreiachsiger Auflieger erlaubt eine Nutzlast von 80 t, ohne dabei die Geländetauglichkeit des Gespannes merklich einzuschränken. Die Forderung, gleichzeitig zwei oder drei Panzer transportieren zu können, wird durch einen extra langen sechsachsigen Auflieger erfüllt. Er bietet neben 130 t Nutzlast nun auch den notwendigen Laderaum. Der schwere Tieflader eignet sich jedoch nicht mehr für den Einsatz abseits befestigter Wege.

Von den Kaelble-Mitarbeitern, die lange Zeit für die Fahrereinweisung und den Kundendienst in dem nordafrikanischen Staat zugebracht haben, ist übermittelt, daß eine Fahrt mit diesen neunachsigen Gespannen nicht ganz risikofrei war. Auf einsamen Wüstenpisten durchgeführte Bremsversuche aus voller Fahrt haben einen Bremsweg von fast 2 km ergeben. Die Folge waren dabei überhitzte Bremsen. Vorausschauendes Fahren ist deshalb mit solchen Ungetümen eine lebenswichtige Notwendigkeit.

Auch technisch macht die größere Geschwindigkeit Probleme. In der Backnanger Versuchswerkstatt versucht man fieberhaft, eine brauchbare Lösung zu finden, die verhindert, daß die Achsgetriebe der KDVW 500 Z überhitzen.

Zwischen 1977 und 1979 wird fast die gesamte Fertigungskapazität in Backnang darauf verwendet, den libyschen Großauftrag ordnungsgemäß abzuwickeln. Täglich wurde eine Maschine fertiggestellt. Wöchentlich haben sich fünf neue Tiefladerzüge auf eigener Achse auf den Weg nach Italien gemacht. Vom Hafen in La Spezia aus erfolgte dann die Verschiffung nach Afrika.

Zusammen mit dem ersten Prototypen sind 151 KDVW 400 S und 100 KDVW 500 S gefertigt worden.

Typ		KDVW 400 S	KDVW 500 S
Motor		Daimler-Benz OM 404	Daimler-Benz OM 404 A
	Leistung	400 PS bei 2300 1/min	525 PS bei 2300 1/min
	Weitere Daten	12-Zylinder-V-Direkteinspritzer-Dieselmotor wassergekühlt Bohrung 125 mm, Hub 140 mm Hubraum 20,6 l	12-Zylinder-V-Direkteinspritzer-Dieselmotor wassergekühlt, zwei Turbolader Bohrung 125 mm, Hub 140 mm Hubraum 20,6 l
Lenkung		ZF-Spindel-Hydrolenkung	
Kupplung		ZF / Fichtel & Sachs Wandlerschaltkupplung WSK 400/45	
Getriebe		ZF 8-Ganggetriebe 4S-150 GPA ein Rückwärtsgang ZF-Verteilergetriebe mit sperrbarem Längsdifferential	
Antriebsformel		6x6	
Bremse		Druckluftbremse auf alle Achsen wirkend Feststellbremse mit Federspeicherbremszylinder auf Hinterachsen wirkend	
Geschwindigkeiten	KDVW 400 S:	0-5,5 / 0-7,6 / 0-10,6 / 0-14,5 / 0-18,5 / 0-25,8 / 0-36,5 / 0-50 km/h	
	KDVW 500 S:	0-9,9 / 0-13,5 / 0-18,2 / 0-23,1 / 0-34,1 / 0-46,2 / 0-62,2 / 0-84 km/h	
Fahrerhaus		zweireihiges Fahrerhaus für sieben Personen, Dachluke	
Radstände	(1.-2. Achse; 2.-3. Achse)	4000; 1900 mm	
Bereifung		6-fach 18.00-25	
Leergewicht		20000 kg	25000 kg
techn. mögl. Gesamtgewicht		45000 kg	53000 kg
Abmessungen (LxBxH)		ca. 9270 x 3000 x 3500 mm	ca. 9470 x 3000 x 3500 mm
max. Zuggewicht		140 t	250 t
Scheuerle-Sattelauflieger		STÜ 60.21.S; Nutzlast 60 t; 2 Achsen	STÜ 80.31.S; Nutzlast 80 t; 3 Achsen STÜ 130.61.S; Nutzlast 130 t, 6 Achsen
wichtiges Zubehör		Sattelplatte, Doppeltrommel-Seilwinde 2 x 20 t Zugkraft	

Mit Komponenten aus der Großserie

Nachdem der Großauftrag aus Libyen abgearbeitet war, kam in Backnang das große Erwachen. Immerhin hat man es geschafft, mit den KDVW 400/500 S einen beträchtlichen Gewinn zu erwirtschaften. Die bisherige Kundschaft wurde aber aufgrund der Auslastung für die Zugmaschinenfertigung für fast zwei Jahre sträflich vernachlässigt. Plötzlich fehlen der Fertigungskapazität entsprechende Aufträge.

Neben den hausgemachten Schwierigkeiten mit der Bauindustrie, dem wichtigsten Klientel von Kaelble, gibt es aber auch noch andere Probleme.

Der Zugmaschinenmarkt in Europa hat sich Ende der siebziger Jahre grundlegend gewandelt. Das Preisniveau der Schwerlastzugmaschinen ist stetig gefallen. Ursache ist die konsequente Verwendung von Großserienkomponenten. Die schärfsten Wettbewerber von Kaelble, allen voran Titan, der Neuling in der Branche, greifen immer mehr auf Motoren, Getriebe, Achsen und nicht zuletzt auf Fahrerhäuser von Daimler-Benz oder MAN zurück. Die kostspielige Entwicklung und die Kleinserienfertigung solcher Komponenten, bisher die Stärke von Kaelble, wird plötzlich zum Wettbewerbsnachteil.

Um vom Wettbewerb nicht gänzlich abgehängt zu werden, entwirft man deshalb eine neue Familie von Schwerlastzugmaschinen. Im Antriebsstrang der neuen Fahrzeuge findet sich kein entscheidendes Kaelble-Bauteil mehr. Neben dem Motor von Daimler-Benz und der Kupplungs-Getriebe-Einheit von ZF, verwendet man nun mit den Achsen von MAN erstmals keine eigenen Achsen mehr.

Die bisher in Europa angebotenen Schwerlastzugmaschinen von Kaelble waren ausnahmslos als

KDVW 421 ZB im Auslieferungszustand

Drei Generationen vereint – KV 632 ZB/15, KV 633 ZB/16, KDVW 421 ZB

Hauber entstanden. Auch bei Schwertransporten, selbst wenn sie für Leerfahrten eine Sondergenehmigung benötigen, spielen zunehmend die Fahrzeuglängen und damit die Wendigkeit eine wichtige Rolle. Kaelble konzipiert die neue Baureihe daher konsequent als Frontlenker. Der Motor ist, bisher bei Kaelble nicht üblich, über das nach vorne abkippbare Fahrerhaus zugänglich.

Einen sich auf die Kosten maßgeblich auswirkenden Trend macht man aber in Backnang nicht mit. Die neuen Zugmaschinen sollen kein Fahrerhaus eines Großserienherstellers erhalten. Kaelble-Zugmaschinen behalten auf diese Weise auch weiterhin eine eigene Identität.

Stolz ist man in Backnang auf den ersten Auftrag für das neue Fahrzeug. Bei der Deutschen Bundesbahn hat man sich an die alte Zusammenarbeit mit Kaelble erinnert und eine KDVW 421 ZB bestellt. Durch die Beschränkung auf Schwertransporte hat sich der Fahrzeugbedarf der Bahn grundlegend verändert. Man benötigt weniger, dafür aber stärkere Zugmaschinen. Das neue Kaelble-Produkt entspricht mit seinen 420 PS diesen Anforderungen. Selbstverständlich versuchen die Backnanger, die Sonderwünsche der Bundesbahn zu erfüllen. Das Fahrerhaus wird bewußt sehr niedrig gehalten. Die Außenkanten werden abgeschrägt. Auf diese Weise erreicht man, daß das Fahrzeug, sofern es auf einem Güterwagen befördert wird, nicht das Lademaß der Bahn überschreitet.

Auf der Ballastpritsche befindet sich ein kleiner Ladekran. Eine Plane überspannt in einem großen Bogen die Pritsche. Sie ist ebenfalls auf das Lademaß der Bahn abgestimmt. Am Fahrzeugheck unter der Pritsche ist eine 20 t-Seilwinde montiert.

Obwohl die Planungsphase schon Anfang 1979 begonnen hat, wird das Fahrzeug erst Ende 1980 fertiggestellt. Bei der Zahnradfabrik Friedrichshafen verzögert sich die Auslieferung des neu konstruierten Ecosplit-Getriebes. Bei Kaelble hat man sich jedoch fest auf eine rechtzeitige Lieferung verlassen. Der Lieferverzug und unterschiedliche Auffassungen über die Realisierbarkeit einiger Sonderwünsche überschatten für einige Zeit die Zusammenarbeit zwischen Kaelble und der Bundesbahn.

Ungeachtet aller Querelen kann die Bahn im Dezember 1980 den ersten Transport mit dem neuen Fahrzeug durchführen. Offi-

KDVW 421 Z für einen Kunden in Taiwan

Die Versuchsabteilung nutzt die neue KDVW 422 S zum Transport des Muldenkippers KK 35 in einen Steinbruch

Typ	KDVW 421 ZB		KDVW 421 Z, KDVW 422 S
Motor	Daimler-Benz OM 404		
Leistung	420 PS bei 2400 1/min		400 PS bei 2300 1/min,
Weitere Daten	12-Zylinder-V-Direkteinspritzer-Dieselmotor wassergekühlt Bohrung 125 mm, Hub 142 mm Hubraum 20,9 l		
Lenkung	ZF-Kugelmutter-Hydrolenkung		
Kupplung	ZF / Fichtel & Sachs Wandlerschaltkupplung WSK 400		
Getriebe	ZF Ecosplit-Getriebe 16 S 160 A 16 Vorwärts, ein Rückwärtsgang integriertes Verteilergetriebe mit sperrbarem Längsdifferential		
Antriebsformel	6x6		
Bremse	Druckluftbremse auf alle Achsen wirkend Feststellbremse mit Federspeicherbremszylinder auf Hinterachsen wirkend		
Geschwindigkeiten KDVW 421 ZB:	0-4,7 / 0-5,7 / 0-6,9 / 0-8,4 / 0-10,1 / 0-12,3 / 0-14,5 / 0-17,7 / 0-21,6 0-26,2 / 0-31,8 / 0-38,7 / 0-46,2 / 0-56,2 / 0-66,6 / 0-88 km/h		
KDVW 421 Z, 422 S:	0-4,4 / 0-5,3 / 0-6,4 / 0-7,8 / 0-9,3 / 0-11,3 / 0-13,4 / 0-16,3 / 0-20,1 0-24,5 / 0-29,2 / 0-35,6 / 0-42,5 / 0-51,7 / 0-61,2 / 0-80 km/h		
Fahrerhaus	Frontlenkerfahrerhaus für zwei Personen, Schlafkabine		
	KDVW 421 ZB:	KDVW 421 Z:	KDVW 422 S:
Radstände (1.-2. Achse; 2.-3. Achse)	3600; 1350 mm		3600; 1400 mm
Bereifung	10-fach 12.00-20 PR 18		10-fach 12.00-24 PR 18
Leergewicht zul. Gesamtgewicht techn. mögl. Gesamtgewicht	17700 kg 22000 kg 34000 kg	13300 kg 28000 kg* 34000 kg	12500 kg * Export 40000 kg
Abmessungen (LxBxH)	8050 x 2500 x 2950 mm	8050 x 2500 x 3260 mm	7520 x 2480 x 3360 mm
wichtiges Zubehör	Rockinger 100 t Anhängerkupplung, Ballastpritsche 3050 x 2350 x 800 mm, Atlas Ladekran 852/1, Rotzler 20 t-Seilwinde, Sattelplatte 28 t Aufliegelast		

ziell in Dienst gestellt wird die Zugmaschine dann im Januar 1981. Bei den folgenden Schwertransporten wird die KDVW 421 ZB nicht selten von ihren Urahnen, den Typen KV 632 oder 633 ZB, unterstützt. Neben der Zugmaschine von Kaelble stellt die Bundesbahn Anfang der achtziger Jahre auch Fahrzeuge von Faun und Titan in Dienst. Die Hoffnung, eine zweite Maschine an die Bundesbahn liefern zu dürfen, zerschlägt sich kurz vor dem Vertragsabschluß.

Eine weitere Zugmaschine fertigt man erst im Sommer 1982 für einen Exportauftrag, der über Scheuerle abgewickelt wurde. Die „zivile" KDVW 421 Z unterscheidet sich von der Bundesbahnmaschine hauptsächlich durch das höhere und damit geräumigere Fahrerhaus. Auf eine Seilwinde unter der offenen Ballastpritsche verzichtet der Kunde. Selbstverständlich hat man bei der Entwicklung der neuen Baureihe daran gedacht, die Fahrzeuge als Sattelzugmaschinen einsetzen zu können. Den Beweis tritt im Januar 1984 eine KDVW 422 S an, die mit einem Goldhofer Tieflade-Auflieger für ein großes Bauprojekt nach Libyen verschickt wird. Leider gelingt es nicht, weitere Kunden für die KDVW 421, 422 zu gewinnen. Es bleibt lediglich bei drei Zugmaschinen.

Außerhalb Europas sind Frontlenker noch immer Exoten. Ohne festen Kundenauftrag entwickelt man deshalb die Sattelzugmaschine KD 34 S 330 in klassischer Haubenbauweise. Bei Kaelble will man auch weiterhin dieses Marktsegment bedienen können. Im festen Glauben auf einen Auftrag baut man 1984 fünf Zugmaschinen. Das Fahrerhaus ist im Aussehen an das der aktuellen Frontlenker angepaßt. Die Kühlerverkleidung hingegen trägt ein altbekanntes Gesicht. Aus praktischen Gründen, einen bisher nicht aufgebrauchten Lagerbestand abarbeitend, findet die Kühlerverkleidung der KDV 24 für das neue Fahrzeug Verwendung.

Unter dem individuellen Blechkleid arbeiten wiederum Komponenten aus der Großserie. Der Motor stammt von Daimler-Benz, das

Eine KDV 330 P wartet neben der werkseigenen Sattelzugmaschine auf die Abfahrt nach Libyen

Typ	**KD 34 S 330**	**KDV 330 P**
Motor	Daimler-Benz OM 422 A	
Leistung	330 PS bei 2300 1/min	
Weitere Daten	8-Zylinder-V-Direkteinspritzer-Dieselmotor, wassergekühlt, zwei Turbolader Bohrung 128 mm, Hub 142 mm Hubraum 14,6 l	
Lenkung	ZF-Kugelmutter-Hydrolenkung	
Kupplung	Zweischeiben Trockenkupplung	
Getriebe	ZF 8-Gang-Getriebe 4S-150GP ein Rückwärtsgang	ZF 8-Gang-Getriebe 4S-150GF ein Rückwärtsgang ZF Verteilergetriebe G 801 mit sperrbarem Längsdifferential
Antriebsformel	6x4	6x6
Bremse	Druckluftbremse auf alle Achsen wirkend Feststellbremse mit Federspeicherbremszylinder auf Hinterachsen wirkend	
Geschwindigkeiten KD 34 S 330:	8,4 / 11,8 / 16,5 / 22,3 / 28,9 / 40,5 / 56,7 / 82 km/h	
Fahrerhaus	Fahrerhaus für drei Personen, eine Schlafgelegenheit	
Radstände (1.-2. Achse; 2 -3. Achse)	3800; 1400 mm	4400; 1400 mm
Bereifung	10-fach 12.00 R 20 PR 18	6-fach 14.00 R 20 XS
Leergewicht zul. Gesamtgewicht techn. mögl. Gesamtgewicht	11500 kg 22000 kg 39500 kg	13000 kg Export 27000 kg (Begrenzt durch die Reifentragfähigkeit)
Abmessungen (LxBxH)	7455 x 2500 x 3080 mm	8830 x 2570 x 3040 mm
wichtiges Zubehör	Sattelplatte, Klimaanlage, Plattformaufbau mit Containerverriegelungen und Steckrungen	

Getriebe von ZF und die Achsen von MAN. Daraus entstanden ist ein robustes, weniger auf Komfort bedachtes Exportmodell. Das erste Fahrzeug wird 1985 zusammen mit einem Sattelauflieger von Langendorf an eine äthiopisch-libysche Minengesellschaft aus Addis-Abbeba verkauft.

Leider sind die Kunden mit dem Fahrzeug nicht zufrieden. In erster Linie enttäuscht die schlechte Traktion auf unbefestigten Wegen. Allradantrieb wäre für deren Anwendung sicher besser gewesen.

Die vier übrigen Maschinen stehen lange Zeit ungenutzt in Backnang. Ein Fahrzeug übernimmt man in den Werksverkehr. Für Vorführzwecke beschafft man einen dreiachsigen Goldhofer Tieflader und einen zweiachsigen Auflieger mit Planenaufbau von Blumhardt. Vor allem mit dem Planenauflieger ist das Fahrzeug hauptsächlich im Pendelverkehr zwischen Backnang und Mosbach unterwegs. Die Plane ist mit Eigenwerbung bedruckt. Auf der linken Seite sind Baumaschinen von Kaelble, rechts Lokomotiven und Getriebe von Gmeinder abgebildet.

Um die drei übrigen Fahrzeuge doch noch verkaufen zu können, werden sie umgebaut. Die Zugmaschinen erhalten einen verlängerten Radstand und Allradantrieb. Dautel in Heilbronn versieht die Fahrgestelle mit Plattformaufbauten für den Einsatz im Bergbau bzw. der Erdölgewinnung. Die Zugmaschinen hören nun auf die Bezeichnung KDV 330 P. Ausgerüstet mit Einzelbereifung erfolgt im Oktober 1987 der Versand nach Libyen. Die verbliebene Sattelzugmaschine findet Ende 1989 mit einem deutschen Fuhrunternehmer einen neuen Besitzer. Dieser hat sich bei seinen Transporten für die Backnanger Lederindustrie in das, meist am Werkstor geparkte, Fahrzeug verliebt.Trotz der harten Federung, der geringen Nutzlast und den starken Vibrationen im Fahrerhaus bei Höchstgeschwindigkeit gibt er sein bisheriges Fahrzeug in Zahlung und übernimmt die letzte, in Backnang verbliebene Zugmaschine.

Die KD 34 S 330 war das letzte bei Kaelble gebaute Fahrzeug für den eigenen Fuhrpark

Kaelbles stärkste Zugmaschine

Schon 1975 wurde Scheuerle von der türkischen Elektrizitätsgesellschaft beauftragt, ein geeignetes Transportsystem für Transformatoren zu entwickeln. Das von Scheuerle vorgelegte Konzept sieht vor, zwei 15-achsige Plattformanhänger mit einer zwischengekuppelten Tragschnabelbrücke einzusetzen. Transformatoren bis zu einem Gewicht von 440 t können an der Brücke eingehängt werden. Sofern die zu transportierenden Lasten nicht selbsttragend sind, werden sie zwischen zwei Seitenträgern aufgenommen. Die Tragschnabelbrücke ist in der Breite zwischen 2000 und 4500 mm verstellbar. Voll ausgeladen ergibt sich für den gigantischen Hängerzug ein Gewicht von 720 t.

Die Plattformanhänger lassen sich in unterschiedlichen Achszusammenstellungen auch ohne die Tragschnabelkonstruktion betreiben. Eine beliebige Zusammenstellung ist in Schritten von jeweils fünf Achsen möglich.

Die Realisierung des Projekts kommt wegen finanzieller Engpässe des Kunden immer wieder ins Stocken. Erst im Sommer 1982 erfolgt die Auftragsvergabe. Bis 1984 sollen zwei vollständige Transporteinheiten in die Türkei geliefert werden.

Neben den Plattformanhängern ist Scheuerle auch dafür verantwortlich, geeignete Zugmaschinen zu beschaffen. Aufgrund der langen und erfolgreichen Zusammenarbeit zwischen Scheuerle und Kaelble bekommen die Backnanger die Aufgabe, ein geeignetes Zuggerät zu entwickeln.

Eine Last von 720 t zu bewegen, ist eine Herausforderung, die man sehr gerne annimmt. Das Ergebnis der Entwicklung ist der

Bei einer ersten Probefahrt des Transportgespanns präsentieren sich die K 4 VW 615 Z noch unlackiert

Foto: Scheuerle Werksarchiv

Vier K 4 VW 615 Z warten im Dezember 1985 noch immer auf die Auslieferung Foto: Scheuerle Werksarchiv

Höhepunkt des Zugmaschinenbaus bei Kaelble. Mit der K 4 VW 615 Z entsteht erstmals eine vierachsige und mit 615 PS extrem leistungsstarke Zugmaschine. Für ein Transportgespann ist geplant, vier Zugmaschinen im Verbund zu betreiben. Dabei werden bei Fahrten auf der Ebene jeweils zwei Maschinen vorne und zwei hinten an den Plattformhängern angehängt. An Steigungen fahren drei Fahrzeuge vorne, an Gefällen bremsen drei Zugmaschinen hinter dem Gespann. Der komplette Zug erreicht ein Gesamtgewicht von 900 t. Bei einer Länge von ca. 110 m ist eine Transportgeschwindigkeit von 20 km/h vorgesehen.

Betrachtet man die Zugmaschine allein, so stellt auch sie eine imposante Erscheinung dar. Das vierachsige Frontlenkerfahrzeug ist auf ein Gesamtgewicht von 45 t ausgelegt. Schon das Leergewicht beträgt 21 t. Den zu erwartenden Lasten angepaßt sind die Anhängerkupplungen auf ein Zuggewicht von 1000 t ausgelegt. Da bis zu vier Fahrzeuge in einer Linie gekuppelt werden können, ist auch das Fahrgestell entsprechend stabil ausgefallen. Das Herz der Anlage ist ein Zwölfzylinder-Dieselmotor von MAN. Er gibt seine 615 PS Motorleistung an ein halbautomatisches Lastschaltgetriebe mit sechs Gängen weiter. Das Getriebe steuert der US Hersteller Allison bei. Zur Schonung der Betriebsbremsen ist im Getriebe ein Retarder integriert. Durch das Kaelble Zweigang-Verteilergetriebe entstehen insgesamt zwölf Fahrstufen. Die Höchstgeschwindigkeit des Gefährts beträgt 77 km/h.

Die hohe Geschwindigkeit ist vom Kunden gewünscht, um bei Leerfahrten oder aber bei geringeren Lasten auch schneller als 20 km/h fahren zu können.

Schon bei den Testfahrten um Backnang war das Fahrzeug bei seinen Fahrern sehr beliebt. Auf der seit Jahrzehnten als Teststrecke benutzten Bundesstraße 14 hat man sich an Steigungen immer wieder einen großen Spaß daraus gemacht, sich redlich mühende LKW mit Höchstgeschwindigkeit zu überholen. Ein durchschnittlich motorisierter 38-Tonner mußte um 1984 immer noch mit 300 PS auskommen.

Die zu erwartenden Antriebskräfte können von den Achsen der Großserienhersteller nicht mehr bewältigt werden. Kaelble verwendet deshalb vier angetriebene

Aggregate des Spezialisten Kessler aus Wasseralfingen.

Kaelble denkt mit dem Konzept der Zugmaschine nicht nur an die große Last, auch den Komfort des Bedienpersonals hat man nicht vergessen. Es wird bewußt vermieden, Teile des Antriebsstranges innerhalb der Frontlenkerkabine unterzubringen. Die Fahrer sind so weitestgehend vor Vibrationen und Lärm geschützt. Der Motor sitzt direkt hinter der Kabine über den Vorderachsen.

Für ein Fahrzeug dieser Leistungsklasse ist mit einer überdimensionalen Wärmeentwicklung zu rechnen. Kaelble beugt einem Überhitzungsproblem durch drei unabhängige Kühlkreisläufe vor. Die zwei größten Kühler bestimmen die Optik auf der rechten Fahrzeugseite. Sie führen in einem gemeinsamen Wasserkreislauf die Motorwärme und die Abwärme des Drehmomentwandlers ab. Der dritte, kleinere Wasserkühler ist links hinter der zweiten Vorderachse angebracht. Er gibt die Abwärme des Luft-Wasser-Wärmetauschers der Ladeluftkühlung an die Umgebung weiter. Alle drei Kühler werden durch hydraulisch angetriebene Lüfter mit Frischluft versorgt. Das Hydrauliksystem von Lenkung und Lüfterantrieb wird vom dritten Kühlsystem vor Überhitzung geschützt. Hierzu hat man ein Kühlerpaket mit Elektrolüftern an der Fahrzeugfront unter dem Fahrerhaus montiert.

Um für Wartungsarbeiten die Zugänglichkeit des Motors von allen Seiten zu gewährleisten, lassen sich die beiden rechten Wasserkühler zur Seite schwenken.

Die über den Hinterachsen fest montierte Pritsche kann zur Steigerung der Zugkräfte bis zu 24 t Ballastgewichte aufnehmen.

Obwohl Kaelble die acht bestellten Fahrzeuge im Sommer 1984 fertig hat, werden die letzten vier Zugmaschinen erst im Januar 1986 in die Türkei gebracht. Erneute finanzielle Schwierigkeiten der türkischen Elektrizitätsgesellschaft haben die Auslieferung immer wieder verhindert.

Sieht man von nicht verkauften Fahrzeugen ab, verlassen mit den K 4 VW 615 Z nicht nur die größten, sondern auch die letzten Zugmaschinen für den Straßentransport das Backnanger Kaelble-Werk. Die sich nicht mehr erholenden Verkaufszahlen bewegen die Geschäftsführung dazu, Schwerlastzugmaschinen aus dem Verkaufsprogramm zu nehmen. Auf besonderen Wunsch baut man aber auch weiterhin Zugmaschinen.

Typ	**K 4 VW 615 Z**
Motor	MAN D 2542 MLE
Leistung	615 PS bei 2300 1/min
Weitere Daten	12-Zylinder-V-Direkteinspritzer-Dieselmotor, wassergekühlt, zwei Turbolader mit Ladeluftkühlung Bohrung 125 mm, Hub 142 mm Hubraum 20,9 l
Lenkung	ZF-Halbblock-Kugelmutter-Hydrolenkung je zwei Lenkzylinder/Achse
Kupplung/Getriebe	Allison 6-Gang-Lastschaltgetriebe CLBT 6061 Kaelble 2-Gang-Verteilergetriebe VG Z 2500 mit sperrbarem Längsdifferential
Antriebsformel	8x8
Bremse	Druckluftbremse auf alle Achsen wirkend Feststellbremse mit Federspeicherbremszylinder auf Hinterachsen wirkend Lastschaltgetriebe mit integriertem Retarder
Geschwindigkeiten Stufe 1: Stufe 2:	0-6,9 / 10,3 / 13,7 / 20,4 / 27,5 / 41,1 km/h 0-12 / 17,9 / 23,9 / 12,4 / 48 / 77 km/h
Fahrerhaus	Frontlenkerfahrerhaus für drei Personen
Radstände (1.-2.; 2.-3; 3.-4. Achse)	1600; 3600; 1420 mm
Bereifung	12-fach 12.00 R 24 PR 18
Leergewicht	21000 kg
techn. mögl. Gesamtgewicht	45000 kg
Abmessungen (LxBxH)	10100 x 2480 x 3360 mm
Gesamtzuggewicht	225 t / Zugmaschine; max. 900 t bei vier Zugmaschinen
wichtiges Zubehör	Rockinger 1000 t Anhängerkupplung, Ballastpritsche 4760 x 2410 x 800 mm

Kranfahrgestelle

Der zunehmende Rückgang der Verkaufszahlen in den angestammten Produktzweigen hat Kaelble seit den siebziger Jahren vermehrt dazu veranlaßt, neue Kundenkreise anzusprechen. Aus diesen Bestrebungen sind immer wieder Fahrzeuge entstanden, die ihre Verwandtschaft zu den in den vorangegangenen Kapiteln beschriebenen Lastkraftwagen und Zugmaschinen nicht verleugnen können. Auf sie soll hier abschließend kurz eingegangen werden.

Im Sommer 1973 entstehen bei Kaelble zwei vierachsige Fahrgestelle zum Aufbau eines Teleskopkranes. Spezielle Kranfahrgestelle gibt es schon seit 1951 bei Kaelble. Die damaligen Fahrzeuge waren normale Dreiachsfahrzeuge, die man mit schmalen Fahrerhäusern ausgestattet hat. Einfache Spindelabstützungen und verstärkte, bzw. blockierte Federungen komplettieren die damalige Sonderausrüstung.

Kranfahrgestell K 4-30 K und Lokomo-Kranaufbau

Das neu entstandene Fahrgestell K 4-30 K hat mit dem übrigen Fertigungsprogramm nichts gemein. Die Konstruktion orientiert sich mit seinem extrem tief liegenden Frontlenkerfahrerhaus an den bereits am Markt eingeführten Fahrzeugen. Es bietet Platz für drei Personen. Durch die Anordnung von Fahrerhaus und Motor vor, bzw. über den Vorderachsen, schafft man einen großzügigen Bauraum, den der Hersteller eines Kranaufbaus beliebig nutzen kann. Bei den Antriebskomponenten greift man auf bewährte Baugruppen aus der Großserie zurück. Der Motor, sowie die Lenk- und Antriebsachsen stammen von Daimler-Benz, das Getriebe ist von ZF.

Die Abstützanlage läßt sich hydraulisch bis zu einer Breite von 5,2 m ausfahren. Sie sorgt so im Kranbetrieb für eine ausreichende Standsicherheit.

Gemeinsam wollen Kaelble und der finnische Kranhersteller Lokomo in Deutschland Autokrane anbieten. Die beiden Kaelble Fahrgestelle sind zu diesem Zweck mit Lokomo-Kranoberwagen ausgestattet. Leider sind aber die Anstrengungen nicht erfolgreich. Lokomo beendet deshalb wieder sein Engagement in Deutschland. Die Aufbauten werden abgebaut. Kaelbles Versuche, die Fahrgestelle als Träger für andere Kranaufbauten, Betonpumpen oder Bohrgeräte zu etablieren, scheitern ebenfalls.

Einerseits beherrscht Faun in Deutschland den Markt der Kranfahrgestelle, andererseits gehen immer mehr Hersteller von Kranaufbauten dazu über, ihre eigenen Trägerfahrzeuge zu bauen.

Im Januar 1977 werden die Fahrgestelle an einen Unternehmer verkauft, der beide mit einem Gottwald-Kranaufbau ausrüstet und im eigenen Betrieb einsetzt.

Das Vorhaben, aus dem K 4-30 K eine ganze Fahrzeugfamilie mit drei bis sieben Achsen zu entwikkeln, bleibt bereits im Entwurfsstadium stecken.

Das Flaggschiff der im Baukastensystem aufgebauten Fahrzeugfamilie hätte der Siebenachser K 7-100 K darstellen sollen. Dieser Gigant hätte mit einer Motorleistung von 430 PS ein zulässiges Gesamtgewicht von 66 t, verteilt auf eine Länge von 14,5 m, bewegen können. Durch den Einbau von fünf Lenkachsen war der prognostizierte Wendekreis von 36,3 m verglichen mit 23 m des Vierachsers noch in einem vertretbaren Rahmen gehalten.

Das kleinste Fahrzeug der Baureihe wäre der Dreiachser K 3-20 K gewesen. Mit einer Motorleistung von 160 PS wäre das maximal 28 t schwere Fahrgestell im normalen Straßenverkehr sicher ein rollendes Verkehrshindernis geworden.

Typ		**K 4-30 K**
Motor		Daimler-Benz OM 402
	Leistung	256 PS bei 2500 1/min
	Weitere Daten	8-Zylinder-V-Direkteinspritzer-Dieselmotor, wassergekühlt Bohrung 125 mm, Hub 130 mm Hubraum 12,8 l
Lenkung		Hydrostatische Lenkung, Hersteller Danfoss
Getriebe		ZF 6-Gang-Getriebe S 6-90 ZF 2-Gang-Verteilergetriebe GA 800/3D
Antriebsformel		8x4
Bremse		Druckluftbremse auf alle Achsen wirkend Feststellbremse mit Federspeicherbremszylinder auf Hinterachsen wirkend
Geschwindigkeiten	Stufe 1:	4,7 / 8,1 / 13,1 / 19,2 / 28,1 / 42,2 km/h
	Stufe 2:	6,6 / 11,5 / 18,6 / 27,3 / 40 / 62 km/h
Fahrerhaus		Frontlenkerfahrerhaus für drei Personen
Radstände	(1.-2.; 2.-3; 3.-4. Achse)	1500; 3640; 1420 mm
Bereifung		12-fach 12.00-20
Leergewicht		16000 kg
techn. mögl. Gesamtgewicht		36000 kg
Abmessungen (LxBxH)		9760 x 2500 x 2250 mm
wichtiges Zubehör		vier hydr. Stützarme, Abstützbreite 5,2 m

Industriezugmaschinen

Neben den Zugmaschinen für den Einsatz im Straßenverkehr hat speziell die Stahlindustrie immer wieder Bedarf an besonderen Zugmaschinen für den innerbetrieblichen Transport. Ein erstes Fahrzeug dieser Gattung wird im Februar 1972 nach Frankreich ausgeliefert. Eigentlich handelt es sich bei der SL 12 Z um den knickgelenkten Radlader SL 12. Anstelle des Schaufelträgers befindet sich auf dem Vorderwagen ein kleiner Ballastkasten. Am Heck montiert man eine 100 t-Anhängerkupplung. Durch die Druckluftbremsanlage für den Anhängerbetrieb wird das Ausstattungspaket vervollständigt.

Im Jahr 1978 fertigt man, ebenfalls für einen französischen Kunden, vier Zugmaschinen für den innerbetrieblichen Verkehr in einem Stahlwerk. Zusammen mit einem zehnachsigen Plattformanhänger dienen sie zum Transport von heißer Hochofenschlacke. Die KVW 320 IZ teilt sich große Teile ihres Antriebsstranges mit dem größten Kaelble-Radlader, dem SL 25. Allen voran sind es die Baugruppen Motor und Lastschaltgetriebe. Ähnlich den knickgelenkten Radladern besitzt das Fahrzeug einen im Heck eingebauten Motor. Das in Fahrzeugmitte angebaute Fahrerhaus bietet Platz für drei Personen. Ein massives, am Heck montiertes, Schutzschild bewahrt Motor und

Fast wäre es ein Radlader geworden – SL 12 Z

Typ	**SL 12 Z**
Motor	Daimler-Benz OM 360
Leistung	140 PS bei 2100 1/min
Weitere Daten	6-Zylinder-Reihen-Direkteinspritzer-Dieselmotor, wassergekühlt Bohrung 115 mm, Hub 140 mm Hubraum 8,7 l
Lenkung	ZF-Halbblock-Hydrolenkung Knicklenkung, zwei Lenkzylinder
Kupplung	Voith Drehmomentwandler
Getriebe	ZF 4-Gang-Lastschalt-Wendegetriebe
Antriebsformel	4x4
Bremse	Druckluftbremse auf alle Achsen wirkend Feststellbremse auf Verteilergetriebe wirkend
Geschwindigkeiten	0-6,3 / 0-12,8 / 0-26,5 / 0-50 km/h
Fahrerhaus	Einmann-Fahrerhaus
Radstand	2500 mm
Abmessungen (LxBxH)	5450 x 2390 x 2970 mm
Bereifung	4-fach 20-24 EM PR 12
Leergewicht	10400 kg
zul. Gesamtgewicht	13000 kg
Zug- u. Schubkräfte	10000 kg

KVW 320 IZ im Hüttenwerk

Fahrerhaus vor der Hitzestrahlung, die von der zu transportierenden Schlacke ausgehen kann. Der 320 PS-Motor von Daimler-Benz erlaubt zusammen mit dem Lastschalt-Wendegetriebe der Zahnradfabrik Friedrichshafen ein Gesamtzuggewicht von 250 t. Zur Beschränkung Geschwindigkeit auf etwa 40 km/h ist der vierte Gang des Getriebes gesperrt. Obwohl man bei Kaelble das Fahrzeug lange Jahre im Angebot hatte, konnten keine zusätzlichen Kunden für die individuell entwickelte Zugmaschine gewonnen werden.

Typ	**KVW 320 IZ**
Motor	Daimler-Benz OM 403
Leistung	320 PS bei 2500 1/min
Weitere Daten	10-Zylinder-V-Viertakt-Direkteinspritzer-Dieselmotor Bohrung 125 mm, Hub 130 mm, Hubraum 15,9 l wassergekühlt, Druckumlaufschmierung, elektr. Anlasser
Lenkung	ZF-Halbblock-Hydrolenkung Achsschenkellenkung
Getriebe	ZF-Drehmomentwandler und 4-Gang-Lastschalt-Wendegetriebe 4 WG 65 II 4. Gang gesperrt
Antriebsformel	4x4
Bremse	Druckluftbremse auf alle Achsen wirkend Feststellbremse als Federspeicherbremse auf beide Achsen wirkend
Geschwindigkeiten	0-7,5 / 0-14,35 / 0-41,2 km/h
Fahrerhaus	Fahrerhaus für drei Personen
Radstand	3500 mm
Abmessungen (LxBxH)	6335 x 2750 x 2970 mm
Bereifung	4-fach 14.00-24 XRB
Leer-, Gesamtgewicht	25000 kg
Zug- u. Schubkräfte	14000 kg
Gesamtzuggewicht	250000 kg

Geländezugmaschinen

Für Kaelble ist die Rheinische Braunkohle AG in Köln seit langen Jahren ein zuverlässiger und beständiger Kunde. Planierraupen und Radlader werden von Rheinbraun regelmäßig geordert. Speziell die Radlader werden dabei auf die Bedürfnisse im Tagebaubetrieb zugeschnitten. Zu den Besonderheiten gehören breitere Fahrerkabinen für zwei Personen, eine Kupplung und Druckluftbremsanlage für den Anhängerbetrieb und ein hydraulisches Schnellwechselsystem zum Austausch der Ladeschaufel gegen andere Werkzeuge. Bekannt für die Realisierung nahezu aller Sonderwünsche bekommt Kaelble von Rheinbraun den Auftrag, ein geländegängiges Transportsystem zu entwickeln. Das Herzstück des Systems ist dabei die neue Geländezugmaschine KVW 320 GZ. Der allradgetriebene Zweiachser kann über eine hydraulisch höhenverstellbare Sattelplatte am Boden abgestellte Transportpaletten aufnehmen. Auf den Paletten lassen sich Maschinenteile transportieren oder aber fest aufbauen. Da die Transportpalette gänzlich ohne Fahrwerke auskommt, muß zum Bewegen an beiden Enden der Palette eine Geländezugmaschine andocken.

Beim Transport fährt dann ein Fahrzeug vorwärts, das andere rückwärts. Um dem Fahrer des hinteren Gefährts die Sicht auf seine Ladung zu erleichtern, ist jede Zugmaschine mit einem Wende-Fahrerstand ausgerüstet. Durch einfaches Umdrehen des Sitzes wird so aus der Rückwärtsfahrt wieder Vorwärtsfahrt. Das Viergang-Wendegetriebe erlaubt in beide Fahrtrichtungen eine Höchstgeschwindigkeit von 50 km/h.

Die Sattellast einer KVW 320 GZ beträgt 32,5 t. Abzüglich der 20 t schweren Transportpalette ergibt sich eine Nutzlast von 45 t. Rheinbraun erhält zwischen 1978 und 1981 insgesamt drei Zugmaschinen und einen antriebslosen Nachläufer mit einem offenen Fahrerstand.

Anfang der neunziger Jahre hat sich Rheinbraun wieder an Kaelble gewandt. Man war auf der Suche nach Ersatzgeräten für die zwischenzeitlich in die Jahre gekommenen Geländezugmaschinen. Bei genauerer Prüfung mußten die Kaelble-Techniker feststellen, daß es nicht möglich ist, die baugleichen Fahrzeuge wie 1978 zu bauen. Die Eigenfertigung der Achsen hatte man inzwischen eingestellt, Baugruppen, wie der Dieselmotor OM 403, waren von Daimler-Benz nicht mehr zu be-

KVW 320 GZ mit antriebslosem Nachläufer

Typ	**KVW 320 GZ**
Motor	Daimler-Benz OM 403
Leistung	320 PS bei 2500 1/min
Weitere Daten	10-Zylinder-V-Viertakt-Direkteinspritzer-Dieselmotor Bohrung 125 mm, Hub 130 mm, Hubraum 15,9 l wassergekühlt, Druckumlaufschmierung, elektr. Anlasser
Lenkung	Hydrostatische Lenkung Achsschenkellenkung
Getriebe	ZF-Drehmomentwandler und 4-Gang-Lastschalt-Wendegetriebe 4 WG 65 II
Antriebsformel	4x4
Bremse	Druckluftbremse auf alle Achsen wirkend Feststellbremse als Federspeicherbremse auf beide Achsen wirkend Drehmomentwandler als Strömungsbremse im 3. Gang
Geschwindigkeiten	0-7 / 0-13,45 / 0-25,53 / 0-48,90 km/h
Fahrerhaus	Frontlenkerfahrerhaus für drei Personen Doppelfahrerstand mit Drehsitz
Radstand	4000 mm
Abmessungen (LxBxH)	7255 x 3750 x 4120 mm
Bereifung	4-fach 29,5-29 XRB
Leergewicht	27500 kg
Gesamtgewicht	60000 kg
Zug- u. Schubkräfte	14000 kg
Gesamtzuggewicht	120000 kg (in Doppeltraktion)

kommen. Zudem könnte ein solches Aggregat die inzwischen verschärften Abgasvorschriften nicht mehr einhalten.

Nach der ersten Ernüchterung hat man damit begonnen, unter dem alten Typencode eine Neukonstruktion aufzubauen. 1991 gingen dann zwei neue KDVW 320 GZ in den rheinischen Braunkohletagebau. Die jetzt als Kurzhauber ausgeführten Fahrzeuge werden von einem Sechszylinder-Dieselmotor von Daimler-Benz getrieben. Dieser leistet 360 PS. Die Achsen steuert Kessler bei. Durch die Anhebung der Sattellast um 5 t erhöht sich die Nutzlast der Paletten um 10 auf 55 t. 1993 entsteht die bisher letzte in Backnang hergestellte Zugmaschine. Für ein neues Konzept zur Volumenreduzierung von Restmüll hat sich Kaelble den Auftrag als Systemlieferant für die Deponiefahrzeuge gesichert. Kaelble Radlader sind hier für den Umschlag und die Sortierung des frisch angelieferten Mülls verantwortlich. Die Verteilung und Verdichtung des Mülls auf der Deponiefläche wird vom neuen Müllverdichter VG 27 durchgeführt. Eine geländegängige Zugmaschine ist das Schlüsselfahrzeug auf der Deponie. Mehrere einachsige Sattelauflieger sind mit großen Mischtrommeln ausgestattet. Sie sorgen für die mechanische Volumenreduzierung des Mülls. Nach der Volumenreduzierung wird der Müll für einige Zeit zwischengelagert und danach mit einem Kippauflieger zur Deponiefläche gefahren. Die Kaelble Zugmaschine KVW 320 GZ-M ist für diese Aufgaben vorgesehen.

Die für Rheinbraun entwickelte KVW 320 GZ wird für den Einsatz auf der Mülldeponie umkonstruiert. Die Bodenfreiheit erhöht sich durch den Einbau größerer Räder. Um Schäden an der Bereifung auszuschließen, sind alle Räder ausgeschäumt. Durch die Schaumfüllung erhöht sich das Gewicht der Reifen um 12,4 t. Anstelle der Aufnahmemimik der Rheinbraun-Paletten versieht man das Fahrzeug mit einer geländetauglichen Sattelkupplung. Zum Umfang des Kaelble-Fahrzeugpaketes gehört der zur Zugmaschine passende Muldenkipper-Sattelauflieger. Dieser gigantische, einachsige Hinterkipper hat ein Fassungsvolumen von 70 m^3. Eine besonders bittere Pille mußten die Verantwortlichen bei Kaelble während des Konkurses im Jahr 1996 schlucken. Bei Rheinbraun hatte man sich zur Beschaffung einer weiteren Geländezugmaschine entschlossen. Da jedoch der Fortbestand von Kaelble nicht sicher war, hat man diesen Auftrag an Titan vergeben. Titan war, als ehemaliger Wettbewerber, inzwischen von einem Backnanger Ingenieurbüro übernommen worden. Da die KVW 320 GZ zuvor von diesem Ingenieurbüro für Kaelble konstruiert wurde und Rheinbraun darauf besteht, daß die Zugmaschinen untereinander getauscht werden können, verwundert es nicht, daß die Titan-Maschine wie ein Zwilling der KVW 320 GZ aussieht.

KVW 320 GZ-M beim Aufsatteln einer Zerkleinerungstrommel

Zwei KVW 320 GZ im Dienste der Rheinbraun AG

Typ	KVW 320 GZ	KVW 320 GZ-M
Motor	Daimler-Benz OM 447 LA	
Leistung	360 PS bei 2100 1/min	
Weitere Daten	6-Zylinder-Reihen-Viertakt-Direkteinspritzer-Dieselmotor mit Abgasturbolader und Ladeluftkühlung Bohrung 128 mm, Hub 155 mm, Hubraum 11,9 l wassergekühlt, Druckumlaufschmierung, elektr. Anlasser	
Lenkung	Hydrostatische Lenkung Achsschenkellenkung	
Getriebe	ZF-Drehmomentwandler und 4-Gang-Lastschalt-Wendegetriebe 4 WG 65 II	
Antriebsformel	4x4	
Bremse	Druckluftbremse auf alle Achsen wirkend Feststellbremse als Federspeicherbremse auf Achsantrieb wirkend Drehmomentwandler als Strömungsbremse im 3. Gang	
Geschwindigkeiten	0-7 / 0-13,4 / 0-25,5 / 0-48,7 km/h	0-5,4 / 0-10,2 / 0-19,4 / 0-37,1 km/h
Fahrerhaus	Kurzhauberfahrerhaus für drei Personen Doppelfahrerstand mit Drehsitz	
Radstand	4000 mm	
Abmessungen (LxBxH)	8055 x 3750 x 4260 mm	8400 x 4350 x 4780 mm
Bereifung	4-fach 29,5-29 XHA	4-fach 40/65 R 39 ausgeschäumt
Leergewicht	30500 kg	44500 kg
Gesamtgewicht	68000 kg	74200 kg
Gesamtzuggewicht	136000 kg (in Doppeltraktion)	116900 kg (mit Kippauflieger)

Kleinfahrzeuge

1982 hat man sich in Backnang mit einem ganz besonderen, für Kaelble-Verhältnisse ungewohnten, Fahrzeugtyp befaßt. Die libyschen Anteilseigner wollten sich das Know-How von Kaelble für eine Modernisierung der Armee des nordafrikanischen Staates zunutze machen. Zu diesem Vorhaben gehört auch ein geländetauglicher Kleintransporter. Das Lastenheft des Fahrzeugs war dabei nahezu identisch mit den technischen Daten der G-Baureihe von Mercedes-Benz.

Beim aufgebauten Prototypen handelt es sich deshalb auch um einen Mercedes-Benz-Chassis vom Typ 240 GD, der vom Backnanger Karosseriebetrieb Knapp mit einem eigenständigen Pickup-Aufbau versehen wurde. Im Gegensatz zum Mercedes-Fahrwerk war für die Serienfertigung geplant, das Fahrzeug mit Einzelradaufhängungen auszustatten. Als Antriebsquelle war ein BMW-Motor mit einem Getriebe von VW vorgesehen.

Deutsche Exportbeschränkungen von Rüstungsgütern in Krisengebiete haben die libyschen Pläne schnell vereitelt. Für das Geländefahrzeug GLF 1 bleibt es deshalb beim Prototypen.

Prototyp GLF 1 Foto: Günther Krämer

Produktionszahlen

Bei den Recherchen zu diesem Buch hat sich gezeigt, daß alle Unterlagen zu den seit 1925 produzierten Fahrzeugen noch im Kaelble-Werksarchiv vorhanden sind. Es lag daher nahe, einfach einmal zu ermitteln, wie viele Lastkraftwagen und Zugmaschinen bei Kaelble entstanden sind.

Das Ergebnis der aufwendigen Zählaktion war verblüffend. Zwischen 1925 und 1993 haben 5632 Fahrzeuge die Backnanger und Mosbacher Fertigungshallen verlassen. Rechnet man zu dieser Zahl die Muldenkipper hinzu, die sich ihr Fahrgestell mit den Zugmaschinen teilen, so erhöht sich die Zahl auf 6085 Fahrzeuge.

Um 1936 und zwischen 1950 und 1955 wurden die meisten Fahrzeuge gebaut. Der jährliche Ausstoß betrug bis zu 350 Lastkraftwagen und Zugmaschinen. Vergleicht man die Produktionszahlen von Kaelble mit denen anderer deutscher Hersteller, so ist diese Zahl nicht besonders beeindruckend. Man darf jedoch die ungeheure Fahrzeugvielfalt, die der kleine Familienbetrieb zustande gebracht hat, nicht außer acht lassen.

Ähnlich interessant wie die Gesamtproduktion sind die Stückzahlen der einzelnen Fahrzeugtypen. Die folgende Tabelle soll in der Reihenfolge ihrer Behandlung im Buch hierüber Auskunft geben.

Typ	Bauzeitraum	Stückzahlen	Bemerkungen
Kapitel 4:			
Suevia AD 17 (Z 1)	1925-1929	25	
Suevia F 15 z (Z 2)	1926-1928	21	
Z 2 S, A, AS, Express	1928-1939	175	60 Flugzeugschlepper für "Wehrmacht"
Z 3 S, A, Express; ZK 3	1929-1941	305	
Z 4 S, Express; ZK 4	1932-1940	118	
Kapitel 5:			
Z 6 R	1933-1934	3	für Deutsche Reichsbahn
S 6 R	1934, 1936	2	für Deutsche Reichsbahn
Z 4 GR	1934-1936	39	38 Stk. für Deutsche Reichsbahn
Z 6 RL; Z 6 R 2A 100	1936-1940	20	19 Stk. für Deutsche Reichsbahn
Z 6 R 3A	1937	1	für Deutsche Reichsbahn
Kapitel 6:			
Z 4 G; Z 4 G 110; Z 4 GN 110	1934-1941	111	
S 4 G 110; SS 4 G 110	1936-1939	9	
Z 6 G; Z 6 G 110; Z 6 GN 110	1934-1936	296	12 Stk. für "Wehrmacht"
S 6 G; S 6 G 110; S 6 GN 110; SS 6 GN 110	1933-1941	101	1 Stk. für "Wehrmacht"
Z 6 G 125; Z 6 GN 125	1935-1940	78	11 Stk. für Deutsche Reichsbahn, 2 Stk. für "Wehrmacht"
S 6 G 125; S 6 GN 125; SS 6 GN 125	1934-1941	88	1 Stk. für "Wehrmacht"
Z 6 GN 2A 130; Z 6 RL 125	1939-1943	9	
6,5 L	1936-1940	41	
Kapitel 7:			
Z 6 Wa	1937-1938	49	für "Wehrmacht"
Z 6 W 2A 130	1939-1944	427	426 Stk. für "Wehrmacht", 1 Stk. für Deutsche Reichsbahn
Kapitel 8:			
Z 6 W 2A 130	1945-1947	19	Nachkriegsproduktion
S 6 GN 125	1945-1949	75	Nachkriegsproduktion
K 625 Z, L, LV	1948-1949	40	5 Stk. K 625 Z für Deutsche Bundesbahn
K 630 Z, S, K, L, LF	1949-1950	126	
KD 630 Z, ZF	1951-1952	71	

Kapitel 9:			
K(V) 631 Z, K, K3A, L, ZF, SF, LF	1950-1954	574	
K 832 Z, S, K, L, KF, LF	1951-1954	83	
KD 631 Z, F, BF	1953-1956	17	
KDV 631 S, Z, SF, BF	1952-1955	231	191 Stk. KDV 631 SF für franz. Armee
Kapitel 10:			
K 210 Z	1950	2	
K 410 Z, K	1949-1954	222	
K(V) 410 LF	1951-1953	102	100 Stk. KV 410 LF Flugfeldtankfahrzeuge
K 610 Z, K	1950-1952	52	
K 612 Z, S, K, L, LL, LF, ZF	1952-1956	324	
KV 612 Z, K, ZF, KF	1952-1955	9	
Kapitel 11:			
Z 6 R 2A 130	1948	5	für Deutsche Bundesbahn
K 630 ZR	1949	14	10 Stk. für Deutsche Bundesbahn
K 631 ZR	1952-1961	156	für Deutsche Bundesbahn
KV 631 ZR, ZRF	1952-1960	61	47 Stk. für Deutsche Bundesbahn
K 632 ZB	1962-1971	130	122 Stk .für Deutsche Bundesbahn
KV 632 ZB	1962-1971	87	75 Stk. für Deutsche Bundesbahn
K 633 ZB	1973	5	für Deutsche Bundesbahn
KV 633 ZB	1973	12	für Deutsche Bundesbahn
Kapitel 12:			
K 415 Z, K	1954-1961	294	
K(V) 645 Z, K, SF, LF	1955-1958	126	1 Stk. K 645 SF für Deutsche Bundesbahn
KV 625 B(DL)	1957	2	
K(V) 650 Z, K, SF, LF	1957-1961	56	
K 651 SF	1958, 1959	2	für Deutsche Bundesbahn
K(V) 680 Z, S, SE, K, L, ZF, LF	1954-1963	181	
KD(V) 680 L, Z, LF, BF, BF-Ü, BF(DL)	1956-1961	66	
KDV 650 E, E/Z	1959-1963	45	
KD(V) 12 E6, Z6, ZT	1962-1963	38	20 Stk. KDV 12 E 6 für Deutsche Bundespost
K 652 SF, LF	1961-1966	42	
KV 652 K	1967-1968	5	
Kapitel 13:			
KD 832 F, ZF, SF	1951-1952	4	
KD(V) 832 SF, ZF, BF-Ü, E/Z	1952-1956	49	20 Stk. KDV 832 SF für franz. Armee
KD(V) 833 E/Z, E/S, E/Z-300	1956-1962	26	
KDV 836 E/S	1961	1	
KD(V) 22 Z, S, B	1961-1965	45	
KDV 24 Z	1965-1969	19	
KDV 32 Z, S	1966-1967	2	
Kapitel 14:			
KDV(W) 400 Z	1968-1969	4	
KDV 24 Z-430 W, Z-450 W	1975-1977	9	
KDVW 400 S, KDVW 500 S	1977-1979	251	
KDVW 421 Z(B), KDVW 422 S	1980-1984	3	1 Stk. KDVW 421 ZB für Deutsche Bundesbahn
KD 34 S 330, KDV 330 P	1984	5	
K 4 VW 615 Z	1984	8	
Kapitel 15:			
K 4-30 K	1973	2	
SL 12 Z	1972	1	
KVW 320 IZ	1978	4	
KVW 320 GZ, GZ-M	1978-1993	6	
GLF 1	1983	1	

Bildnachweis

Alle nicht gekennzeichneten Bilder stammen aus dem Kaelble-Werksarchiv. Für die Fahrzeugdokumentation in diesem Buch fanden Bilder aus folgenden weiteren Archiven Verwendung:

[1] Fa. Metz, Karlsruhe
[2] Sammlung Alexander Luig
[3] Lichtbildstelle der Bundesbahndirektion Nürnberg
[4] Fa. J. M. Voith, Heidenheim
[5] Fa. Kässbohrer, Ulm
[6] Fa. Haller Fahrzeugbau, Stuttgart
[7] Fa. Robert Schenk, Stuttgart
[8] Fa. Krupp Polysius, Beckum
[9] Fa. Eylert, Wuppertal
[10] Sammlung Friderich Radermacher
[11] Bildsammlung Horvay
[12] Sammlung Günther Krämer
[13] Sammlung Leonhard Fuchs
[14] Spedition Edmund Herbert, Wasserlos
[15] Spedition A. Scholpp, Stuttgart

In unserem Verlag